基礎数学14

# 数学の基礎

## 集合・数・位相

齋藤正彦 著

東京大学出版会

Sets, Numbers and Topology

Masahiko SAITO

University of Tokyo Press, 2002
ISBN 978-4-13-062909-6

# 倉田令二朗の想いでに

# まえがき

この本は数学科むきの教科書ないし自習書である．はじめの企画では，世に多い《集合と位相》に一書をくわえる予定だったが，だんだん考えがかわってきた．

私は大学初年級の微積分の授業では実数論をやらない．多くの学生が理解できないし，時間がもったいない．自然科学者や高級技術者になる学生のために，微積分でやるべきことはたくさんある．実数論は知らなくても困らない．現に，えらい物理学者や工学者で実数論を知らない人はいっぱいいる．

しかし，数学科の学生はがっちりした実数論をまなぶ必要がある．ところが，実数体の存在証明，すなわち有理数体からの完備化による実数体の構成をきちんとかいた本は意外にすくない．そこで，本書ではくどいくらい丁寧に実数論を展開した．

また，実数論の入りくちとして自然数論には公理を提示し，直観にたよらなくても，公理からすべてが演繹されることを示した．これにより，付録の公理的集合論で定義される形式的自然数から，全数学が展開されることがわかる．

集合論の上に全数学が築かれることは常識であるのに，公理的集合論の授業は（とくに日本では）非常にすくない．付録では，公理的集合論の基礎の基礎を，一般数学生むきに提示した．実は，公理的集合論を知らなくても，普通の数学をやるのには少しも困らない．公理的集合論を知らない数学者も多いだろう．けれども，数学者ないし数学生は，教養として公理的集合論の初歩を知っている方がよいと私は思い，付録をかいた．

この本が日本の数学的風土に，多少なりとも影響を与えてくれれば，著者にとってこれにまさる喜びはない．

2002 年 6 月　　齋藤正彦

**読者への注意** この本では，命題・定理・系・補題ということばを区別してつかう．どれも論理的には同じ意味であり，証明すべき数学的主張のことである．一般的には命題をつかい，とくに重要な命題を定理とよぶ．ある命題ないし定理からただちに導かれる命題を系と称する．ある命題または定理を証明するのに直接に役立つ命題を補題という．

目　次

# 第1章　集合・写像・順序

## §1　集　合

### 集合とその元

**1.1.1　定義**　数学的対象の集まりをひとつの対象とみて，これを**集合**という．そして，集合を構成する個々のものをその集合の**元**（ゲン）または**要素**という．

$A$ が集合であり，$x$ がその元のとき，$x$ は $A$ に**属する**といい，

$$x \in A \quad \text{または} \quad A \ni x$$

とかく．$x$ が $A$ に属さないことを $x \notin A$ とかく．

**1.1.2　定義**　集合 $A$ の元が $x_1, x_2, \cdots, x_n$ でつくされるとき，

$$A = \{x_1, x_2, \cdots, x_n\}$$

とかく．$A$ が無限個の元 $x_1, x_2, x_3, \cdots$ から成るときには

$$A = \{x_1, x_2, x_3, \cdots\}$$

とかく．

ひとつの元 $x$ だけから成る集合 $\{x\}$ も，$x$ 自身とは別の数学的対象として認められる．こういうものを1元集合という．さらに，数学では元がひと

つもない集合も容認する．これを**空集合**といい，$\emptyset$ とかく．

自然数にゼロも含めるかどうかは流儀による．本書ではゼロも自然数とみなす．自然数全部の集合（これを自然数の全体ということにする）を $\boldsymbol{N}$ であらわす：

$$\boldsymbol{N}=\{0, 1, 2, 3, \cdots\},$$
$$\boldsymbol{N}^+=\{1, 2, 3, \cdots\}.$$

整数の全体を $\boldsymbol{Z}$ とかく：

$$\boldsymbol{Z}=\{0, \pm 1, \pm 2, \pm 3, \cdots\}.$$

さらに，有理数の全体を $\boldsymbol{Q}$，実数の全体を $\boldsymbol{R}$，複素数の全体を $\boldsymbol{C}$ とかく．これらの集合については第2章と第3章で詳説する．

**1.1.3　定義**　変数 $x$ に関する性質 $P$ があるとき，$P$ をみたす $x$ の全体を

$$\{x\,;P(x)\}$$

とかく．集合 $X$ の元のうちで $P$ をみたすものの全体を

$$\{x\in X\,;P(x)\}$$

とかく．

たとえば，

$$\{x\in\boldsymbol{R}\,;x^2-3x+2\leqq 0\}=\{x\in\boldsymbol{R}\,;1\leqq x\leqq 2\},$$

$$\{x^2-3x+2\,;x\in\boldsymbol{R}\}=\left\{x\in\boldsymbol{R}\,;x\geqq -\frac{1}{4}\right\}.$$

**包含関係**

**1.1.4　定義**　集合 $A$ の元がすべて集合 $B$ の元であるとき，$A$ は $B$ の**部分集合**である，$A$ は $B$ に**含まれる**，$B$ は $A$ を**含む**などと言い，

$$A \subset B \quad \text{または} \quad B \supset A$$

とかく．$A=B$ なら $A \subset B$ かつ $B \subset A$ であり，逆に $A \subset B$ かつ $B \subset A$ なら $A=B$ である．$A \subset B$ で $A \neq B$ のとき，$A \subsetneqq B$ とかく．空集合 $\emptyset$ はすべての集合に含まれる．$A \subset B, B \subset C$ なら $A \subset C$.

$$\emptyset \subsetneqq \boldsymbol{N}^{+} \subsetneqq \boldsymbol{N} \subsetneqq \boldsymbol{Z} \subsetneqq \boldsymbol{Q} \subsetneqq \boldsymbol{R} \subsetneqq \boldsymbol{C}.$$

**ノート** 流儀によっては $A \subset B$ を $A \subseteqq B$ とかき，$A \subsetneqq B$ を $A \subset B$ とかくこともあるので注意を要する．

### 合併集合と共通部分

**1.1.5 定義** 集合 $A, B$ があるとき，$A, B$ の少なくとも一方に属する元の全体を $A$ と $B$ の**合併集合**または単に**合併**といい，$A \cup B$ とかく：

$$A \cup B = \{x\,;\, x \in A \text{ または } x \in B\}.$$

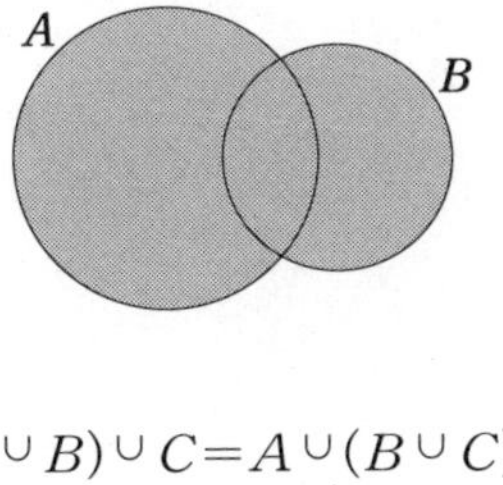


当然 $A \cup B = B \cup A$, $(A \cup B) \cup C = A \cup (B \cup C)$ である．

つぎに $A, B$ の両方に属する元の全体を $A$ と $B$ の**共通部分**または**共分**といい，$A \cap B$ とかく：

$$A \cap B = \{x\,;\, x \in A \text{ かつ } x \in B\}.$$

当然 $A \cap B = B \cap A$, $(A \cap B) \cap C = A \cap (B \cap C)$ である．

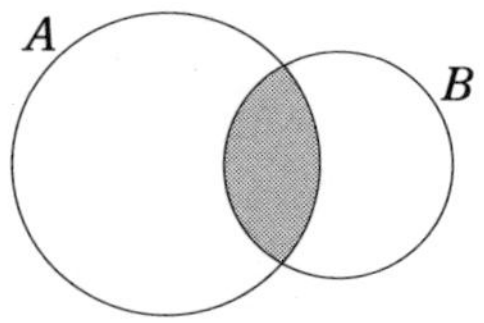


**1.1.6　命題（分配律）**

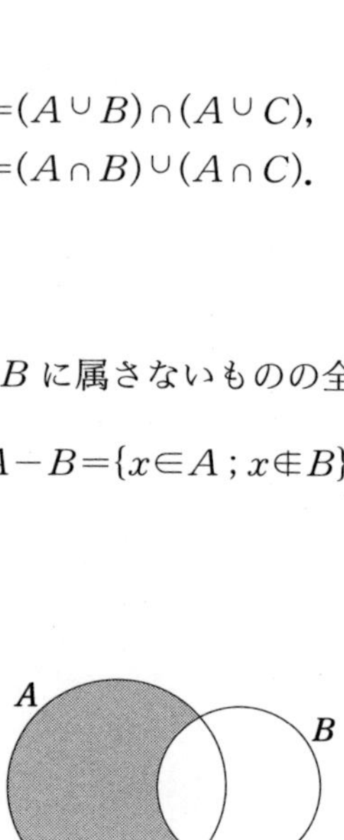

$$A \cup (B \cap C) = (A \cup B) \cap (A \cup C),$$
$$A \cap (B \cup C) = (A \cap B) \cup (A \cap C).$$

証明略.

**1.1.7　定義**　$A$ の元で $B$ に属さないものの全体を $A-B$ とかく：

$$A-B = \{x \in A \,;\, x \notin B\}.$$

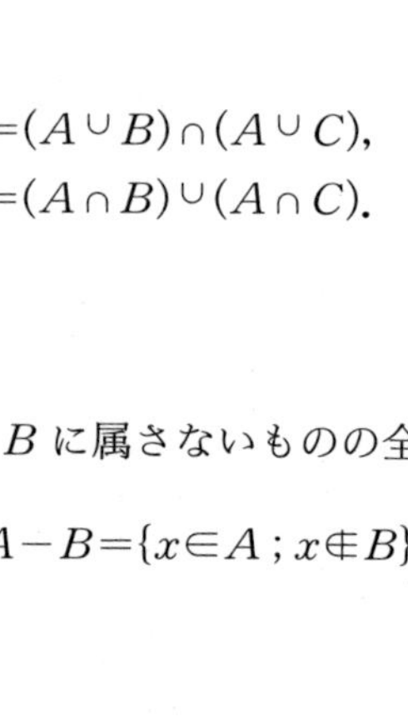

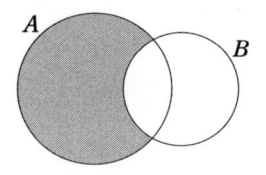


**一般の合併集合と共通部分**

**1.1.8　定義**　集合 $I\,(I \neq \emptyset)$ の元をパラメーターとする集合の集合 $\{A_i \,;\, i \in I\}$ があるとき，少なくともひとつの $A_i$ に属する元の全体を $\{A_i \,;\, i \in I\}$ の**合併集合**または単に**合併**といい，

$$\bigcup_{i\in I} A_i \quad \text{または} \quad \bigcup\{A_i\,;\, i\in I\}$$

とかく．$I$ が空集合のときは $\bigcup_{i\in\emptyset} A_i=\emptyset$ と定める．

とくに $A$ の元がすべて集合であるとき，それらすべての合併集合 $\bigcup_{x\in A} x=\bigcup\{x\,;\,x\in A\}$ を $A$ の**和集合**といい，$\bigcup A$ とかく．これは $A$ の元の元の全体である．合併集合と和集合ということばをつかいわける習慣はあまり一般的でない．普通の数学者は合併集合を好み，集合論の専門家は和集合を好むようである．

つぎに $I\neq\emptyset$ のとき，すべての $A_i\,(i\in I)$ に属する元の全体を $\{A_i\,;\,i\in I\}$ の**共通部分**または**共分**といい，

$$\bigcap_{i\in I} A_i \quad \text{または} \quad \bigcap\{A_i\,;\, i\in I\}$$

とかく．

つぎの一般分配律が成りたつ（$I\neq\emptyset$）．

$$\left(\bigcup_{i\in I} A_i\right)\cap B=\bigcup_{i\in I}(A_i\cap B),$$
$$\left(\bigcap_{i\in I} A_i\right)\cup B=\bigcap_{i\in I}(A_i\cup B).$$

証明略．

### 補集合

**1.1.9　定義**　ひとつの集合 $X$ を固定してその部分集合だけを考えているとき，$X$ の部分集合 $A$ に対して

$$X-A=\{x\in X\,;\,x\notin A\}$$

を $A$ の（$X$ における）**補集合**という．これを本書では $A^c$ とかく．

**1.1.10　命題**　集合 $X$ の部分集合だけを考える．

1)　$X^C=\emptyset$, $\emptyset^C=X$.

2)　$(A^C)^C=A$.

3)　$(A\cup B)^C=A^C\cap B^C$, $(A\cap B)^C=A^C\cup B^C$.

4)　空でない集合 $I$ をパラメーター集合とする $X$ の部分集合の族 $\{A_i\,;\,i\in I\}$ に対し，

$$\left(\bigcup_{i\in I}A_i\right)^C=\bigcap_{i\in I}A_i{}^C,\qquad \left(\bigcap_{i\in I}A_i\right)^C=\bigcup_{i\in I}A_i{}^C.$$

証明略．

## 積集合または直積

**1.1.11　定義**　$A, B$ が集合のとき，$A$ の元 $x$ と $B$ の元 $y$ とのペア $(x, y)$（$\langle x, y\rangle$ ともかく）の全体を $A$ と $B$ の**積集合**または**直積**といい，$A\times B$ とかく：

$$A\times B=\{(x, y)\,;\,x\in A \text{ かつ } y\in B\}.$$

一般に $A_1, A_2, \cdots, A_n$ が集合のとき，$A_i$ の元 $x_i$ たちの $n$ ペア $(x_1, x_2, \cdots, x_n)$ の全体を $A_1\times A_2\times\cdots\times A_n$ とかく：

$$A_1\times A_2\times\cdots\times A_n=\{(x_1, x_2, \cdots, x_n)\,;\,x_i\in A_i\ (1\leqq i\leqq n)\}.$$

とくに $A$ と $A$ との積集合を $A^2$ とかく．同様に $A^n$ $(n=1, 2, 3, \cdots)$ が定義される：

$$A^n=\{(x_1, x_2, \cdots, x_n)\,;\,x_i\in A\ (1\leqq i\leqq n)\}.$$

なかでも，$\boldsymbol{R}^2$ は平面をあらわし，$\boldsymbol{R}^n$ は $n$ 次元空間をあらわす．

$A^n$ の部分集合 $D=\{(x, x, \cdots, x)\,;\,x\in A\}$ を**対角集合**という．

**べき集合（冪集合）**

**1.1.12　定義**　集合 $A$ の部分集合（空集合 $\emptyset$ も $A$ 自身も $A$ の部分集合であることに注意）の全体を $A$ の**べき集合**といい，$\mathcal{P}(A)$ とかく．

たとえば，$\mathcal{P}(\emptyset)=\{\emptyset\}$, $\mathcal{P}(\{a\})=\{\emptyset,\{a\}\}$.

**1.1.13　命題**　集合 $A$ に対し，$\bigcup\mathcal{P}(A)=A$.

**証明**　$x\in\bigcup\mathcal{P}(A)$ なら，$\mathcal{P}(A)$ の元すなわち $A$ の部分集合 $B$ で，$x\in B$ なるものが存在する．したがって $x\in A$．逆に $x\in A$ なら $\{x\}\in\mathcal{P}(A)$ だから $x\in\bigcup\mathcal{P}(A)$. □

**二項関係**

**1.1.14　定義**　$A$ が集合であるとき，積集合 $A\times A$ の部分集合を $A$ 上の**二項関係**または単に**関係**という．$R$ を $A$ 上の関係とする．$(x,y)\in R$ のとき，$x$ と $y$ は関係 $R$ で結ばれているとか $R$ 関係があるとかといい，普通 $x\overset{R}{\sim}y$ とかく．

**1.1.15　例**　$R=\emptyset$ なら，どの $x,y$ も $R$ で結ばれない．$R=A\times A$ なら，すべての $x,y$ が $R$ で結ばれる．$R=\{(x,x)\,;x\in A\}$（これを対角集合という）なら，$x\overset{R}{\sim}y$ は $x=y$ のことである．

$A$ が $\boldsymbol{N}$ や $\boldsymbol{R}$ のとき，$R=\{(x,y)\,;x\leqq y\}$ とすれば，$x\overset{R}{\sim}y$ は $x\leqq y$ のことである．

**同値関係・商集合**

**1.1.16　定義**　$A$ 上の関係 $R$ が $A$ 上の**同値関係**であるとは，それがつぎの三条件をみたすことである．

1)　$A$ の任意の元 $x$ に対して $x\overset{R}{\sim}x$.

2)　$x \overset{R}{\sim} y$ なら $y \overset{R}{\sim} x$.

3)　$x \overset{R}{\sim} y, y \overset{R}{\sim} z$ なら $x \overset{R}{\sim} z$.

**1.1.17　例**　$\boldsymbol{Z}$ 上の二項関係をつぎのように定義する．$p$ を1以上の自然数とする．$x, y \in \boldsymbol{Z}$ に対し，$x-y$ が $p$ で割りきれるとき，$x \equiv y \pmod{p}$ とかく．この二項関係は $\boldsymbol{Z}$ 上の同値関係である．

**1.1.18　定義**　集合 $A$ の空でない部分集合の族 $\mathcal{F}=\{A_i\,;\,i \in I\}$ がつぎの二条件をみたすとき，$\mathcal{F}$ を $A$ の**類別**または**分割**という：

1)　$A=\bigcup_{i \in I} A_i$.

2)　$i, j \in I, i \neq j$ なら $A_i \cap A_j=\emptyset$.

このとき，各 $A_i$ を類別 $\mathcal{F}$ による**類**という．

**1.1.19　命題**　1)　$R$ を集合 $A$ 上の同値関係とする．互いに $R$ 同値な $A$ の元を全部あつめると $A$ の部分集合ができる．こうしてできる $A$ の部分集合の全体を $\mathcal{F}$ とすると，$\mathcal{F}$ は $A$ の類別である．$\mathcal{F}$ の類を同値関係 $R$ の**同値類**という．

2)　逆に $\mathcal{F}$ を $A$ の類別とする．$A$ の2元 $x, y$ が同じ類に属するとき，$x \overset{R}{\sim} y$ と定義すると，$R$ は $A$ 上の同値関係である．

3)　1) 2) からわかるように，$A$ 上の同値関係と類別とは，一対一に対応する概念である．

証明略.

**1.1.20　定義**　$R$ が $A$ 上の同値関係のとき，$R$ の同値類全部の集合を，$A$ の $R$ による**商集合**といい，$A/R$ とかく．

**1.1.21　例**　例1.1.17の同値関係の類は $p$ 個ある．すなわち，商集合は $p$ 個の元から成る．各同値類の代表として $0, 1, 2, \cdots, p-1$ をとることができる．

## 問　題

**1** つぎの等式は成りたつか.

1) $A-(B\cup C)=(A-B)\cap(A-C)$

2) $A-(B\cap C)=(A-B)\cup(A-C)$

3) $(A\cup B)-C=(A-C)\cup(B-C)$

4) $(A\cap B)-C=(A-C)\cap(B-C)$

5) $A\cap(B-C)=(A\cap B)-C$

6) $A\cup(B-C)=(A\cup B)-C$

**2** $(A-B)\cup(B-A)$ を $A$ と $B$ の**対称差**といい, $A\triangle B$ とかく. つぎの等式は成りたつか.

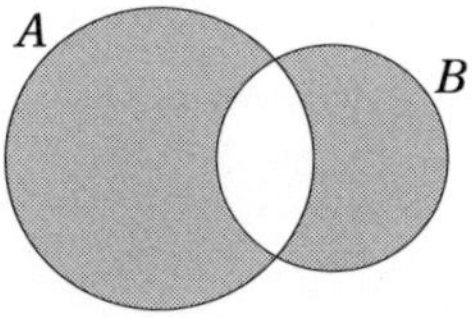


1) $A\triangle B=(A\cup B)-(A\cap B)$

2) $A\cup(B\triangle C)=(A\cup B)\triangle(A\cup C)$

3) $A\cap(B\triangle C)=(A\cap B)\triangle(A\cap C)$

**3** つぎの等式は成りたつか.

1) $A\times(B\cup C)=(A\times B)\cup(A\times C)$

2) $A\times(B\cap C)=(A\times B)\cap(A\times C)$

**4** 有限集合 $A$ の元の個数を $|A|$ とかく.

1) $|A\cup B|=|A|+|B|-|A\cap B|$

2) $|A\times B|=|A||B|$

3) $|\mathcal{P}(A)|=2^{|A|}$

**5**　$\mathscr{P}(\bigcup A)=A$ は成りたつか（命題 1.1.13 参照）.

**6**　集合 $A$ 上の二項関係 $R$ がつぎのふたつの性質をもつとする：

a）$x\overset{R}{\sim}y$ なら $y\overset{R}{\sim}x$.

b）$x\overset{R}{\sim}y, y\overset{R}{\sim}z$ なら $x\overset{R}{\sim}z$.

このとき，b）で $z=x$ とすると，a）によって，$x\overset{R}{\sim}x$ となり，$R$ は同値関係である．この推論のあやまりを指摘せよ．

**7**　$X_1, X_2$ 上の同値関係 $R_1, R_2$ に対し，積集合 $X_1\times X_2$ 上の二項関係 $R$ を，$x_1\overset{R_1}{\sim}y_1$ かつ $x_2\overset{R_2}{\sim}y_2$ のとき $(x_1, x_2)\overset{R}{\sim}(y_1, y_2)$ として定める．$R$ は $X_1\times X_2$ 上の同値関係である．

8　$R_1, R_2$ を $X$ 上の同値関係とする $(R_1, R_2\subset X\times X)$．$X$ 上の二項関係 $R_1\cap R_2$ および $R_1\cup R_2$ は同値関係か．

## §2　写像または関数

### 写像または関数

**1.2.1　定義**　$A, B$を集合，$f$ を積集合 $A\times B$ の部分集合とする．$A$ の任意の元 $x$ に対し，$(x, y)\in f$ となる $B$ の元 $y$ がちょうどひとつだけ存在するとき，$f$ を $A$ から $B$ への**写像**または**関数**といい，$f: A\to B$ とかく．$A$ の元 $x$ に対して決まる $B$ の元 $y$ を，$f$ による $x$ の**像**といい，$f(x)$ とかく．$y=f(x)$ を $f: x\mapsto y$ とかくこともある．また，$A$ を $f$ の**定義域**，$B$ を $f$ の**値域**という．普通の実変数関数は，$\boldsymbol{R}$ の区間（後出）から $\boldsymbol{R}$ への写像である．

**1.2.2　コメント**　いままでに学んだところでは，$A$ から $B$ への写像とは，$A$ の各元に $B$ のある元を対応させる規則，ということだったと思う．

そのとおりなのだが，《規則》というような数学外の概念を排除すると，上のような定義になるのである．こういう立場を《集合一元論》ということがある．

集合一元論は，公理的集合論のなかで，もっとも尖鋭な形であらわれるだろう．

**1.2.3　例**　1)　集合 $A$ の各元 $x$ に $x$ 自身を対応させる写像を $A$ の**恒等写像**といい，$I_A$ とかく：$I_A=\{(x, x)\,;\,x\in A\}$．これは前に対角集合と呼んだもの（$n=2$ の場合）と一致する（定義 1.1.11）．

2)　$A, B$ を集合，$b$ を $B$ の元とする．$A$ のどの元にも $b$ を対応させる写像を $A$ から $B$ への**定値写像**という．$A$ が $\boldsymbol{R}$ の区間で，$B$ が $\boldsymbol{R}$ ならば，これは定数関数である．

**1.2.4　定義**　1)　$f$ を $A$ から $B$ への写像とする．$A$ の元の像であるような $B$ の元の全体を $f$ の**像集合**または単に**像**といい，$f[A]$ とかく：

$$f[A]=\{f(x)\,;\,x\in A\}.$$

一般に $C$ が $A$ の部分集合のとき，$\{f(x)\,;\,x\in C\}$ を $f$ による $C$ の像（集合）といい，$f[C]$ とかく．

2)　$D$ が $B$ の部分集合のとき，$f(x)\in D$ となる $A$ の元の全体を，$f$ による $D$ の**逆像**といい，$f^{-1}[D]$ とかく：

$$f^{-1}[D]=\{x\in A\,;\,f(x)\in D\}.$$

$y$ が $B$ の元であるとき，$f^{-1}[\{y\}]$ のことを $f^{-1}[y]$ とかくことにする：

$$f^{-1}[y]=\{x\in A\,;\,f(x)=y\}.$$

**1.2.5　定義**　$f$ が $A$ から $B$ への写像，$C$ が $A$ の部分集合のとき，$f$ の定義域を $C$ に制限すれば $C$ から $B$ への写像が得られる．これを $f$ の $C$ への**制限**といい，$f{\restriction}C$ とかく：

$$f \upharpoonright C = \{(x, y) \in f \,;\, x \in C\}.$$

逆にこのとき，$f$ は $f \upharpoonright C$ の $A$ への**延長**であるという．

## 合成写像

**1.2.6 定義** $A, B, C$ を集合とする．$f$ が $A$ から $B$ への写像，$g$ が $B$ から $C$ への写像であるとき，$A$ の元 $x$ に $C$ の元 $g(f(x))$ を対応させる写像を，$f$ と $g$ との**合成写像**または**積**といい，$g \circ f$ または単に $gf$ とかく．集合の記号でかけば，

$$g \circ f = \{(x, z) \in A \times C \,;\, (f(x), z) \in g\}.$$

**1.2.7 命題（結合法則）** $f : A \to B,\ g : B \to C,\ h : C \to D$ のとき，$(h \circ g) \circ f = h \circ (g \circ f)$．

**証明** $A$ の任意の元 $x$ に対し，

$$\begin{aligned}[(h \circ g) \circ f](x) &= (h \circ g)[f(x)] = h[g\{f(x)\}] \\ &= h[(g \circ f)(x)] = [h \circ (g \circ f)](x). \quad \square\end{aligned}$$

## 入射・上射・双射

**1.2.8 定義** $f$ を $A$ から $B$ への写像とする．$f$ が一対一のとき，すなわち $f(x) = f(y)$ なら $x = y$ となるとき，$f$ を**入射**という．

$f$ の像 $f[A]$ が $B$ 全体であるとき，すなわち $B$ の任意の元 $y$ に対して $f(x) = y$ となる $A$ の元 $x$ が存在するとき，$f$ を $A$ から $B$ への**上射**という．

入射かつ上射であるものを**双射**という．

**ノート** いま定義した入射・上射・双射は，普通それぞれ単射・全射・全単射と呼ばれている．しかし，英語やフランス語では injection, surjection, bijection であり，入射・上射・双射の方が対応がはっきりする．しかもこの方が日本語と

しての揃いも語感もいいと思い，あえて慣例にさからうことにした．他の本をよむときには注意！　ドンキホーテという人とか蟷螂の斧ということばとかを思いだしてしまうけれども…….

**1.2.9　定義**　1)　$A$ を集合，$B$ を $A$ の部分集合とする．$B$ の元 $x$ に $A$ の元 $x$ を対応させる写像 $i$ は $B$ から $A$ への入射である．これを $B$ から $A$ への**標準入射**という．

2)　$A$ を集合，$R$ を $A$ 上の同値関係とする．$A$ の元 $x$ に $x$ の属する類を対応させる写像は $A$ から商集合 $A/R$ への上射である．これを $R$ によって定まる**標準上射**という．

逆に集合 $A$ から集合 $B$ への上射 $f$ があるとする．$A$ の元 $x, y$ が $f(x)=f(y)$ をみたすとき，$x\sim y$ と定義すると，$\sim$ は $A$ 上の同値関係であり，$f$ は $A$ から $A/\sim$ への標準上射である．

3)　$A, B$ を集合とする．積集合 $A\times B$ の元 $(x, y)$ に $x$ を対応させる写像は $A\times B$ から $A$ への上射である．これを $A\times B$ から $A$ への**射影**という．$A_1\times A_2\times\cdots\times A_n$ の場合も同様である．

**1.2.10　定義と命題**　$f$ を $A$ から $B$ への双射とする．$B$ の任意の元 $y$ に対し，$f(x)=y$ となる $A$ の元 $x$ がただひとつ存在するから，$y$ にこの $x$ を対応させることにより，$B$ から $A$ への写像が定まる．これを $f$ の**逆写像**といい，$f^{-1}$ とかく：

$$f^{-1}=\{(y, x)\in B\times A\,;(x, y)\in f\}.$$

$f^{-1}$ は $B$ から $A$ への双射である．

合成写像 $f^{-1}\circ f$ は $A$ の恒等写像 $I_A$ であり，$f\circ f^{-1}$ は $B$ の恒等写像 $I_B$ である．

### 点列

**1.2.11　定義**　$\boldsymbol{N}$ ないし $\boldsymbol{N}^+$ から集合 $X$ への写像を $X$ の**点列**という．

$X$ が $\boldsymbol{R}$ や $\boldsymbol{C}$ のときにはこれを**数列**という．$a$ が $X$ の点列のとき，$\boldsymbol{N}$ の元 $n$ の $a$ による像 $a(n)$ を普通 $a_n$ とかく．また，点列 $a$ を

$$\langle a_0, a_1, a_2, \cdots\rangle, \qquad \langle a_n\rangle_{n\in \boldsymbol{N}}, \qquad \langle a_n\rangle_{n=0,1,2,\cdots}$$

などとかき，単に $\langle a_n\rangle$ とかくこともある．

**1.2.12 定義** $\varphi$ を $\boldsymbol{N}$（または $\boldsymbol{N}^+$）から自分自身への写像で狭義単調増加なものとする．すなわち，$n<m$ なら $\varphi(n)<\varphi(m)$ とする．$\varphi$ と $X$ の点列 $a$ との合成写像 $a\circ\varphi：\boldsymbol{N}\to X$ を $a$ の**部分列**という．なじみの記号でかけば，

$$a\circ\varphi=\langle a_{\varphi(0)}, a_{\varphi(1)}, a_{\varphi(2)}, \cdots\rangle.$$

## 元の族・集合族

**1.2.13 定義** 点列の概念を一般化する．集合 $I$ から集合 $X$ への写像を，$I$ を**添字域**とする $X$ の**元の族**という．$a$ がそういうものであるとき，$I$ の元 $i$ の $a$ による像 $a(i)$ を普通 $a_i$ とかき，族 $a$ を $a=\langle a_i\,;\, i\in I\rangle$ とかく．

とくに $a_i$ がすべて集合であるとき，$a$ を，$I$ を添字域とする**集合族**という．

たとえば，集合 $X$ の各元 $x$ に対して1元集合 $\{x\}$ を対応させる写像は，$X$ を添字域とする $X$ の部分集合の族である．

## 一般の積集合

**1.2.14 定義** $A$ を，$I$ を添字域とする集合族とする：$A=\langle A_i\,;\, i\in I\rangle$．$B=\bigcup_{i\in I} A_i=\bigcup\{A_i\,;\, i\in I\}$ とする．$I$ から $B$ への写像 $f$ で，各 $i$ に対して $f(i)\in A_i$ となるものの全体を，集合族 $\langle A_i\,;\, i\in I\rangle$ の**積集合**または**直積**といい，$\prod\langle A_i\,;\, i\in I\rangle$ または $\prod_{i\in I} A_i$ とかく：

$$\prod_{i \in I} A_i = \left\{ f : I \to \bigcup_{i \in I} A_i \,;\, \text{各 } i \text{ に対して } f(i) \in A_i \right\}.$$

$f$ が $\prod_{i \in I} A_i$ の元のとき，$f(i)$ を $a_i$ とかいて，$f = \langle a_i \rangle_{i \in I}$ とかく方がわかりやすい．

$I = \boldsymbol{N}$ なら，$\prod_{i \in \boldsymbol{N}} A_i$ の元は

$$\langle a_i \rangle_{i \in \boldsymbol{N}} = \langle a_0, a_1, a_2, \cdots \rangle$$

である．

すべての $A_i$ が同一の $A$ であるとき，$\prod_{i \in I} A$ を $A^I$ とかくことがある．

一般の積集合のときも，$\prod_{i \in I} A_i$ の元 $\langle a_i \rangle_{i \in I}$ に $a_j \ (j \in I)$ を対応させる写像を**射影**（第 $j$ 射影）という．

すぐあとで述べる選択公理を仮定すると，$A_i$ がどれも空集合でなければ，積集合 $A = \prod_{i \in I} A_i$ も空でない（命題 1. 2. 17）．このとき，射影 $p_j : A \to A_j$ は上射である．実際，$a_j \in A_j$ とする．$I' = I - \{j\}$ とすると，選択公理により $A' = \prod_{i \in I'} A_i$ は空でないから，その元 $a' = \langle a_i \rangle_{i \in I'}$ をとって $a = (a_j, \langle a_i \rangle_{i \in I'})$ とすれば $p_j(a) = a_j$ となる．

$I = \{1, 2, \cdots, n\}$ なら，$\prod_{i \in I} A_i$ の元は $\langle a_1, a_2, \cdots, a_n \rangle$ ないし $(a_1, a_2, \cdots, a_n)$ とかけ，$\prod_{i \in I} A_i$ は $A_1 \times A_2 \times \cdots \times A_n$ と一致する．

**1. 2. 15　コメント**　$I = \{1, 2, \cdots, n\}$ で各 $A_i$ がどれも空集合でなければ，積集合 $A_1 \times A_2 \times \cdots \times A_n$ も空でない（あたりまえ）．しかし，$I$ が無限集合の場合，$\prod_{i \in I} A_i$ が空集合でないという保証はない．これを保証するのがつぎに述べる選択公理である．

## 選択公理

**1. 2. 16　公理（選択公理）**　空でない集合 $A$ の元がすべて空でない集合だとする．このとき，$A$ から和集合 $\bigcup A$ への写像 $f$ で，$A$ のすべての元 $x$ に対して $f(x) \in x$ となるものが存在する．

**ノート**　この公理は，空でない集合がたくさんあるとき，そのひとつひとつから，ひとつの元を指定することができる，ということを主張しているのである．あたりまえと思う人も，そうでないと思う人もいるだろう．

**1.2.17　命題**　つぎの三つの命題は互いに同値である．

a）　選択公理

b）　$A$ が空でない集合ならば，$\mathcal{P}(A)-\{\emptyset\}$ から $A$ への写像 $f$ で，$\mathcal{P}(A)-\{\emptyset\}$ のすべての元 $x$ に対して $f(x)\in x$ となるものが存在する．

c）　空でない集合 $I$ を添字域とする集合族 $A=\langle A_i\,;\,i\in I\rangle$ があり，$A_i\neq\emptyset\ (i\in I)$ ならば，積集合 $\prod_{i\in I}A_i$ も空でない．すなわち，$I$ から $B=\bigcup_{i\in I}A_i$ への写像 $g$ で，$I$ のすべての元 $i$ に対して $g(i)\in A_i$ なるものが存在する．

上の三つの命題で存在の保証される写像を，どれも**選択関数**という．

**証明**　a)⇒b)　$B=\mathcal{P}(A)-\{\emptyset\}$ は選択公理の条件をみたすから，$B$ から $\bigcup B$ への写像 $f$ で，$B$ のすべての元 $x$ に対して $f(x)\in x$ となるものが存在する．命題 1.1.13 によって $A=\bigcup\mathcal{P}(A)$．

一方，$\bigcup\mathcal{P}(A)=\bigcup B$．実際，$x\in\bigcup B$ なら $B$ の元 $y$ で $x\in y$ となるものが存在する．$y\in\mathcal{P}(A)$ だから $x\in\bigcup\mathcal{P}(A)$．逆に $x\in\bigcup\mathcal{P}(A)$ なら $\mathcal{P}(A)$ の元 $y$ で $x\in y$ なるものが存在する．$y\neq\emptyset$ だから $y\in B$，したがって $x\in\bigcup B$ となり，$\bigcup\mathcal{P}(A)=\bigcup B$ が示された．

上のことから $A=\bigcup B$．したがって，$f$ は $\mathcal{P}(A)-\{\emptyset\}$ から $A$ への写像であり，$\mathcal{P}(A)-\{\emptyset\}$ のすべての元 $x$ に対して $f(x)\in x$ となる．

b)⇒c)　$B=\bigcup_{i\in I}A_i$ とおくと $B\neq\emptyset$．b) により，$\mathcal{P}(B)-\{\emptyset\}$ から $B$ への写像 $f$ で，$\mathcal{P}(B)-\{\emptyset\}$ のすべての元 $x$ に対して $f(x)\in x$ となるものが存在する．$I$ のすべての元 $i$ に対して $A_i\subset B$, $A_i\neq\emptyset$ だから $A_i\in\mathcal{P}(B)-\{\emptyset\}$ であり，$f(A_i)\in A_i$ が成りたつ．

$I$ の元 $i$ に対し，$g(i)=f(A_i)$ とおくと，$g$ は $I$ から $B=\bigcup_{i\in I}A_i$ への写像で，$g(i)=f(A_i)\in A_i$ が成りたつ．

c)⇒a)　$A$ を添字域とする集合族 $\langle x\,;\,x\in A\rangle$ に命題 c) を適用すると，$A$ から $B=\bigcup A$ への写像 $g$ で，$A$ のすべての元 $x$ に対して $g(x)\in x$ となるも

のが存在する．これは選択公理にほかならない．□

**1.2.18　コメント**　選択公理は重要である．これがないと，数学のたくさんの重要な定理が証明できなくなったり，証明が非常に複雑になったりする．だから，われわれは選択公理を公理として認めることにする．以後，証明に選択公理をつかうときにはそのむね明記する．

なお，公理的集合論で，選択公理を他の公理たちから証明することはできないことが証明されている．

## 可算無限集合

**1.2.19　定義**　1)　集合 $X$ から集合 $Y$ への双射が存在するとき，$X$ と $Y$ は**等濃**であるという．

2)　$\boldsymbol{N}$ と等濃な集合を**可算無限集合**という．可算無限集合と有限集合をあわせて**可算集合**という．

**ノート**　本によっては可算無限集合のことを可算集合といい，可算集合のことをたかだか可算な集合ということもある．

**1.2.20　例**　1)　偶数の全体 $X=\{0,2,4,\cdots\}$ は可算無限集合である．実際，$f(x)=2x$ は $\boldsymbol{N}$ から $X$ への双射である．一般に $\boldsymbol{N}$ の無限部分集合は可算無限集合である．小さい方から順に番号をつけていけばよい．

2)　ふたつの有限集合が等濃なのは，その元の個数が一致するときである．

3)　$\boldsymbol{Z}$ は可算である．実際，$\boldsymbol{Z}$ のすべての元は $0,1,-1,2,-2,3,\cdots$ と一列に並べられる．すなわち，$n\in\boldsymbol{N}$ に対して $f(2n)=-n, f(2n+1)=n+1$ とおけば $f$ は $\boldsymbol{N}$ から $\boldsymbol{Z}$ への双射である．

4)　あとで示すように $\boldsymbol{Q}$ も可算である（命題2.4.7）．しかし $\boldsymbol{R}$ は可算でない（系3.1.9）．

**1.2.21　命題**　$f$ が $X$ から $Y$ への入射で，$Y$ が可算なら $X$ も可算である．

**証明**　$Y=\boldsymbol{N}$ としてよい．$f[X]=\{f(x)\,;\,x\in X\}$ は $\boldsymbol{N}$ の部分集合だから，これを小さい順に並べて $\langle b_0, b_1, b_2, \cdots\rangle$ とする．$a_n=f^{-1}(b_n)\in X$ は $X$ のすべての元を番号づける．□

**1.2.22　命題**　$f$ が $X$ から $Y$ への上射で，$X$ が可算なら $Y$ も可算である．

**証明**　$X$ の元 $x, y$ に対して $f(x)=f(y)$ という関係は同値関係だから，これによって $X$ を類別する．$X=\boldsymbol{N}$ としてよい．各類の最小元をとり，これらを小さい方から順に並べたものを $\langle a_0, a_1, a_2, \cdots\rangle$ とする．$Y=\{f(a_0), f(a_1), f(a_2), \cdots\}$ だから $Y$ も可算である．□

**1.2.23　命題**　$X, Y$ が可算なら積集合 $X\times Y$ も可算である．

**証明**　$X=Y=\boldsymbol{N}$ としてよい．$\boldsymbol{N}\times\boldsymbol{N}$ の元を，

$$(0,0), (0,1), (1,0), (0,2), (1,1), (2,0), (0,3), \cdots$$

と並べる．すなわち，$\boldsymbol{N}$ の元 $l$ に対し，$n+m=l$ なる $\boldsymbol{N}\times\boldsymbol{N}$ の元 $(n, m)$ をまとめ（$l+1$ 個ある），$n$ の小さい方から並べる．これを $l$ の小さい方から順に並べれば $\boldsymbol{N}\times\boldsymbol{N}$ のすべての元が一列に並ぶ．□

**1.2.24　命題**　選択公理を仮定する．可算集合 $I$ を添字域とする集合族 $\langle X_i\,;\,i\in I\rangle$ があり，$X_i$ はすべて可算とする．このとき，合併集合 $X=\bigcup_{i\in I}\{X_i\,;\,i\in I\}$ も可算である．

**証明**　$I$ も $X_i$ もすべて可算無限集合としてよい．とくに $I=\boldsymbol{N}$ としてよい．各 $i\in I$ に対し，$Y_i=\{(x, i)\,;\,x\in X_i\}$ とすると，$i\neq j$ なら $Y_i\cap Y_j=\emptyset$ となる．まず $Y=\bigcup_{i\in \boldsymbol{N}}\{Y_i\,;\,i\in\boldsymbol{N}\}$ が可算であることを示す．

各 $i$ に対して $\boldsymbol{N}$ から $Y_i$ への双射が存在するから，選択公理によって，すべての $i$ に対して $\boldsymbol{N}$ から $Y_i$ への双射 $f_i$ をひとつ決めることができる：$Y_i=\{f_i(n)\,;\,n\in\boldsymbol{N}\}$．自然数 $l$ に対し，$i+n=l$ なる自然数のペア $(i, n)$ を

とり，$Y$ の元の有限列 $f_0(l), f_1(l-1), \cdots, f_{l-1}(1), f_l(0)$ をつくる．これを $l$ の小さい方から順に並べれば，$Y$ のすべての元が一列に並べられたことになる．すなわち，$\boldsymbol{N}$ から $Y$ への双射ができ，$Y$ は可算無限である．

$Y$ の元 $y$ はある $Y_i$（ただひとつ）に属するから，$y=(x, i)\ (x \in X_i)$ の形である．$y$ に $x$ を対応させる写像は $Y$ から $X$ への上射である．命題 1.2.22 によって $X$ も可算である．□

**ノート**　この命題は，うっかりすると選択公理なしでも証明できたような気になるものである．

**1.2.25　定理**　集合 $X$ からそのべき集合 $\mathcal{P}(X)$ への上射は存在しない．

**証明**　$X$ から $\mathcal{P}(X)$ への写像がどれも上射でないことを示せばよい．$f$ を $X$ から $\mathcal{P}(X)$ への写像とし，$A=\{x \in X\,;\, x \notin f(x)\}$ とおく．$A$ は $\mathcal{P}(X)$ の元である．どの $x \in X$ に対しても $f(x) \neq A$ であることを示す（したがって $f$ は上射でない）．$x \in X$ とする．もし $x \in f(x)$ なら $x \notin A$，したがって $f(x) \neq A$．もし $x \notin f(x)$ なら $x \in A$，したがって $f(x) \neq A$．□

**1.2.26　系**　$\mathcal{P}(\boldsymbol{N})$ は可算でない．

**証明**　$\mathcal{P}(\boldsymbol{N})$ が無限集合であることだけ示せばよい．実際，$\{\{n\}\,;\, n \in \boldsymbol{N}\}$ は $\mathcal{P}(\boldsymbol{N})$ の無限部分集合である．□

## 問　題

問題 1，2，3 において，$f$ は $X$ から $Y$ への写像とし，$A, B$ は $X$ の部分集合，$P, Q$ は $Y$ の部分集合とする．

**1**　つぎの等式は成りたつか．

1)　$f[A \cup B]=f[A] \cup f[B]$

2) $f[A\cap B]=f[A]\cap f[B]$

3) $f[A-B]=f[A]-f[B]$

**2** つぎの等式は成りたつか.

1) $f^{-1}[P\cup Q]=f^{-1}[P]\cup f^{-1}[Q]$

2) $f^{-1}[P\cap Q]=f^{-1}[P]\cap f^{-1}[Q]$

3) $f^{-1}[P-Q]=f^{-1}[P]-f^{-1}[Q]$

**3** $g$ が $Y$ から $Z$ への写像，$R$ が $Z$ の部分集合のとき，つぎの等式は成りたつか.

1) $(g\circ f)[A]=g[f[A]]$

2) $(g\circ f)^{-1}[R]=f^{-1}[g^{-1}[R]]$

**4** $f$ を集合 $X$ からどこかへの写像とする. $X$ の元 $x, y$ に対し，$f(x)=f(y)$ のとき $x\sim y$ と定義すると，関係 $\sim$ は $X$ 上の同値関係である. 集合族 $\langle f^{-1}[y]\,;\, y\in f[X]\rangle$ は対応する類別である.

**5** $f$ を $X$ から $Y$ への写像とする. $\mathcal{P}(X)$ の元 $A$ に対して $\vec{f}(A)=f[A]$ とおくと，$\vec{f}$ は $\mathcal{P}(X)$ から $\mathcal{P}(Y)$ への写像である.

1) $f$ が入射であることと，$\vec{f}$ が入射であることとは同値である.

2) $f$ が上射であることと，$\vec{f}$ が上射であることとは同値である.

**6** $f$ を $X$ から $Y$ への写像とする. $\mathcal{P}(Y)$ の元 $P$ に対して $\overleftarrow{f}(P)=f^{-1}[P]$ とおくと，$\overleftarrow{f}$ は $\mathcal{P}(Y)$ から $\mathcal{P}(X)$ への写像である.

1) $f$ が入射であることと，$\overleftarrow{f}$ が上射であることとは同値である.

2) $f$ が上射であることと，$\overleftarrow{f}$ が入射であることとは同値である.

**7** $A, B$ を集合とする.

1) $A$ から $B$ への入射があれば，$B$ から $A$ への上射がある. ただし $A\neq\emptyset$ とする.

2) 選択公理のもとで，$A$ から $B$ への上射があれば，$B$ から $A$ への入射がある．

8 $X$ が可算集合なら，$X$ の有限部分集合の全体 $\mathcal{P}_0(X)$ も可算である．

## §3 順 序

### 順序

**1.3.1 定義** $X$を集合とし，$\leqq$ を $X$ 上の二項関係（$X \times X$ の部分集合）とする．二項関係 $\leqq$ がつぎの三条件をみたすとき，$\leqq$ を $X$ 上の**順序関係**または単に**順序**という：

1) $X$ のすべての元 $x$ に対して $x \leqq x$（反射律）．

2) $x, y \in X$ で $x \leqq y, y \leqq x$ なら $x = y$（反対称律）．

3) $x, y, z \in X, x \leqq y, y \leqq z$ なら $x \leqq z$（推移律）．

順序をそなえた集合（正確にはペア $(X, \leqq)$）を**順序集合**という．とくに，$X$ の任意の 2 元 $x, y$ に対して $x \leqq y$ または $y \leqq x$ の少なくとも一方が成りたつとき，この順序を**全順序**という（定義 1.3.7 参照）．

**1.3.2 例** 1) $\boldsymbol{N}, \boldsymbol{Z}, \boldsymbol{Q}, \boldsymbol{R}$ は周知の大小関係によって全順序集合である．$\boldsymbol{C}$ には自然な順序はない．

2) 集合 $X$ の部分集合の全体 $\mathcal{P}(X)$ は，包含関係 $\subset$ によって順序集合である．

3) $X$ 上の関係 $\leqq$ が順序関係ならば，向きを反対にした関係 $\geqq$，すなわち $y \leqq x$ のとき $x \geqq y$ と定義した関係も順序関係である．

4) $X$ が順序集合で，$A$ が $X$ の部分集合なら，関係 $\leqq$ を $A$ に制限したもの（すなわち $\leqq \cap (A \times A)$）は $A$ 上の順序関係である．

5) もっともつまらない例として，$X$の 2 元 $x, y$ に対し，$x = y$ のときだけ $x \leqq y$ と定めれば，$\leqq$ は $X$ 上の順序関係である．

**1.3.3 定義** $\leqq$ を $X$ 上の順序関係とする．$x \leqq y$ かつ $x \neq y$ のことを $x < y$ とかく．つぎの三条件がみたされる：

1′) $x < x$ ではない．

2′) $x < y$ かつ $y < x$ ということはない．

3′) $x < y, y < z$ なら $x < z$．

この三条件をみたす関係を**狭義順序**という．これに対し，順序のことを**広義順序**ということがある．

$<$ を $X$ 上の狭義順序とする．$x < y$ または $x = y$ のことを $x \leqq y$ とかくと，$\leqq$ は $X$ 上の順序である（確かめよ）．

**1.3.4 定義** $X, Y$ を順序集合，$f$ を $X$ から $Y$ への双射とする．$X$ の任意の元 $x, y$ に対し，$x \leqq y$ なら $f(x) \leqq f(y)$ であり，逆に $f(x) \leqq f(y)$ なら $x \leqq y$ が成りたつとき，$f$ を $X$ から $Y$ への**順序同型写像**という．

$X, Y$ が順序集合で，$X$ から $Y$ への順序同型写像 $f$ が存在するとき（このとき $f^{-1}$ は $Y$ から $X$ への順序同型写像である），$X$ と $Y$ とは互いに**順序同型**であるという．

**ノート** とくに $X$ が全順序集合のとき，$x \leqq y$ なら $f(x) \leqq f(y)$ という条件だけをみたせば，$f$ は順序同型写像である．実際，$f(x) \leqq f(y)$ とする．もし $x > y$ なら $f(x) > f(y)$ となるから，$x \leqq y$ でなければならない．

$X$ が全順序集合という仮定がないと，第二の条件《$f(x) \leqq f(y)$ なら $x \leqq y$》も必要である．たとえば $X$ が例 1.3.2 の 5) である場合，任意の双射は《$x \leqq y$ なら $f(x) \leqq f(y)$》をみたしてしまう．

**1.3.5 定義** $(X, \leqq)$ を順序集合，$A$ を $X$ の部分集合とする．

1) $a$ が $A$ の元で，$A$ のすべての元 $x$ に対して $x \leqq a$ が成りたつとき，$a$ を $A$ の**最大元**といい，$\max A$ とかく．$A$ のすべての元 $x$ に対して $a \leqq x$ が成りたつとき，$a$ を $A$ の**最小元**といい，$\min A$ とかく．最大元や最小元は存在するとはかぎらない．あるとすればひとつしかない．

2) $a$ が $A$ の元で，$A$ のいかなる元 $x$ に対しても $a < x$ とならないとき，

$a$ を**極大元**という．$x<a$ なる $A$ の元が存在しないとき，$a$ を**極小元**という．極大元や極小元は存在しないこともあるし，たくさん存在することもある．

3) $b$ が $X$ の元で，$A$ のすべての元 $x$ に対して $x \leqq b$ が成りたつとき，$b$ を $A$ の（$X$ のなかでの）**上界**という．$A$ に上界が存在するとき，$A$ は（$X$ のなかで）**上に有界**であるという．同様に**下界**および**下に有界**という概念が定義される．$A$ が上に有界かつ下に有界のとき，$A$ は（$X$ のなかで）**有界**であるという．

4) $A$ が $X$ のなかで上に有界とする．$A$ の上界の全体を $B$ とする．$B$ は空集合ではない．$B$ に最小元が存在するとき，それ（ひとつしかない）を $A$ の $X$ での**上限**といい，$\sup_X A$ とかく．しかし，$\sup_X A$ の $X$ は普通あきらかなので，$X$ での上限を単に上限といい，$\sup_X A$ を $\sup A$ とかく．同様に $A$ の最大下界として**下限**（$\inf_X A$ とかく）が定義される．上限や下限は（存在しても）$A$ に属するとはかぎらない．もし $\sup A \in A$ なら，それは $A$ の最大元である．

**1.3.6 例** 1) $X=\boldsymbol{R}, A=\{x \in \boldsymbol{R} ; 0 \leqq x<1\}$ とする．$\max A$ は存在せず，$\min A=0$．$A$ には極大元もない．極小元は 0 だけ．$A$ は $\boldsymbol{R}$ のなかで有界で，$\sup A=1 \notin A, \inf A=0 \in A$．

2) $X=\{1,2\}$ とし，順序集合 $(\mathscr{P}(X), \subset)$ を考える．$\mathscr{P}(X)=\{\emptyset,\{1\},\{2\}, X\}$．$A=\{\emptyset,\{1\},\{2\}\}$ とすると，$\emptyset$ は $A$ の最小元である．$\{1\}$ および $\{2\}$ は $A$ の極大元である．$A$ の最大元は存在しない．

3) $X=\boldsymbol{Q}$, $A=\{x \in \boldsymbol{Q} ; 0<x, x^2<2\}$ とする．$A$ は上に有界だが上限はない．実際，もし上限 $b$ があれば，$b^2=2$ が成りたつはずだが，こういう有理数はない（問題 5 を見よ）．$\boldsymbol{R}$ のなかで考えれば上限 $\sqrt{2}$ がある．これが $\boldsymbol{Q}$ と $\boldsymbol{R}$ を区別する最大のポイントである．

### 全順序集合の完備化

**1.3.7 定義** $(X, \leqq)$ を順序集合とする．$X$ の任意の元 $x, y$ に対して $x$

$\leqq y$ または $y \leqq x$ のどちらかが成りたつとき，関係 $\leqq$ を $X$ 上の**全順序**といい，$(X, \leqq)$ を**全順序集合**という．

**ノート** 本によっては，われわれの全順序のことを順序といい，順序のことを半順序ということもあるので注意を要する．また，全順序のことを線状順序とか線型順序とかいうこともある．

**1.3.8 例** 1) $\boldsymbol{N}, \boldsymbol{Z}, \boldsymbol{Q}, \boldsymbol{R}$ は全順序集合である．

2) $X$ がふたつ以上の元をもてば，$(\mathscr{P}(X), \subset)$ は全順序集合ではない．

3) 全順序集合に極大元があればそれは最大元である．したがってひとつしかない．

**1.3.9 定義** $(X, \leqq)$ を全順序集合とする．$X$ の任意の空でない部分集合に対し，それが上に有界なら上限をもち，下に有界なら下限をもつとき，$(X, \leqq)$ は**順序完備**，略して**完備**であるという．

**ノート** 実数の全体 $\boldsymbol{R}$ は順序完備である．$\boldsymbol{R}$ を公理系によって定義するときには完備性の公理を入れる（定義 2.5.13）．$\boldsymbol{Q}$ から $\boldsymbol{R}$ を構成するときには，つくられた $\boldsymbol{R}$ が完備であることを証明する（定理 3.1.6 および定理 3.2.7）．

**1.3.10 定義** $X$ を全順序集合，$Y$ を $X$ の部分集合とする．$x<y$ をみたす $X$ の任意の2元 $x, y$ に対して $x<z<y$ となる $Y$ の元 $z$ が存在するとき，$Y$ は $X$ のなかで**稠密**(チュウミツ) であるという．$X$ 自身が $X$ のなかで稠密のとき，$X$ は**自己稠密**であるという．

**1.3.11 例** $\boldsymbol{Q}$ は $\boldsymbol{R}$ のなかで稠密である（定理 1.3.15）．$\boldsymbol{Z}$ は $\boldsymbol{Q}$ のなかで稠密でない．$\boldsymbol{Q}$ や $\boldsymbol{R}$ は自己稠密だが，$\boldsymbol{Z}$ は自己稠密でない．

**1.3.12 定義** $(X, \leqq)$ を自己稠密な全順序集合で，最小元がないものとする．これに対し，$X$ の部分集合 $\alpha$ でつぎの三条件をみたすものを考える：

1) $x \in \alpha, y \leqq x$ なら $y \in \alpha$.

2) $\alpha$ は最大元をもたない.

3) $\alpha \neq \emptyset, X$.

このような部分集合を $X$ の**切断**といい，切断の全体を $C(X)$ とかく.

**1.3.13 命題** 上の仮定のもとで，$C(X)$ の元 $\alpha, \beta$ に対し，$\alpha \subset \beta$ のとき $\alpha \leqq \beta$ として関係 $\leqq$ を定義する．これによって $(C(X), \leqq)$ は全順序集合になる.

**証明** $\leqq$ が順序関係であることはあきらかだから，全順序であることだけ示す．$\alpha, \beta \in C(X), \alpha \not\leqq \beta$ とする．$\alpha \not\subset \beta$ だから，$\alpha$ の元 $x$ で $\beta$ に属さないものが存在する．$y$ を $\beta$ の元とする．$x \leqq y$ なら切断の定義によって $x \in \beta$ となるから $y < x$．$\alpha$ も切断だから $y \in \alpha$，すなわち $\beta \subset \alpha$. □

**1.3.14 定義と命題** 上の仮定のもとで，$X$ の元 $a$ に対し，$S(a) = \{x \in X ; x < a\}$ とおく．これを $X$ における $a$ の**切片**という．いま $X$ には最小元がないから，$S(a)$ は $X$ の切断である.

$a \leqq b$ と $S(a) \subset S(b), S(a) \leqq S(b)$ とは同値だから，$X$ から $C(X)$ への入射 $a \mapsto S(a)$ によって $X$ を $C(X)$ の部分集合とみなす.

**1.3.15 定理** $X$ を自己稠密な全順序集合とする（最小元があってもよい）.

$X$ に最小元がないときは $\tilde{X} = C(X)$ とおく.

$X$ に最小元 $a_0$ があるときは，$\tilde{X} = C(X - \{a_0\}) \cup \{a_0\}$ とおく（$X - \{a_0\}$ には最小元がない)．$\tilde{X}$ のすべての元 $\alpha$ に対して $\{a_0\} \leqq \alpha$ と定義する．$a_0$ と $\{a_0\}$ とを同一視することによって $X \subset \tilde{X}$ とみなす.

このとき $\tilde{X}$ はつぎの性質をもつ.

1) $\tilde{X}$ は完備である.

2) $\tilde{X}$ のなかで $X$ は稠密である.

3)　$X$ がもともと完備なら $\tilde{X}=X$.

こうしてつくった $\tilde{X}$ を $X$ の**完備化**という.

**証明**　$X$ に最小元 $a_0$ がある場合には，$a_0$ を取りのぞいた $X-\{a_0\}$ に対して定理を証明し，最後に $\{a_0\}$ を付けくわえればよいから，はじめから $X$ には最小元がないと仮定する．したがって $\tilde{X}=C(X)$.

1)　$A$ を $\tilde{X}=C(X)$ の空でない部分集合で上に有界なものとする．$\beta=\bigcup A=\bigcup_{\alpha\in A}\alpha$ とおき，$\beta$ が $A$ の上限であることを示す．まず $A\neq\emptyset$ だから $\beta\neq\emptyset$. $A$ は上に有界だから $\beta\neq X$. もし $\beta$ に最大元 $a$ があれば，$a\in\alpha$ なる $\alpha\in A$ がある．ところが $a$ は $\alpha$ の最大元でもあるから，$\alpha$ が切片であることに反する．よって $\beta$ に最大元はない．つぎに $x\in\beta, y\leqq x$ とする．ある $\alpha\in A$ に対して $x\in\alpha$ だから $y\in\alpha$. よって $y\in\beta$. 以上で $\beta$ が $C(X)$ の元であることがわかった.

定義から，$A$ のすべての元 $\alpha$ に対して $\alpha\leqq\beta$ だから，$\beta$ は $A$ の上界である．最小上界でないとすると $C(X)$ の元 $\gamma$ で $\gamma<\beta$, かつ $A$ のすべての元 $\alpha$ に対して $\alpha\leqq\gamma$ なるものが存在する．$\gamma\subsetneqq\beta$ だから，$\beta$ の元 $x$ で $\gamma$ に属さないものをとると，ある $\alpha\in A$ に対して $x\in\alpha$ だから $\alpha\subset\gamma$ に反する．以上で $\beta=\sup A$ が証明された.

1′)　$C(X)$ のつくりかたは上下対称でないから，$X$ の下に有界な，空でない部分集合の下限の存在も別に証明しなければならない.

$A$ を $\tilde{X}=C(X)$ の空でない部分集合で下に有界なものとする.

$\bigcap A$ に最大元がないときは $\beta=\bigcap A$ とおく．$\bigcap A$ に最大元 $b$ があるときは $\beta=S(b)$ とおく．[たとえば $X=\boldsymbol{Q}, A=\{S(x)\,;\,x\in\boldsymbol{Q}, x>0\}$ のとき，$\bigcap A=\{x\in\boldsymbol{Q}\,;\,x\leqq 0\}$ であり，最大元がある.]

簡単にわかるように $\beta\in C(X)$. $\beta=\inf A$ を示す．$\beta=\bigcap A$ のときは 1) とまったく同様に $\beta=\inf A$ となる．$\beta=S(b)$ のとき，$b\in\bigcap A$ だから $A$ のすべての元 $\alpha$ に対して $b\in\alpha$, よって $S(b)\subset\alpha$ すなわち $\beta\leqq\alpha$ であり，$\beta$ は $A$ の下界である．$\beta$ が最大下界でないとすると，$\beta<\gamma$ なる下界 $\gamma$ がある．$\beta$ に属さない $\gamma$ の元 $c$ をとると $c\in\bigcap A$ であり，$b$ の最大性に反する.

2)　$\alpha, \beta\in C(X), \alpha<\beta$ とする．$\alpha\subsetneqq\beta$ だから $\beta$ の元 $x$ で $\alpha$ に属さないも

のがある．$\beta$ には最大元がないから，$x<y$ なる $\beta$ の元 $y$ がある．$\alpha \subsetneqq S(y) \subsetneqq \beta$ すなわち $\alpha<S(y)<\beta$ となる．すなわち $X$ は $\tilde{X}$ のなかで稠密である．

3) $X$ が完備とし，$\alpha \in C(X)$ とする．$X$ のなかで $\alpha$ は上に有界だから，仮定によって $\alpha$ の上限 $a$ がある．$\alpha=S(a)$ を示す．$x\in \alpha$ なら $x\leqq a$．$\alpha$ には最大元がないから $x<a$，すなわち $x\in S(a)$．逆に $x\in S(a)$ なら $x<a$ だから，$x<b<a$ なる $X$ の元 $b$ をとる．もし $x\notin \alpha$ なら $b\notin \alpha$．$\alpha$ のすべての元 $y$ に対して $y<b$ となるから $\alpha \subset S(b)$ となり，$b$ も $\alpha$ の上界になってしまう．よって $x\in \alpha$ すなわち $S(a)\subset \alpha$．したがって $\tilde{X}=X$．□

**ノート** この定理により，全順序集合 $\boldsymbol{Q}$ からつくった $\bar{\boldsymbol{Q}}=C(\boldsymbol{Q})$ は完備である．これが実数体 $\boldsymbol{R}$ である（定理 3.1.6)．

**1.3.16 定理（完備化の一意性）** $X$ を自己稠密な全順序集合，$Y$ をつぎの三条件をみたす全順序集合とする：

1) $Y$ は順序完備である．

2) $X$ から $Y$ への入射 $\varphi$ で順序をたもつもの ($x\leqq y$ なら $\varphi(x)\leqq\varphi(y)$) が存在する．

3) 像 $\varphi[X]$ は $Y$ で稠密である．

このとき，$X$ の前定理の完備化を $\tilde{X}$ とする（$X\subset\tilde{X}$ とみなす）と，$\tilde{X}$ から $Y$ への入射 $f$ で順序をたもち，しかもその $X$ への制限 $f\upharpoonright X$ が $\varphi$ に一致するものが存在する．

とくに，$Y$ に最大元，最小元がなければ，$f:\tilde{X}\to Y$ は双射，したがって順序同型写像である．

**証明** はじめから $X$ には最小元がなく，$\tilde{X}=C(X)$（切断の全体）であると仮定する．

$\alpha$ を $\tilde{X}$ の元とする．$\alpha$ は $X$ の，上に有界な空でない部分集合だから，$f(\alpha)=\sup_Y \varphi[\alpha]$ とおく．$f$ は $\tilde{X}$ から $Y$ への写像である．

1° $a\in X$ に対して $f(a)=\varphi(a)$ を示す．$x<a$ なるすべての $x$ に対して $\varphi(x)<\varphi(a)$ であり，$f(a)=\sup\varphi[a]=\sup\{\varphi(x)\,;\,x\in X, x<a\}$ だから $f(a)\leqq\varphi(a)$．もし $f(a)<\varphi(a)$ なら，仮定によって $\varphi[X]$ は $Y$ で稠密だから，$X$ の元 $y$ で $f(a)<\varphi(y)<\varphi(a)$（したがって $y<a$）なるものが存在し，

$f(\alpha)$ の上限性に反する．よって $\alpha\in X$ に対して $f(\alpha)=\varphi(\alpha)$，すなわち $f\upharpoonright X=\varphi$.

2° $\alpha\leqq\beta$ なら $\alpha\subset\beta$ だから $f(\alpha)\leqq f(\beta)$．$f(\alpha)=f(\beta)$ なら $\sup\varphi[\alpha]=\sup\varphi[\beta]$．もし $\alpha<\beta$ なら $X$ の元 $x$ で $\alpha<x<\beta$ なるものがあるから $\sup\varphi[\alpha]<\sup\varphi[\beta]$ となってしまうから $\alpha=\beta$ となり，$f$ は入射である．

3° とくに，$Y$ に最大元も最小元もないとする．$f$ が上射であることだけ示せばよい．$Y$ の元 $\rho$ が与えられたとする．$\alpha=\{x\in X\,;\varphi(x)<\rho\}$ とおくと $\alpha\in\tilde{X}$．実際，$Y$ には最大元も最小元もないから $\alpha\neq\emptyset, X$．$\alpha$ に最大元 $b$ があると，$\varphi(b)<\varphi(x)<\rho$ なる $X$ の元 $x$ があることになってしまうから，$\alpha$ に最大元はない．最後に $x,y\in X$，$x\in\alpha, y<x$ なら当然 $y\in\alpha$．以上で $\alpha\in\tilde{X}$ が示された．

つぎに $f(\alpha)=\rho$ を示す．$\rho=\sup_Y\varphi[\alpha]$ である．実際，$\varphi[\alpha]\ni\varphi(x)$, $x\in X$ なら $\varphi(x)<\rho$ だから，$\rho$ は $\varphi[\alpha]$ の上界である．$\sigma<\rho$ なる上界 $\sigma$ があったとする．$\sigma<\varphi(x)<\rho$ なる $X$ の元 $x$ をとると $x$ は $\alpha$ に属し，$\sigma$ が $\varphi[\alpha]$ の上界であることに反する．よって $\rho=f(\alpha)$ となり，$f$ は上射である．□

## 区間

この概念はあとでつかうのだが，ここで定義だけしておく．

**1.3.17 定義** $X$ を全順序集合とする．

1) $X$ の部分集合 $I$ がつぎの条件をみたすとき，$I$ を $X$ の**区間**という：$x,y\in I$，$z\in X$，$x<z<y$ なら $z\in I$．この定義によれば $X$ も $\emptyset$ も区間であり，1点集合も区間である．

2) つぎの三種類の区間を**基本開区間**という：

a) $X,\emptyset$.

b) $\{x\in X\,;x<a\},\{x\in X\,;a<x\}$ $(a\in X)$.

c) $\{x\in X\,;a<x<b\}$ $(a,b\in X)$．これを $(a,b)$ とかくことが多いが，ペアとの混同を避けるため，この本では $(\mathring{a},\mathring{b})$ という特殊な記号をつかう．

3) 区間 $I$ が基本開区間の合併であるとき，$I$ を**開区間**という．

4) つぎの三種類の区間を**基本閉区間**という：

 a) $X, \emptyset$.

 b) $\{x \in X\,;\, x \leqq a\}, \{x \in X\,;\, a \leqq x\}$ $(a \in X)$.

 c) $\{x \in X\,;\, a \leqq x \leqq b\}$ $(a, b \in X)$. これを普通 $[a, b]$ とかく．

5) 区間 $I$ が基本閉区間の共通部分であるとき，$I$ を**閉区間**という．

**ノート** もし $X$ が完備なら，任意の開区間は基本開区間であり，任意の閉区間は基本閉区間である（問題 6）．$X$ が完備でなければこうはならない（問題 7）．

### 完備全順序集合の非可算性

**1.3.18 定理** $X$ は少なくともふたつの元をもつ完備な全順序集合で自己稠密なものとする．このとき集合 $X$ は可算でない（非可算無限集合である）．

**証明** $X$ が可算だと仮定して矛盾をみちびく．$\boldsymbol{N}$ から $X$ への双射 $a$ によって $X$ の元に番号をつけ，$X=\{a_0, a_1, a_2, \cdots\}$ とする．$a_0<a_1$ と仮定してよい．まず $b_0=a_0, b_1=a_1$ とおく．つぎに $b_0<a_n<b_1$ なる $a_n$ のうち，$n$ が最小のものを $b_2$ とおく．$b_2<a_n<b_1$ なる $a_n$ のうち，$n$ が最小のものを $b_3$ とおく．この操作を続けると，つぎのような $X$ の点列 $\langle b_n \rangle_{n\in \boldsymbol{N}}$ ができる（本当に点列が定義されることの証明が定理 2.2.8 にある）：

$$b_0<b_2<b_4<\cdots<b_5<b_3<b_1.$$

仮定によって $\sup\{b_{2n}\,;\, n \in \boldsymbol{N}\}$ が $X$ のなかに存在するから，これを $a_l$ とする．

$k$ がひとつふえれば，$b_{2k}<a_n<b_{2k+1}$ となる番号 $n$ の最小値は少なくともひとつふえるから，$k \leqq n$ が成りたつ．いま，すべての $k$ に対して $b_{2k}<a_l<b_{2k+1}$ だから，$l$ はすべての $k$ より大きいことになり，矛盾である．□

**ノート** 定理 1.3.15 とこの定理とにより，実数体 $\boldsymbol{R}$ が可算でないことがわかる．

## 整列順序

**1.3.19 定義** $(X, \leqq)$ を順序集合とする．$X$ の空でない部分集合がいつも最小元をもつとき，$\leqq$ を**整列順序**，$(X, \leqq)$ を**整列順序集合**または**整列集合**という．$X$ は $\leqq$ によって**整列されている**ともいう．

**ノート** 整列順序は全順序である．実際，$x, y$ が $X$ の元なら，$\{x, y\}$ には最小元がある．それが $x$ なら $x \leqq y$，$y$ なら $y \leqq x$ となる．

**1.3.20 例** 1) $\boldsymbol{N}$ は整列集合だが，$\boldsymbol{Z}$ は整列集合ではない．実際，$\{n \in \boldsymbol{Z} ; n \leqq 0\}$ には最小元がない．$\boldsymbol{Q}$ や $\boldsymbol{R}$ も整列集合ではない．

2) $\boldsymbol{N}^2 = \boldsymbol{N} \times \boldsymbol{N}$ に順序 $\leqq$ を定義する．$\boldsymbol{N}^2$ のふたつの元 $x = (n_1, n_2), y = (m_1, m_2)$ に対し，$n_1 < m_1$ のときは $x < y$ と定める．$n_1 = m_1$ のときは，$n_2 < m_2$ のとき $x < y$ と定める．これを**辞書式順序**という．こうして定義した関係 $<$ は，$\boldsymbol{N}^2$ 上の（狭義の）整列順序である（確かめよ）．

**1.3.21 定義** $X$ を整列集合，$a$ を $X$ の元とする．$a$ が $X$ の最大元でなければ，$\{x \in X ; a < x\}$ は空でなく，最小元がある．これを $a$ の**直後の元**といい，$a^+$ とかく．$a < b$ なら $a^+ < b^+$．

$a$ が $X$ の最小元でないとき，$\{x \in X ; x < a\}$ を $X$ における $a$ の**切片**という．$a$ の切片にもし最大元 $b$ があれば，$a = b^+$ となる．このとき $b$ を $a$ の**直前の元**といい，$a^-$ とかく．直前の元をもつ元および $X$ の最小元を $X$ の**孤立元**といい，これ以外の元を**極限元**という．

**1.3.22 例** 例 1.3.20 の 2) を考える．$\boldsymbol{N}^2$ の任意の元には直後の元がある（最大元がないから）．$(n_1, n_2)^+ = (n_1, n_2 + 1)$ である．

つぎに $(n, 0)$ の形の元 $(n \in \boldsymbol{N})$ には直前の元がない．実際，$n = 0$ なら $(0,$

0) は最小元であるし，$n>0$ なら $(n,0)$ の切片は $\{(m_1, m_2)\,;\, m_1<n,\, m_2\in \boldsymbol{N}\}$ であり，これには最大元がない．この形以外の元 $(n,m)(n\in\boldsymbol{N},\, m\in\boldsymbol{N}^+)$ には直前の元 $(n,m-1)$ がある．

**1.3.23 命題** $X$ を整列集合，$a$ を $X$ の元とする．$X$ に最大元がなく，$a$ より大きい極限元がないときには $Y=\{x\in X\,;\, a\leqq x\}$ とおき，$a$ より大きい極限元があるときには，その最小のものを $b$ とし，$Y=\{x\in X\,;\, a\leqq x<b\}$ とおく．このとき $Y$ は $\boldsymbol{N}$ と順序同型である．

**証明** $Y$ から $Y$ への写像 $g$ を，$g(x)=x^+\ (x\in Y)$ として定義する．後出の定理 2.2.8 により，$\boldsymbol{N}$ から $Y$ への写像 $f$ で，

$$f(0)=a,\ \ f(n+1)=g(f(n))=f(n)^+ \quad (n\in\boldsymbol{N})$$

となるものがただひとつ存在する．この $f$ が $\boldsymbol{N}$ から $Y$ への順序同型写像であることを示す．

まず $n<m$ なら $f(n)<f(m)$ であることを示す．$m=n+k\ (k\in\boldsymbol{N}^+)$ とかき，$k$ に関する帰納法をつかう．$k=1$ なら $f(m)=f(n+1)=f(n)^+>f(n)$．$k$ で成りたつとすると，$m=n+k+1$ のとき，

$$f(m)=f(n+k+1)=f(n+k)^+>f(n)^+>f(n)$$

となる．同時に $f$ が入射であることもわかった．

最後に，かりに $f$ が上射でないと仮定して矛盾を導く．$Y-f[\boldsymbol{N}]$ の最小元 $c$ をとる．$c\neq a$．$Y$ の定義により，$c$ は孤立元だから直前の元 $d=c^-$ がある．$d\in f[\boldsymbol{N}]$ だから，$\boldsymbol{N}$ のある元 $n$ をとると $d=f(n)$．$c=d^+=f(n)^+=f(n+1)$ とかけ，矛盾である．□

**1.3.24 定理（整列定理）** 選択公理のもとで，任意の集合に整列順序が存在する．

証明は付録にまわす．しかし，つぎの逆定理はただちに証明できる．

**1.3.25 命題** 整列定理を仮定すれば，選択公理が成りたつ．

**証明** 空でない集合 $A$ の元がどれも空でない集合だとする．和集合 $\bigcup A$ の上の整列順序をひとつ決めておく．$A$ の元 $x$（$\bigcup A$ の空でない部分集合）に対し，その最小元を対応させる写像を $f$ とすれば，$f$ は $A$ から $\bigcup A$ の写像で，$A$ のすべての元 $x$ に対して $f(x) \in x$ となる．□

**1.3.26 定理** 選択公理のもとで，任意の無限集合は可算無限部分集合を含む．したがって，この意味で可算無限集合は無限集合のなかでもっとも《小さい》．

**証明** 整列可能定理により，任意の無限集合 $X$ にひとつの整列順序をえらんでおく．$X$ に極限元がないとき，$X$ は無限集合だから最大元がなく，命題1.3.23によって $X$ は $\boldsymbol{N}$ に順序同型，したがって可算無限である．$X$ に極限元があるとき，その最小のものを $b$ とし，$b$ の切片を $Y=\{x \in X;\ x<b\}$ とおけば，やはり命題1.3.23によって $Y$ は $\boldsymbol{N}$ に順序同型，したがって可算無限である．□

### ツォルンのレンマ

**1.3.27 定理（ツォルンのレンマ）** $A$ を順序集合とする．選択公理のもとで，もし $A$ の空でない全順序部分集合がどれも $A$ のなかで上に有界ならば，$A$ には少なくともひとつ極大元がある．

証明は付録にまわす．

**1.3.28 コメント** 逆にツォルンのレンマを仮定すれば選択公理が証明される．したがってつぎの三つの命題は互いに同値である．

a） 選択公理

b） 整列定理

c） ツォルンのレンマ

これらについては付録でくわしく論ずる．

## 問　題

**1**　集合 $X$ の上に関係 $\leqq$ があり，つぎの二条件をみたすとする：

1)　$X$ の任意の元に対して $x \leqq x$（反射律）.

2)　$X$ の任意の元 $x, y, z$ に対して，$x \leqq y$, $y \leqq z$ なら $x \leqq z$（推移律）.

このとき，関係 $\leqq$ を $X$ 上の**擬順序**という.

$X$ 上の別の関係 $\sim$ を，$x \leqq y$ かつ $y \leqq x$ のとき $x \sim y$ として定義する.

a）　関係 $\sim$ は $X$ 上の同値関係である.

b）　商集合 $X/\sim$ の元 $\alpha, \beta$ に対し，関係 $\leqq$ をつぎのように定義する：$\alpha$ の代表元 $x$ および $\beta$ の代表元 $y$ に対して $x \leqq y$ のとき $\alpha \leqq \beta$. これが矛盾なく定義されること，すなわち代表元をどうとっても $\alpha \leqq \beta$ の定義がかわらないことを示せ.

c）　関係 $\leqq$ は $X/\sim$ 上の順序関係である.

**2**　$X$ を全順序集合，$A$ を $X$ の部分集合とする. $X$ の元 $b$ が $A$ の上限であることと，つぎの二条件とは同値である.

1)　$A$ のすべての元 $x$ に対して $x \leqq b$.

2)　$x$ が $X$ の元で $x < b$ なら，$x < y$ なる $A$ の元 $y$ がある.

**3**　順序集合 $X, Y$ に対し，積集合 $Z = X \times Y$ 上の関係 $\leqq$ をつぎのように定義する. $Z$ の元 $z = (x, u)$, $w = (y, v)$ に対し，$z \leqq w$ とは，$x < y$ であるか，または $x = y$, $u \leqq v$ が成りたつことと定める.

1)　$\leqq$ は $Z$ 上の順序関係である. これを**辞書式順序**という.

2)　$X, Y$ が全順序集合なら $Z$ も全順序集合である.

3)　$X, Y$ が整列集合なら $Z$ も整列集合である.

**4**　$X$ を整列集合，$Y$ を順序集合，$f$ を $X$ から $Y$ への写像でつぎの条件をみたすものとする：$x, y \in X$, $x \leqq y$ なら $f(x) \leqq f(y)$. このとき像集合 $f[X]$ も整列集合である.

**5**　$A=\{x\in \boldsymbol{Q}\,;\,x^2<2\}$ は有界だが，$\boldsymbol{Q}$ での上限がないことをつぎの手順で示せ．

1)　もし上限 $b$ があれば $b^2=2$ が成りたつ．

2)　$x^2=2$ となる有理数はない．

**6**　$X$ が完備な全順序集合なら，1)　任意の開区間（定義 1.3.17）は基本開区間であり，2)　任意の閉区間は基本閉区間である．

**7**　$X$ が完備でない全順序集合なら，1)　基本開区間でない開区間が存在し，2)　基本閉区間でない閉区間が存在する．とくに $X=\boldsymbol{Q}$ のとき，このような例をつくれ．

# 第 2 章　自然数から実数体の定義まで

## §1　代数系

### 代数系の定義

**2.1.1　定義**　$X$ を集合とする．$X \times X$ から $X$ への写像 $f$ を $X$ 上の**二項演算**または単に**演算**という．$X$ の元 $x, y$ に対して決まる $X$ の元 $f(x, y)$ を，$x+y$ とかくとき，この演算を加法と言い，$xy$ とかくとき，この演算を乗法という．

**2.1.2　定義**　何種類かの演算をそなえた集合を一般に**代数系**という．われわれになじみの $\boldsymbol{N}$ や $\boldsymbol{R}$ は代数系である．

**ノート**　ここで代数系の理論を展開するつもりはまったくない．ただ，いくつかの典型的な代数系を定義し，あとでその名前をつかおうというだけである．

### 群と半群

**2.1.3　定義**　集合 $X$ にひとつの演算がそなわっているとする．$X$ の元 $x, y$ から決まる $X$ の元をここでは $xy$ とかき，$x$ と $y$ の**積**という．

つぎの三条件を考える：

1)　（結合律）$X$の元 $x, y, z$ に対し，$(xy)z = x(yz)$.

2) (単位元の存在) 特別な元 $e$ が存在し，$X$ のすべての元 $x$ に対して $xe=ex=x$ が成りたつ．このような元はひとつしかないことがすぐわかる (問題1) ので，$e$ を $X$ の**単位元**という．

3) (逆元の存在) $X$ の各元 $x$ に対し，$xy=yx=e$ となる元 $y$ が存在する．このような $y$ はひとつしかないことがすぐわかる (問題1) ので，$y$ を $x$ の**逆元**といい，$x^{-1}$ とかく．

代数系 $X$ が上記1) 2) 3)をみたすとき，$X$ を**群**という．1) 2)をみたすとき，$X$ を**半群**という．1)だけをみたすものを半群といい，1) 2)をみたすものを単位元つき半群というのが普通である．しかし，本書では1) 2)をみたすものしか扱わないから，これを半群ということにする．

**ノート** 場合によっては演算の結果を $x+y$ とかくこともある．このときは単位元を0，$x$ の逆元を $-x$ とかく．こう書かれた群ないし半群を**加法群**，**加法半群**という．

**2.1.4 定義** $X$ を群ないし半群とする．$X$ の任意の元 $x, y$ に対して $xy=yx$ が成りたつとき，$X$ を**可換群**ないし**可換半群**という．

**2.1.5 例** 1) $\boldsymbol{N}$ は加法に関して可換半群だが，群ではない．$\boldsymbol{N}^+=\boldsymbol{N}-\{0\}$ は乗法に関して可換半群だが，群ではない．

2) $\boldsymbol{Z}$ は加法に関して可換群である．$\boldsymbol{Z}^*=\boldsymbol{Z}-\{0\}$ は乗法に関して可換半群である．

3) $\boldsymbol{Q}$ および $\boldsymbol{R}$ は加法に関して可換群であり，$\boldsymbol{Q}^*=\boldsymbol{Q}-\{0\}$ および $\boldsymbol{R}^*=\boldsymbol{R}-\{0\}$ は乗法に関して可換群である．

## 環

**2.1.6 定義** 集合 $X$ に二種類の演算，加法と乗法がそなわっているとする．これがつぎの条件をみたすとき，$X$ を**環**（カン）という．

1) $X$ は加法に関して可換群である．その単位元を0とかく．

2)　$X^* = X - \{0\}$ は乗法に関して半群である．その単位元を1とかく．

3)　（分配律）$X$ の元 $x, y, z$ に対し，

$$x(y+z) = xy + xz,$$
$$(y+z)x = yx + zx.$$

とくに $xy = yx$ が成りたつとき，$X$ を**可換環**という．

乗法の単位元の存在を要請しないこともあるが，本書では（半群の定義により）それが存在するものとする．

**2.1.7　例**　$\boldsymbol{N}$ は環ではないが，$\boldsymbol{Z}, \boldsymbol{Q}, \boldsymbol{R}, \boldsymbol{C}$ はどれも可換環である．

### 体

**2.1.8　定義**　集合 $X$ に二種類の演算，加法と乗法がそなわっていて，これに関して $X$ は環であるとする．さらに，$X^* = X - \{0\}$ が乗法に関して群であるとき，$X$ を**体**（タイ）という．すなわち，体とは加減乗除のできる領域である．$X$ が可換のとき，これを**可換体**という．今後，体としては可換体しか扱わないので，単に体といったら可換体を意味すると約束する．

**2.1.9　例**　$\boldsymbol{N}, \boldsymbol{Z}$ は体ではないが，$\boldsymbol{Q}, \boldsymbol{R}, \boldsymbol{C}$ は体である．

### 代数系の同型

**2.1.10　定義**　$X, Y$を代数系とし，同数の演算をそなえているとする．$X$の演算を $\varphi_1, \varphi_2, \cdots, \varphi_n$とかき，$Y$ の演算を $\psi_1$，$\psi_2$，$\cdots, \psi_n$ とかく．$X$ から $Y$ への双射 $f$ がつぎの条件をみたすとする：$X$ の任意の元 $a, b$ に対し，

$$f(\varphi_k(a, b)) = \psi_k(f(a), f(b)) \quad (1 \leqq k \leqq n).$$

このとき $f$ を $X$ から $Y$ への**同型写像**という．$X$ から $Y$ への同型写像が存在するとき，$X$ と $Y$ とは代数系として**同型**であるという．

### 順序環と順序体

**2.1.11　定義**　$X$ を環とし，さらに $X$ 上に全順序 $\leqq$ があるとする．つぎの条件がみたされるとき，$X$ を**順序環**という．

1)　$X$ の元 $x, y, z$ に対し，$x<y$ なら $x+z<y+z$.

2)　$X$ の元 $x, y, z$ に対し，$x<y, 0<z$ なら $xz<yz, zx<zy$.

とくに $X$ が体であるときは**順序体**という．ことばは順序環，順序体だが，意味は全順序環，全順序体ということである．

**2.1.12　例**　$\boldsymbol{Z}$ は順序環であり，$\boldsymbol{Q}$ と $\boldsymbol{R}$ は順序体である．$\boldsymbol{C}$ は順序体ではない．

**2.1.13　定義と命題**　$A$ を順序環とし，$x, y$ を $A$ の元とする．

1)　0 より大きい元を**正**の元，0 より小さい元を**負**の元という．

2)　$x>0$ なら $-x<0$．$x<y$ なら $-x>-y$.

3)　$x\neq 0$ のとき，$x$ と $-x$ のうちの正の元を $x$ の**絶対値**といい，$|x|$ とかく．$|0|=0$ と定める．

4)　$|x+y|\leqq|x|+|y|, |xy|=|x||y|$.

5)　$1>0$.

6)　$x\neq 0, y\neq 0$ なら $xy\neq 0$.

7)　$xz=yz, z\neq 0$ なら $x=y$.

証明略（問題5をみよ）.

**2.1.14　定義**　$X, Y$ を順序環ないし順序体とする．$X$ から $Y$ への双射 $f$ がつぎの二条件をみたすとき，$f$ を $X$ から $Y$ への**順序同型写像**という：

1)　$f$ は $X$ から $Y$ への（代数系としての）同型写像である（定義 2.1.10）.

2)　$f$ は $X$ から $Y$ への（順序集合としての）同型写像である（定義 1.3.4）.

## 問　　題

**1**　1)　群の定義 2.1.3 において，単位元がひとつしかないことを示せ．

2)　各元 $x$ に対し，逆元がひとつしかないことを示せ．

**2**　$A$ を環とする．

1)　任意の $x \in A$ に対して $0x = x0 = 0$．

2)　任意の $a$ に対して $-a = (-1)a = a(-1)$．

3)　$(-1)^2 = 1$．

4)　$(-a)(-b) = ab$．

**3**　1 より大きい自然数 $p$ を固定する．環 $\boldsymbol{Z}$ に二項関係をつぎのように定義する．$n, m \in \boldsymbol{Z}$ に対し，$n - m$ が $p$ で割りきれるとき，$n \equiv m \pmod{p}$ とかく．

1)　この関係は同値関係である．

2)　この同値関係による $\boldsymbol{Z}$ の商集合を $\boldsymbol{Z}_p$ とかく．$n \in \boldsymbol{Z}$ の属する類を $[n]$ とかき，$\boldsymbol{Z}_p$ に二種類の演算を定義する：

$$[n] + [m] = [n + m], \qquad [n][m] = [nm].$$

これが well-defined である類の代表元の選びかたによらず決まることを示し，この演算によって $\boldsymbol{Z}_p$ が環になることを示せ．$\boldsymbol{Z}_p$ は $p$ 個の元からなる有限集合である．

3)　とくに $p$ が素数のとき，$\boldsymbol{Z}_p$ は体であることを示せ．$p$ が素数でなければ体にならないことも示せ．

**4**　順序環の定義 2.1.11 において，条件 1) を仮定した上で，条件 2) とつぎの条件 2′) とは同値であることを示せ．

2′)　$x > 0, y > 0$ なら $xy > 0$．

**5**　定義と命題 2.1.13 の 2) および 4)～7) を証明せよ．

## §2　自然数

### 自然数の公理

**2.2.1　コメント**　自然数 $0, 1, 2, \cdots$ およびその全体 $\boldsymbol{N}$ については，すでに直観的にわかっているものとする．付録のなかで，改めて自然数を定義しなおすが，そこで定義される形式的自然数と，われわれのなじんでいる直観的自然数 $0, 1, 2, \cdots$ の間にはずれがあることを知っておく方がよいだろう．

このずれを多少とも埋めるために，自然数の公理系をあげておく．今後の理論は，自然数への直観にたよらなくても，すべてこの公理系から演繹することができる．

**2.2.2　公理（自然数の公理）**　空でない集合 $\boldsymbol{N}$ はふたつの演算，加法（+）および乗法（・）と，ひとつの順序 $\leqq$ をそなえているとする．これらがつぎの条件をみたすとき，$\boldsymbol{N}$ を**自然数系**といい，$\boldsymbol{N}$ の元を**自然数**という．

1)　$\leqq$ は整列順序である．これの最小元を 0 とかき，0 の直後の元 $0^+$ を 1 とかく．

2)　0 以外の任意の元 $n$ に直前の元 $n^-$ が存在する．

3)　$\boldsymbol{N}$ は加法（+）に関して可換半群であり，単位元は 0 である．

4)　$\boldsymbol{N}^+=\boldsymbol{N}-\{0\}$ は乗法（・）に関して可換半群であり，単位元は 1 である．

5)　すべての $n$ に対して $n+1=n^+$．

6)　(分配法則) $\boldsymbol{N}$ の元 $n, m, l$ に対し，

$$n(m+l)=nm+nl.$$

7)　$n, m, l$ を $\boldsymbol{N}$ の元とする．

$$n<m \quad \text{なら} \quad n+l<m+l,$$
$$n<m,\ l\neq 0 \quad \text{なら} \quad nl<ml.$$

**ノート**　直観的自然数の全体がこの公理をみたすことはあきらかである．付録で，形式的自然数の全体がこの公理をみたすことを示す．

なお，任意の $n$ に対して $n0=0n=0$ であることが簡単にわかる（問題1の2)）．

## 帰納法

**2.2.3　定理（帰納法）**　自然数の変数 $n$ に関する性質 $\phi(n)$ があるとし，これがつぎの条件をみたすとする：

1)　$\phi(0)$ は正しい．

2)　任意の $n$ に対し，もし $\phi(n)$ が正しければ $\phi(n+1)$ も正しい．

このとき，$\phi(n)$ はすべての自然数 $n$ に対して正しい．

**証明**　結論を否定し，$\phi(n)$ が正しくないような自然数の全体を $A$ とすると，$A \neq \emptyset$ だから $A$ には最小元 $m$ がある．条件1）によって $m>0$．$m-1 \notin A$ だから $\phi(m-1)$ は正しい．条件2）によって $\phi(m)=\phi((m-1)+1)$ も正しく，矛盾である．□

**ノート**　この論法は正確には数学的帰納法というべきだが，習慣に従って本書では単に**帰納法**という．

**2.2.4　系（累積帰納法）**　定理の条件2)をつぎのようにかえる：

2′)　任意の $n$ に対し，もし $\phi(0), \phi(1), \cdots, \phi(n)$ が正しければ $\phi(n+1)$ も正しい．

このとき，やはり $\phi(n)$ はすべての自然数 $n$ に対して正しい．

証明略．

## 帰納法による写像の定義

**2.2.5　コメント**　$a$ を正の実数とし，$a_0=a, a_{n+1}=1+\dfrac{1}{a_n}$ という漸化式を考えよう．この式によって $a_0$ から $a_1$ が決まり，$a_1$ から $a_2$ が，$a_2$ から $a_3$

が，というようにすべての自然数 $n$ に対する $a_n$ が決まる．これが漸化式による数列の定義である．

しかし，われわれは数列を $\boldsymbol{N}$ から $\boldsymbol{R}$ への写像として定義した．上の漸化式で本当に $\boldsymbol{N}$ から $\boldsymbol{R}$ への写像が定義されるだろうか．これは証明を必要とする．

上の漸化式は，$\boldsymbol{R}^{*+}=\{x\in\boldsymbol{R}\,;\,x>0\}$ から $\boldsymbol{R}^{*+}$ への写像 $g：x\mapsto 1+\dfrac{1}{x}$ が与えられたということであり，これに対して $\boldsymbol{N}$ から $\boldsymbol{R}$ への写像 $f$ で，$f(0)=a$, $f(n+1)=g(f(n))$ をみたすものが存在する，ということが求められている．

つぎに漸化式 $a_1>0$, $a_{n+1}=\sqrt[n]{a_n}$ を考えると，漸化式を決める関数$g：x\to\sqrt[n]{x}$ は $\boldsymbol{R}$ の元だけでなく，$n$ にも関係している．この場合，$g$ は $\boldsymbol{N}\times\boldsymbol{R}^{*+}$ から $\boldsymbol{R}^{*+}$ への写像と考えなければならない．この形で定理を定式化して証明する．

$\boldsymbol{N}$ のなかでの自然数 $n+1$ の切片

$$\{m\in\boldsymbol{N}\,;\,m<n+1\}=\{0, 1, 2, \cdots, n\}$$

を $S(n+1)$ とかく．

**2.2.6　補題**　$n$ を自然数とし，$X$ を集合，$a$ を $X$ の元とする．$S(n+1)\times X$ から $X$ への写像 $g$ に対し，$S(n+1)$ から $X$ への写像 $f$ で，つぎの条件をみたすものがただひとつ存在する：

1)　$f(0)=a$.

2)　$n$ より小さいすべての自然数 $m$ に対し，

$$f(m+1)=g(m, f(m)).$$

**証明**　$n$ に関する帰納法をつかうために，補題の結論を $\phi(n)$ とする．すなわち，$S(n+1)$ から $X$ への写像 $f$ で，つぎの条件をみたすものがただひとつ存在する：

1)　$f(0)=a$.

2)　任意の $m<n$ に対し，$f(m+1)=g(m, f(m))$.

まず $\phi(0)$. $S(1)=\{0\}$ だから $f(0)=a$ とおけばよい．念のために $\phi(1)$ もしらべよう．$S(2)=\{0,1\}$ だから，$f(0)=a, f(1)=g(0,a)$ とおけばよい．

つぎに $\phi(n)$ が正しいと仮定し，ただひとつ存在する写像 $f: S(n+1)\to X$ を $f_n$ とかく．$S(n+2)$ から $X$ への写像 $f$ をつぎのように定義する：

$$
\begin{array}{lll}
m=n+1 & \text{のとき} & f(n+1)=g(n, f_n(n)), \\
m\leqq n & \text{のとき} & f(m)=f_n(m).
\end{array}
$$

これが条件 1) 2)をみたすことを示す．まず $f(0)=f_n(0)=a$. つぎに $m\in \mathrm{S}(n+1)$ に対し，$m=n$ なら $f(m+1)=f(n+1)=g(n, f_n(n))$. $f_n(n)=f(n)$ だから $f(m+1)=g(n, f(n))=g(m, f(m))$. $m<n$ なら $f(m+1)=f_n(m+1)=g(m, f_n(m))=g(m, f(m))$ となり，$f$ は条件をみたした．

つぎに，$f$ および $f'$ が条件をみたし，$f\neq f'$ とする．$f(m+1)\neq f'(m+1)$ なる最小の $m\in \mathrm{S}(n+1)$ をとると，$f(m)=f'(m)$ だから，

$$f(m+1)=g(m, f(m))=g(m, f'(m))=f'(m+1)$$

となって矛盾である．□

このf：$S(n+2)\to X$ を $f_{n+1}$ とかく．

**2.2.7　補題**　$g$ を $\boldsymbol{N}\times X$ から $X$ への写像とし，$g_n=g\restriction S(n+1)\times X$ とする．この $g_n$ と $X$ の点 $a$ から，補題 2.2.6 によって決まる写像：$S(n+1)\to X$ を $f_n$ とする．$n\leqq l$ のとき，$f_n=f_l\restriction S(n+1)$. すなわち，$m\leqq n$ に対して $f_n(m)=f_l(m)$.

**証明**　$l=n+k$ とかき，$k$ に関する帰納法による．まず $m\leqq n$ に対し，$f_{n+1}$ の定義によって $f_{n+1}(m)=f_n(m)$. $k$ で正しければ，$l=n+k+1$ のとき，$m\leqq n$ に対して

$$f_l(m)=f_{n+k+1}(m)=f_{n+k}(m)=f_n(m).\ \square$$

**2.2.8 定理（帰納法による写像の定義）** $X$ を集合，$a$ を $X$ の元，$g$ を $\boldsymbol{N}\times X$ から $X$ への写像とする．このとき，$\boldsymbol{N}$ から $X$ への写像 $f$ で，つぎの条件をみたすものがただひとつ存在する：

1) $f(0)=a$.
2) 任意の $n$ に対して $f(n+1)=g(n, f(n))$.

**証明** $g_{n+1}=g\upharpoonright S(n+1)\times X$ に対し，補題 2.2.6 によってただひとつ存在する写像を $f_{n+1}$ とかく．任意の自然数 $n$ に対し，$f(n)=f_{n+1}(n)$ とおく．補題 2.2.7 により，$n+1\leqq l$ なら $f(n)=f_l(n)$ でもある．まず $f(0)=f_1(0)=a$. $n\in\boldsymbol{N}$ に対し，

$$\begin{aligned}f(n+1)&=f_{n+2}(n+1)=g_{n+2}(n, f_{n+2}(n))\\&=g(n, f_{n+1}(n))=g(n, f(n)).\end{aligned}$$

よって $f$ は条件をみたす．唯一性は $n$ に関する帰納法からただちに出る．$\square$

**ノート** 今後は漸化式があれば $\boldsymbol{N}$ から $X$ への写像が定まることを，いちいち断わらずにつかうことにする．

**2.2.9 例** 自然数 $n$ に対して $n^m$ $(m\in\boldsymbol{N})$ を対応させる写像を知らないことにして，これを定義してみよう．実際，自然数の公理 2.2.2 にはこの演算は含まれていないから，公理だけから出発する場合には $n^m$ を定義しなければならない．

$n$ は固定して考える．$\boldsymbol{N}$ から $\boldsymbol{N}$ への写像 $g$ を，$g(0)=1$, $g(m)=mn\,(m>0)$ で定義する．定理により，$\boldsymbol{N}$ から $\boldsymbol{N}$ への写像 $f$ で，$f(0)=1, f(m+1)=g(f(m))$ となるものがただひとつ存在する．$f(m)$ を $n^m$ とかくことにすると，$n^0=f(0)=1, n^1=f(1)=g(f(0))=1\cdot n=n$. $n^{m+1}=f(m+1)=g(f(m))=n^m\cdot n$ となって既知の $n^m$ と一致する．

### 自然数系の一意性

**2.2.10　定理（自然数系の一意性）**　自然数系はひとつしかない．すなわち，$\boldsymbol{N}$ と $\boldsymbol{N}'$ がともに自然数の公理2.2.2をみたすならば，$\boldsymbol{N}$ から $\boldsymbol{N}'$ への双射 $f$ でつぎの条件をみたすものが存在する：

1)　$f$ は $\boldsymbol{N}$ から $\boldsymbol{N}'$ への順序同型写像である．
2)　$\boldsymbol{N}$ の元 $n, m$ に対して $f(n+m)=f(n)+f(m)$．
3)　$\boldsymbol{N}$ の元 $n, m$ に対して $f(nm)=f(n)f(m)$．

**証明**　まず自然数系には最大元がないことを注意しておく．実際，もし $b$ が最大元なら $b+1>b+0=b$ となって矛盾である．

したがって $\boldsymbol{N}'$ には最大元がない．また，公理の条件2）によって $\boldsymbol{N}'$ には極限元がない．命題1.3.23により，$\boldsymbol{N}'$ は $\boldsymbol{N}$ と順序同型である．実は命題1.3.23の $\boldsymbol{N}$ は直観的自然数の全体だった．しかし，その証明をみればわかるように，この命題は任意の自然数系 $\boldsymbol{N}$ に対して成りたつ．実際，そこでつかったのは定理2.2.8（帰納法による写像の定義）だけである．

$\boldsymbol{N}$ から $\boldsymbol{N}'$ への順序同型写像を $f$ とする．あきらかに $f(n^+)=f(n)^+, f(0)=0', f(1)=1'$ である（$0', 1'$ は $\boldsymbol{N}'$ の最小元とつぎの元）．

$f(n+m)=f(n)+f(m)$ を（$n$ を固定して）$m$ に関する帰納法によって示す．まず $f(n+0)=f(n)=f(n)+f(0)$．$f(n+1)=f(n^+)=f(n)^+=f(n)+1'=f(n)+f(1)$．$f(n+m)=f(n)+f(m)$ なら，

$$
\begin{aligned}
f(n+(m+1))&=f((n+m)^+)=f(n+m)^+=[f(n)+f(m)]^+\\
&=f(n)+f(m)+1'=f(n)+f(m)+f(1)=f(n)+f(m+1).
\end{aligned}
$$

つぎに $f(nm)=f(n)f(m)$ を（$n$ を固定して）$m$ に関する帰納法によって示す．$f(n\cdot 0)=f(0)=0'=f(n)\cdot 0'$．$f(n\cdot 1)=f(n)=f(n)\cdot 1'=f(n)f(1)$．$f(nm)=f(n)f(m)$ なら，

$$
\begin{aligned}
f(n(m+1))&=f(nm+n)=f(nm)+f(n)=f(n)f(m)+f(n)\\
&=f(n)f(m)+f(n)f(1)=f(n)[f(m)+1]=f(n)f(m+1).
\end{aligned}
$$
□

## 問　題

**1** 1) $n, m, l$ が自然数系 $\boldsymbol{N}$ の元で，$n+m=n+l$ なら $m=l$ であることを公理から証明せよ．

2) 任意の $n$ に対して $n0=0n=0$.

**2** やはり自然数系 $\boldsymbol{N}$ において，$n \leqq m$ なら，$m=n+l$ となる $l$ がただひとつ存在することを示せ．これを $m-n$ とかく．

## §3 整　数

### 整数環の構成

整数とは $0, \pm 1, \pm 2, \cdots$ のことであり，だれでも知っている．ここでは，自然数系 $\boldsymbol{N}$ から集合論のなかで整数環 $\boldsymbol{Z}$ をつくる作業をする．それはすこしも難かしくないが，ちっとも面白くない．こういう手続きでそれができることだけ知っておけばよい．

$\boldsymbol{N}$ は自然数系，$\boldsymbol{N}^{+}=\boldsymbol{N}-\{0\}$ である．

**2.3.1 定義** $\boldsymbol{Z}=\boldsymbol{N} \cup \{(n, 0)\,;\, n \in \boldsymbol{N}^{+}\}$ とおき，$\boldsymbol{Z}$ の元を**整数**（または有理整数）という．これから $\boldsymbol{Z}$ にふたつの演算（加法と乗法）および順序を定義し，それが順序環であることを示す（実際の証明はほとんど省略する）．

**ノート** 整数 $(n, 0)$ のイメージは $-n$ である．

**2.3.2 定義** $\boldsymbol{Z}$ の加法をつぎのように定義する．

1) $x, y \in \boldsymbol{N}$ のとき，$x+y$ は自然数としての和 $x+y$ である．

2) $x=(n, 0), y=(m, 0)$ のとき，$x+y=(n+m, 0)$.

3) $x=n, y=(m, 0)$ のとき，$n \geqq m$ なら $x+y=n-m$（$n-m$ については§2の問題2をみよ），$n<m$ なら $x+y=(m-n, 0)$.

4) $x=(n,0), y=m$ のとき，$n \geqq m$ なら $x+y=(n-m,0)$，$n<m$ なら $x+y=m-n$.

**2.3.3 命題** 上の加法に関して $\boldsymbol{Z}$ は可換群である．すなわち，

1) 任意の $x, y, z \in \boldsymbol{Z}$ に対し，$(x+y)+z=x+(y+z)$（結合律）.
2) 任意の $x, y \in \boldsymbol{Z}$ に対し，$x+y=y+x$（交換律）.
3) 任意の $x \in \boldsymbol{Z}$ に対し，$x+0=0+x=x$.
4) 任意の $x \in \boldsymbol{Z}$ に対し，$x+(x,0)=(x,0)+x=0$.

証明略.

**2.3.4 定義** $\boldsymbol{Z}$ の乗法をつぎのように定義する.

1) $x, y \in \boldsymbol{N}$ のとき，$xy$ は自然数としての積 $xy$ である.
2) $x=(n,0), y=(m,0)$ のとき，$xy=nm$.
3) $x=n$, $y=(m,0)$ のとき，$xy=(nm,0)$.
4) $x=(n,0), y=m$ のとき，$xy=(nm,0)$.

**2.3.5 命題** 上の乗法に関して $\boldsymbol{Z}$ は可換半群である．すなわち，

1) 任意の $x, y, z \in \boldsymbol{Z}$ に対して $(xy)z=x(yz)$（結合法則）.
2) 任意の $x, y \in \boldsymbol{Z}$ に対して $xy=yx$（交換法則）.
3) 任意の $x \in \boldsymbol{Z}$ に対して $x \cdot 1=1 \cdot x=x$.

証明略.

**2.3.6 命題** 上の加法および乗法に関して $\boldsymbol{Z}$ は可換環である．すなわち，命題2.3.3および命題2.3.5のほか，分配律が成りたつ：任意の $x, y, z \in \boldsymbol{Z}$ に対し，$x(y+z)=xy+xz$.

証明略.

**ノート** 一般に加法群の元 $x$ の逆元を $-x$ とかく習慣に従うと，$\boldsymbol{Z}$ の元 $x$ が $\boldsymbol{N}^+$ に属すれば $-x=(x,0)$ であり，$x=(n,0)$ なら $-x=n$ である．よって今後

は一時的な記号 $(n, 0)$ をやめ，$(n, 0)$ を $-n$ とかく．

**2.3.7 定義** $\boldsymbol{Z}$ 上の順序関係 $\leqq$ をつぎのように定義する．

1) $x, y \in \boldsymbol{N}$ のときは，自然数としての大小関係に従う．
2) $x=-n, y=-m\ (n, m \in \boldsymbol{N}^+)$ なら，$n>m$ のとき $x<y$ とする．
3) $x=n, y=-m$ なら $y<x$．
4) $x=-n, y=m$ なら $x<y$．

この関係は全順序関係である（証明略）．

**2.3.8 命題** 上の順序関係によって可換環 $\boldsymbol{Z}$ は順序環になる．これを**整数環**または有理整数環という．

証明略．

**ノート** $\boldsymbol{Z}$ の元で 0 より大きいものを**正の整数**，0 より小さいものを**負の整数**という．

## 整数環の特徴づけ

**2.3.9 命題** $A$ を順序環とする．$B=\{x \in A\,;\, x \geqq 0\}$ が $\boldsymbol{N}$ と同型ならば，すなわち下の条件 1) 2)をみたす双射 $f: \boldsymbol{N} \to B$ が存在すれば，$A$ は $\boldsymbol{Z}$ と順序環として同型である．

1) $f$ は $\boldsymbol{N}$ から $B$ への順序同型写像である．
2) $\boldsymbol{N}$ の任意の元 $n, m$ に対し，$f(n+m)=f(n)+f(m), f(nm)=f(n)f(m)$．

証明略．

**2.3.10 命題** $\boldsymbol{Z}$ は最小の順序環である．すなわち，$A$ が順序環なら，$\boldsymbol{Z}$ から $A$ への入射で演算と順序をたもつものが存在する．したがって $\boldsymbol{Z} \subset A$ とみなすことができる．

**証明**　$A$ から $A$ への写像 $g$ を $g(x)=x+1'$ として定める（$1'$ は $A$ の乗法の単位元）．定理 2.2.8 により，$\boldsymbol{N}$ から $A$ への写像 $f$ でつぎの条件をみたすものがただひとつ存在する：

1)　$f(0)=0'$（$0'$ は $A$ の加法の単位元）．

2)　$n\in\boldsymbol{N}$ なら $f(n+1)=g(f(n))=f(n)+1'$．

このf はつぎの条件をみたす．

a)　$f(n+m)=f(n)+f(m)$．

b)　$f(nm)=f(n)f(m)$．

c)　$n<m$ なら $f(n)<f(m)$．

このうち a) b) は，定理 2.2.10 の証明と同様に（$n$ を固定して）$m$ に関する帰納法によって証明される．c) は（$n$ を固定して）$m$ に関する帰納法によって証明される．

条件 c) により，$f$ は $\boldsymbol{N}$ から $A$ への入射である．$n\in\boldsymbol{N}$ に対し，$f(-n)=-f(n)$ とおくことによって $f$ の定義域を $\boldsymbol{Z}$ に拡大する．簡単にわかるように $f$ は $\boldsymbol{Z}$ から $A$ への入射であり，演算と順序をたもつ．□

## §4　有理数

### 有理数体の構成

整数環 $\boldsymbol{Z}$ から，集合論のなかで有理数体 $\boldsymbol{Q}$ を構成する．すこし面倒くさいが，難かしいことはなにもない．しかし，前節と同様，ちっとも面白くない．$\boldsymbol{Z}^*=\boldsymbol{Z}-\{0\}$ である．

**2.4.1　定義と命題**　積集合 $X=\boldsymbol{Z}\times\boldsymbol{Z}^*$ につぎのように二項関係を定義する．$X$ の元 $x=(n,p)$ と $y=(m,q)$ に対し，$nq=mp$ のとき $x\sim y$ と定める $\left(x=(n,p)\text{ のイメージは }\dfrac{n}{p}\text{ である}\right)$．

関係$\sim$は $X$ 上の同値関係である．実際，反射律と対称律はあきらかだから，推移律を示す．$z=(l,r)$ とし，$x\sim y,\ y\sim z$ と仮定する．$nq=mp,\ mr$

$=lq$ だから $nmqr=mlpq$．$q\neq 0$ だから $nmr=mlp$（定義と命題2.1.13の7))．$m\neq 0$ なら $nr=lp$ だから $x\sim z$．$m=0$ なら $n=l=0$ だからやはり $x\sim z$ となる．□

**2.4.2 定義** 集合 $X$ の同値関係～による商集合を $\boldsymbol{Q}$ とかく．以下，$\boldsymbol{Q}$ に二種類の演算（加法と乗法）および順序 $\leqq$ を定義し，これによって $\boldsymbol{Q}$ が順序体になることを示す．順序体 $\boldsymbol{Q}$ を**有理数体**，$\boldsymbol{Q}$ の元を**有理数**という．

$X$ の元 $x=(n,p)$ の属する類を，便宜上 $[n,p]$ とかくことにする．

1° $a=[n,p],\ b=[m,q]$ に対し，

$$a+b=[nq+mp,\ pq]$$

と定義する．これが代表のとりかたによらずに決まる（well-defined）ことを示す．$a=[n',p'],\ b=[m',q']$ なら $np'=n'p,\ mq'=m'q$．したがって

$$(nq+mp)p'q'=nqp'q'+mpp'q'=n'pqq'+m'qpp'=(n'q'+m'p')pq.$$

よって $[nq+mp,\ pq]=[n'q'+m'p',\ p'q']$，すなわち $a+b$ が矛盾なく定義された．

2° $a=[n,p],\ b=[m,q]$ に対し，

$$ab=[nm,\ pq]$$

と定義する．この定義も代表のとりかたによらず，well-defined である（証明略）．

3° $a=[n,p],\ b=[m,q]$ に対し，大小関係 $\leqq$ をつぎのように定義する．

1) $pq>0$ のとき．$nq\leqq mp$ のとき $a\leqq b$ と定める．

2) $pq<0$ のとき．$nq\geqq mp$ のとき $a\leqq b$ と定める．

この定義も well-defined である（証明略）．

**2.4.3 命題** 上記の演算と順序に関して $\boldsymbol{Q}$ は順序体である．

**証明** ごく概略だけを述べる．

1°　$\boldsymbol{Q}$ は加法に関して可換群である．結合律と交換律は計算すればよい．$[0,1]$ は加法の単位元であり，$[-n,p]$ は $[n,p]$ の逆元である．

2°　$\boldsymbol{Q}^*=\boldsymbol{Q}-\{[0,1]\}$ は乗法に関して可換群である．実際，結合律と交換律はあきらか．単位元は $[1,1]$ である．$[n,p]\neq[0,1]$ なら $n\neq 0$ で，$[n,p]$ の逆元は $[p,n]$ である．

3°　$\boldsymbol{Q}$ は体である．これをいうためには分配律を示せばよいが，これは計算すればすぐわかる．

4°　$\boldsymbol{Q}$ 上の関係 $\leqq$ は全順序である．$[n,p]\sim[-n,-p]$ だから，今後《分母》$p,q,r,\cdots$ は正とする．反射律，反対称律はあきらかだから推移律を示す．$a=[n,p], b=[m,q], c=[l,r]$ とし，$a\leqq b, b\leqq c$ と仮定する．$nq\leqq mp, mr\leqq lq$ だから $nqr\leqq mpr\leqq lpq$，よって $nr\leqq lp$ となり，$a\leqq c$．したがって $\leqq$ は順序である．これが全順序であることは，$\boldsymbol{Z}$ の順序が全順序であることからすぐに出る．

5°　$\boldsymbol{Q}$ は順序体である．これを示すためには $a<b$ なら $a+c<b+c$ および $a>0, b>0$ なら $ab>0$ を示せばよい（§1の問題4）が，これらもすぐにわかる．□

**2.4.4　命題**　1)　$\boldsymbol{Z}$ から $\boldsymbol{Q}$ への写像 $f$ を，$n\in\boldsymbol{Z}$ に対して $f(n)=[n,1]$ として定める．$f$ は入射であり，演算と順序をたもつ．すなわち，$f(n+m)=f(n)+f(m), f(nm)=f(n)f(m)$．$n\leqq m$ なら $f(n)\leqq f(m)$．

2)　写像 $f$ によって $\boldsymbol{Z}$ の元 $n$ と $\boldsymbol{Q}$ の元 $[n,1]$ を同一視し，$\boldsymbol{Z}\subset\boldsymbol{Q}$ とみなす．

3)　$\boldsymbol{Q}$ の乗法は可換だから，$a^{-1}b=ba^{-1}$ を $\dfrac{b}{a}$ とかくことにする．$n\in\boldsymbol{Z}$, $p\in\boldsymbol{Z}^*$ なら $\dfrac{n}{p}=\dfrac{[n,1]}{[p,1]}=[n,p]$．よって $[n,p]$ を $\dfrac{n}{p}$ とかき，この形の数を**分数**，$n$ を**分子**，$p$ を**分母**という．すなわち，$\boldsymbol{Q}$ の元は $\boldsymbol{Z}$ のふたつの元の《商》の形にかける．$\boldsymbol{Q}$ という記号は《商》を意味する西洋語 quotient からきた．

これでわれわれになじみの記号と概念が再現された．

### 有理数体の特徴づけ

**2.4.5　命題**　有理数体は最小の順序体である．すなわち，$K$ が順序体ならば，$\boldsymbol{Q}$ から $K$ への入射で演算と順序をたもつものが存在する．

**証明**　命題2.3.10により，$\boldsymbol{Z}$ から $K$ への入射 $f$ で演算と順序をたもつものが存在する．$f$ の定義域を $\boldsymbol{Q}$ に拡大する $(\boldsymbol{Z}\subset\boldsymbol{Q})$．$\boldsymbol{Q}$ の元 $a=\dfrac{n}{p}(n\in\boldsymbol{Z}, p\in\boldsymbol{Z}^*)$ に対し，$f(a)=\dfrac{f(n)}{f(p)}$ とおく．これは well-defined である．簡単にわかるように $f$ は $\boldsymbol{Q}$ から $K$ への入射であり，演算と順序をたもつ．□

**2.4.6　命題**　有理数体より小さい体はない．すなわち，$\boldsymbol{Q}$ の部分集合 $K$ が同じ演算によって体であれば $K=\boldsymbol{Q}$．

**証明**　当然 $0, 1\in K$．任意の $n\in\boldsymbol{N}$ に対して $n\in K$ であることが帰納法によってわかる：$\boldsymbol{N}\subset K$．したがって $\boldsymbol{Z}\subset K$．$\boldsymbol{Q}$ の元は $\boldsymbol{Z}$ のふたつの元の商だから $\boldsymbol{Q}\subset K$ となる．□

**ノート**　$\boldsymbol{Q}$ と同じ意味で極小の体を**素体**という．§1の問題3でつくった有限体 $\boldsymbol{Z}_p$ も素体である．$\boldsymbol{Q}$ と $\boldsymbol{Z}_p$（$p$ は素数）以外に素体はない．

**2.4.7　命題**　有理数体 $\boldsymbol{Q}$ は可算集合である．

**証明**　例1.2.20の3)によって整数環 $\boldsymbol{Z}$ は可算である．命題1.2.23によって $\boldsymbol{Z}\times\boldsymbol{Z}^*$ も可算である．$\boldsymbol{Q}$ は $\boldsymbol{Z}\times\boldsymbol{Z}^*$ のある同値関係による商集合だから，命題1.2.22によって可算である．□

## §5　順序体における収束の概念と完備性

### 順序体における収束の概念

**2.5.1　命題**　1)　順序体には最大元も最小元もなく，自己稠密（定義1.3.10）である．

2)　$K$ を順序体，$A$ を $K$ の部分集合とする．$K$ の元 $b$ が $A$ の上限であるためには，つぎの二条件が必要十分である．

a)　$A$ の任意の元 $x$ に対して $x \leqq b$.

b)　$K$ の任意の正の元 $\varepsilon$ に対し，$A$ の元 $x$ で $b-\varepsilon \leqq x$ となるものが存在する．

**証明**　1)　前半はあきらか．$a<b$ なら $a<\dfrac{a+b}{2}<b$（ただし $2=1+1$）.

2)　$b=\sup A$ なら当然 a) が成りたつ．b) を否定すると，ある正の元 $\varepsilon$ をとると，$A$ のすべての元 $x$ に対して $x<b-\varepsilon$ となり，$b$ が最小上界であることに反する．

逆に条件 a) b) がみたされるとする．a) によって $b$ は $A$ の上界である．もし $b$ が最小上界でなければ，$b$ より小さい上界 $c$ がある．$\dfrac{b-c}{2}>0$ だから，条件 b) により，$A$ の元 $x$ で $b-\dfrac{b-c}{2} \leqq x$ なるものがある．$c<b-\dfrac{b-c}{2}$ だから，$c$ の上界性に反する．□

**2.5.2　定義**　$K$ を順序体とする．$K$ の元の列 $\langle a_n \rangle_{n \in N}$ が $K$ の元 $b$ に**収束**するとはつぎのことである．任意に与えられた正の元 $\varepsilon \in K$ に対し，ある自然数 $L$ をとると，$L \leqq n$ なるすべての自然数 $n$ に対して $|a_n-b| \leqq \varepsilon$ が成りたつ．

このとき，$b$ を数列 $\langle a_n \rangle$ の**極限**といい，$b=\lim_{n\to\infty} a_n$ とかく．$a_n \to b\,(n \to \infty$ のとき) と略記することもある．

**2.5.3　命題**　1)　$b, c$ が同じ数列の極限なら $b=c$.

2)　$\lim_{n\to\infty} a_n=b$ なら，$\langle a_n \rangle$ の任意の部分列は $b$ に収束する．

3)　$\lim_{n\to\infty} a_n=c, \lim_{n\to\infty} b_n=d$ のとき，$\lim_{n\to\infty}(a_n \pm b_n)=c \pm d$（複号同順），$\lim_{n\to\infty} a_n b_n=cd$．もし $d \neq 0$ なら，先の方では $b_n \neq 0$ で，$\lim_{n\to\infty}\dfrac{a_n}{b_n}=\dfrac{c}{d}$.

4)　$\lim_{n\to\infty} a_n=c, \lim_{n\to\infty} b_n=d, a_n \leqq b_n$ なら $c \leqq d$.

証明略．

### コーシー完備性およびアルキメデスの公理

**ノート**　全順序集合にはすでに完備性の概念があった．すなわち，全順序集合 $X$ の空でない部分集合が上に有界なら上限をもち，下に有界なら下限をもつとき，$X$ は完備であるといった．$X$ が順序体の場合，これから定義するもうひとつの完備性と区別するために，上の意味で完備であることをかならず**順序完備**と明記することにする．

**2.5.4　定義**　順序体 $K$ の元の列 $\langle a_n \rangle$ が**コーシー列**であるとはつぎのことである．任意の正の元 $\varepsilon \in K$ に対し，ある自然数 $L$ をとると，$L \leqq n, L \leqq m$ なる任意の自然数 $n, m$ に対して $|a_n - a_m| \leqq \varepsilon$ が成りたつ．

**2.5.5　命題**　収束列はコーシー列である．

**証明**　$\varepsilon > 0$ が与えられたとする．条件により，ある $L \in \boldsymbol{N}$ をとると，$L \leqq n$ なる任意の $n \in \boldsymbol{N}$ に対して $|a_n - b| \leqq \frac{\varepsilon}{2}$ が成りたつ．$L \leqq m$ なら $|a_m - b| \leqq \frac{\varepsilon}{2}$ だから，

$$|a_n - a_m| \leqq |a_n - b| + |a_m - b| \leqq \varepsilon. \quad \square$$

**2.5.6　定義**　$K$ を順序体とする．$K$ の任意のコーシー列がつねに収束するとき，$K$ は**コーシー完備**であるという．

**ノート**　上のふたつの完備性の概念は同値でない．順序完備ならコーシー完備であるが，コーシー完備であって順序完備でない例がある（定理 2.5.18）．

**2.5.7　定義**　$K$ を順序体とする．$\boldsymbol{N} \subset K$ とみなした上で，$K$ の任意に与えられた元より大きい自然数が存在するとき，$K$ は**アルキメデス的**である，または**アルキメデスの公理**をみたすという．

これはつぎの条件のどちらとも同値である．

1)　$a > 0, b > 0$ に対し，$na > b$ なる $n \in \boldsymbol{N}$ が存在する．

2)　$\lim_{n \to \infty} \frac{1}{n} = 0$.

証明略.

### 三種類の完備性の同値性

**2.5.8　定理**　順序体 $K$ に関するつぎの三条件は互いに同値である.

**a)**　$K$ は順序完備である.

**b)**　$K$ の元の列 $\langle a_n \rangle_{n\in \boldsymbol{N}}$ が上に有界で広義単調増加 ($n \leqq m$ なら $a_n \leqq a_m$) なら収束する.

**c)**　$K$ はコーシー完備であり，アルキメデスの公理をみたす.

以下，いくつかの命題にわけて定理を証明する.

**2.5.9　a)⇒b) の証明**　$\langle a_n \rangle$ を上に有界な広義単調増加列とする．集合 $\{a_n ; n\in \boldsymbol{N}\}$ は上に有界だから，順序完備性の仮定によって上限 $b$ がある. $\lim\limits_{n\to\infty} a_n = b$ を示す．$\varepsilon > 0$ とする．命題 2.5.1 の 2) により，ある $L \in \boldsymbol{N}$ をとると $b-\varepsilon \leqq a_L$ となる．$L \leqq n$ なら仮定によって $a_L \leqq a_n$ だから $b-\varepsilon \leqq a_n \leqq b$ となり，$\langle a_n \rangle$ は $b$ に収束する．□

**2.5.10　b)⇒a) の証明**　1°　まず $K$ がアルキメデス的であることを示す. 実際，もし $K$ がアルキメデス的でなければ，$\boldsymbol{N}$ は $K$ のなかで有界である. $K$ の元の列 $0, 1, 2, \cdots$ は有界単調だから，$K$ のある元 $b$ に収束する．$b$ は $\boldsymbol{N}$ の上界である．収束の定義により，ある $L \in \boldsymbol{N}$ をとると $b-\frac{1}{2} \leqq L$ となる．$b+\frac{1}{2} \leqq L+1 \in \boldsymbol{N}$ だから矛盾.

2°　さて，$K$ の空でない部分集合 $A$ が上に有界とする．$A$ の元 $a$ をひとつとる．もし $a$ が $A$ の最大元なら $a$ は $A$ の上限だから，$a$ は $A$ の最大元でないとする．$A$ の上界 $b$ をひとつとると $a<b$.

$\boldsymbol{N}$ の各元 $n$ に対し，$a$ から $b$ までの $2^n$ 等分点 $\left(\text{すなわち } a+\frac{k}{2^n}(b-a)\ (0 \leqq k \leqq 2^n)\right)$ のうち，$A$ の上界であるような最小のものを $b_n$ とする．つくりかたからあきらかに $b_n \geqq b_{n+1}$, $b_n \geqq a$ だから仮定によって列 $\langle b_n \rangle$ はある元

$c$ に収束する．

3° 以下，$c$ が $A$ の上限であることを示す．まず，任意の $n \in \boldsymbol{N}$ と任意の $x \in A$ に対して $x \leqq b_n$ だから $x \leqq c$，すなわち $c$ は $A$ の上界である．

$\varepsilon > 0$ とする．収束の定義により，ある $L \in \boldsymbol{N}$ をとると，$L \leqq n$ なるすべての $n \in \boldsymbol{N}$ に対して $b_n \geqq c - \frac{\varepsilon}{2}$ が成りたつ．ここで，任意の自然数 $n$ に対して $n \leqq 2^n$ が成りたつことに注意する（帰納法による）．$K$ はアルキメデス的だから，$L$ として $\frac{2(b-a)}{\varepsilon} \leqq L \leqq 2^L$ なるものをとる．この不等式は $b-a \leqq \frac{\varepsilon}{2} 2^L$ を意味する．

$b_n$ の定義により，$b_n - \frac{b-a}{2^n}$ は $A$ の上界でないから，$A$ の元 $x$ で $b_n - \frac{b-a}{2^n} < x$ なるものがある．$L \leqq n$ なら，$\frac{\varepsilon}{2} + \frac{b-a}{2^n} \leqq \frac{\varepsilon}{2} + \frac{b-a}{2^L} \leqq \frac{\varepsilon}{2} + \frac{\varepsilon}{2} = \varepsilon$ だから，$x > b_n - \frac{b-a}{2^n} \geqq c - \frac{\varepsilon}{2} - \frac{b-a}{2^n} \geqq c - \varepsilon$ となり，$c$ は $A$ の上限である．□

**2.5.11 a) b)⇒c) の証明** $\langle a_n \rangle_{n \in \boldsymbol{N}}$ を $K$ のコーシー列とする．

1° $\langle a_n \rangle$ は有界である．実際，ある $L \in \boldsymbol{N}$ をとると，$L \leqq n$ なる任意の $n$ に対して $|a_n - a_L| \leqq 1$ すなわち

$$a_L - 1 \leqq a_n \leqq a_L + 1$$

となる．

2° 各 $n$ に対し，$\{a_m ; n \leqq m\}$ に有界だから，その上限を $b_n$ とする．すなわち

$$b_n = \sup \{a_n, a_{n+1}, a_{n+2}, \cdots\}.$$

あきらかに $b_n \geqq b_{n+1}$ であり，$\langle b_n \rangle$ は下に有界だから，仮定 **b**) によって $\langle b_n \rangle$ は $K$ のある元 $c$ に収束する（**b**) での大小を反対にするためには，$a_n$ のかわりに $-a_n$ を考えればよい）．この $c$ を有界列 $\langle a_n \rangle$ の**上極限**という．

3° $\lim_{n \to \infty} a_n = c$ を示す．$\varepsilon > 0$ とする．ある $L_1$ をとると，$L_1 \leqq n, m$ なる任意の $n, m$ に対して

$$|a_n - a_m| \leqq \varepsilon$$

が成りたつ．$L_1 \leqq L$ なるある $L$ をとると，$L \leqq n$ なる任意の $n$ に対して

$$|b_n - c| \leqq \varepsilon$$

が成りたつ．$L \leqq n$ なる任意の $n$ をとる．$b_n = \sup\{a_n, a_{n+1}, a_{n+2}, \cdots\}$ だから，命題 2.5.1 の 2）により，$n \leqq m_0$ なるある $m_0$ をとると，

$$b_n - \varepsilon \leqq a_{m_0} \leqq b_n$$

が成りたつ．したがって

$$\begin{aligned}|a_n - c| &\leqq |a_n - a_{m_0}| + |a_{m_0} - b_n| + |b_n - c| \\ &\leqq \varepsilon + \varepsilon + \varepsilon = 3\varepsilon\end{aligned}$$

となり，$\lim_{n\to\infty} a_n = c$ が証明された．□

**2.5.12　c)⇒b) の証明**　$\langle a_n \rangle_{n\in \boldsymbol{N}}$ を $K$ の，上に有界な広義単調増加列とする．$\{a_n ; n \in \boldsymbol{N}\}$ の上界のひとつ $b$ をとる：すべての $n$ に対して $a_n \leqq b$.

$\langle a_n \rangle$ がコーシー列であることを示せばよい．結論を否定する（背理法）．ある正の元 $\varepsilon$ をとると，どんな $L \in \boldsymbol{N}$ に対しても，$L \leqq n < m$ なる $n, m$ で $|a_m - a_n| > \varepsilon$ なるものがある．$\langle a_n \rangle$ は広義単調増加だから

$$a_m - a_L \geqq a_m - a_n > \varepsilon$$

となる．

つぎのように $\langle a_n \rangle$ の部分列 $\langle a_{\varphi(n)} \rangle_{n\in \boldsymbol{N}}$ を定義する（定義 1.2.12 をみよ）．まず $\varphi(0)=0$ とする．つぎに $m > \varphi(0)$, $a_m - a_{\varphi(0)} > \varepsilon$ なる最小の $m$ を $\varphi(1)$ とする．つぎに $m > \varphi(1)$, $a_m - a_{\varphi(1)} > \varepsilon$ なる最小の $m$ を $\varphi(2)$ とする．こうして $\varphi(n)$ までできたとき，$m > \varphi(n)$, $a_m - a_{\varphi(n)} > \varepsilon$ なる最小の $m$ を $\varphi(n+1)$ とおく，定理 2.2.8 により，$\boldsymbol{N}$ から $\boldsymbol{N}$ への狭義単調増加写像 $\varphi$ が定義される．すなわち，$\langle a_n \rangle_{n\in \boldsymbol{N}}$ の部分列 $\langle a_{\varphi(n)} \rangle_{n\in \boldsymbol{N}}$ が定義された．この列 $\langle a_{\varphi(n)} \rangle$ は，すべての $n \in \boldsymbol{N}$ に対して

$$a_{\varphi(n+1)}-a_{\varphi(n)}>\varepsilon$$

をみたす.

仮定 **c**) によって $K$ はアルキメデス的だから, $\dfrac{b-a_0}{\varepsilon}$ より大きな自然数 $n$ がある. このような $n$ に対し,

$$\begin{aligned} a_{\varphi(n)} &= \sum_{k=1}^{n}(a_{\varphi(k)}-a_{\varphi(k-1)})+a_{\varphi(0)} \\ &> n\varepsilon+a_0>(b-a_0)+a_0=b \end{aligned}$$

となり, $b$ が $\langle a_n\rangle$ の上界であることに反する.

したがって列 $\langle a_n\rangle$ はコーシー列であり, 仮定 **c**) によって収束する. □

**ノート**　定理 2.5.8 の条件 **a**) **b**) **c**)のほかにも, これらと同値な条件はいろいろある. しかし, 本文が繁雑になるのを避けるため, それらは問題にまわす. ただし, 完全な証明をつける (問題 4, 5, 6 および第 3 章 § 3 の問題 7, 8, 9).

**2.5.13　定義**　順序体 $K$ が定理 2.5.8 の互いに同値な三条件 **a**) **b**) **c**)をみたすとき, $K$ を**実数体**といい, その元を**実数**という. この条件のあらわす内容は, **実数の連続性**と呼ばれる.

**ノート**　ここでは実数体を定義しただけである. つぎの章で実数体が存在すること, すなわち自然数系 $\boldsymbol{N}$ から実数体を構成することができること, および実数体が同型を除いてひとつしかないことを示す.

### コーシー完備であって順序完備でない例

**2.5.14　定義**　$K$ を体とする.

1)　$K$ の元を係数とする多項式の概念はだれでも知っている. すなわち,

$$\sum_{n=0}^{k} a_n t^n = a_0 + a_1 t + \cdots + a_k t^k \quad (k \in \boldsymbol{N},\ a_n \in K)$$

という形の式である．ここで $t$ はどこか（たとえば $K$）を動く変数ではなく，単なる文字と考える．

書法を簡潔にするため，多項式 $\alpha$ を $\alpha=\sum_{n=0}^{\infty}a_nt^n$ とかく．ただし，有限個を除く $a_n$ は $0$ である．

多項式間には加法と乗法が定義されている：$\alpha=\sum_{n=0}^{\infty}a_nt^n$，$\beta=\sum_{n=0}^{\infty}b_nt^n$ に対し，

$$\alpha+\beta=\sum_{n=0}^{\infty}(a_n+b_n)t^n,$$

$$\alpha\beta=\sum_{n=0}^{\infty}\left(\sum_{m+l=n}a_mb_l\right)t^n.$$

ただし，$\sum_{m+l=n}$ は，$m+l=n$ をみたすような自然数のペア $(m,l)$ 全部にわたる和をあらわす．このようなペアは有限個しかないから，和が定義される．

この演算によって多項式の全体は環になる（証明略）．

2)　多項式の概念を二重に一般化する．まず，$\alpha=\sum_{n=0}^{\infty}a_nt^n$ において，有限個を除く $a_n$ が $0$ だという条件を取りのぞく．収束性は一切考えない．このような $\alpha$ を形式的整級数という．形式的整級数の全体も，多項式のときと同じ定義による演算に関して環になる（証明略）．

つぎに $\alpha$ が $t^0=1$ からはじまっているのを一般化し，任意の整数（負でもよい）$p$ に対する $t^p$ からはじまってもよいことにする．すなわち，

$$\alpha=\sum_{n=p}^{\infty}a_nt^n\quad(p\in\boldsymbol{Z},\ a_n\in K).$$

こういう形の式を**形式的ローラン級数**という．$K$ の元を係数とする形式的ローラン級数の全体を $K((t))$ とかく．前と同様，

$$\alpha=\sum_{n=-\infty}^{\infty}a_nt^n$$

とかこう．ただし，負の $n$ に対する $a_n$ で $0$ でないものは有限個しかないとする．

$K((t))$ にも，多項式や形式的整級数のときと同じ定義によって演算を定義する：$\alpha=\sum_{n=-\infty}^{\infty} a_n t^n$，$\beta=\sum_{n=-\infty}^{\infty} b_n t^n$ に対し，

$$\alpha+\beta=\sum_{n=-\infty}^{\infty}(a_n+b_n)t^n,$$
$$\alpha\beta=\sum_{n=-\infty}^{\infty}\Bigl(\sum_{m+l=n} a_m b_l\Bigr)t^n.$$

この場合も $\sum_{m+l=n} a_m b_l$ は有限和となり，負の $n$ に対しては有限個を除いて 0 になる．すなわち $\alpha\beta\in K((t))$．

**2.5.15 命題** 上の演算に関して $K((t))$ は体になる．

**証明** 1° まず $K((t))$ が環になることを示す．実際，0 は加法の単位元，1 は乗法の単位元である．加法の結合律および加法・乗法の交換律はあきらか．分配律と乗法の結合律はちょっと面倒だが，ゆっくり計算すればできる．

2° $K((t))$ が体であることを示すためには，任意の $\alpha\neq 0$ に対して逆元 $\alpha^{-1}$ が存在することを言えばよい．

まず $\alpha=1+a_1t+a_2t^2+\cdots$ の形のときを考える．$\beta=1+b_1t+b_2t^2+\cdots$ として条件 $\alpha\beta=1$ をかくと，

$$
\begin{aligned}
&a_1+b_1=0\\
&a_2+a_1b_1+b_2=0\\
&a_3+a_2b_1+a_1b_2+b_3=0\\
&\quad\cdots\cdots\\
&a_n+a_{n-1}b_1+\cdots+a_1b_{n-1}+b_n=0\\
&\quad\cdots\cdots
\end{aligned}
$$

という無限個の式ができる．これを上から順に $b_n$ について解いていけば，列 $b_1, b_2, b_3, \cdots$ が定まり（定理 2.2.8），$\beta=\alpha^{-1}$ となる．

つぎに一般の場合，$\alpha=\sum_{n=p}^{\infty}a_nt^n$ $(a_p\neq 0)$ とする．$\gamma=1+\sum_{n=1}^{\infty}a_p{}^{-1}a_{p+n}t^n$ とすると $\alpha=a_pt^p\gamma$．$\gamma$ はさっきの形だから $\gamma^{-1}$ がある．$\beta=a_p{}^{-1}t^{-p}\gamma^{-1}$ は $\alpha$ の逆元である．□

**2.5.16　定義**　とくに $K$ が順序体のとき，$K$ 上の形式的ローラン級数体 $K((t))$ に順序を定義する．まず $\alpha\neq 0$，$\alpha=\sum_{n=p}^{\infty}a_nt^n$ $(a_p\neq 0)$ に対し，$a_p>0$ のとき $\alpha>0$, $a_p<0$ のとき $\alpha<0$ と定める．$\alpha,\beta$ に対し，$\alpha-\beta>0$ のとき $\alpha>\beta$, $\alpha-\beta<0$ のとき $\alpha<\beta$ と定める．

**2.5.17　命題**　上に定義した順序に関して $K((t))$ は順序体である．

**証明**

$$\alpha=\sum_{n=p}^{\infty}a_nt^n \quad (a_p\neq 0), \qquad \beta=\sum_{n=q}^{\infty}b_nt^n \quad (b_q\neq 0)$$

とする．

1)　$\alpha>0, \beta>0$ とする．$p=q$ なら $a_p+b_p>0$ だから $\alpha+\beta>0$．$p<q$ なら $a_p+b_p=a_p>0$ だから $\alpha+\beta>0$．$p>q$ でも同じ．

つぎに $\alpha<\beta$ のほかに $\gamma$ があれば $(\beta+\gamma)-(\alpha+\gamma)=\beta-\alpha>0$ だから $\alpha+\gamma<\beta+\gamma$．

2)　$\alpha\beta=a_pb_qt^{p+q}+\cdots$ だから，$\alpha,\beta>0$ なら $\alpha\beta>0$．□

**2.5.18　定理**　$K$ が順序体のとき，$K$ 上の形式的ローラン級数体 $K((t))$ はコーシー完備であるが順序完備ではない．

**証明**　1°　$\boldsymbol{N}\subset K((t))$ とみなした上で，$K((t))$ はアルキメデス的でない．実際，任意の自然数 $n$ に対し，$n=nt^0<t^{-1}$．したがって，定理 2.5.8 の **a)** ⇒**c)** によって $K((t))$ は順序完備でない．

2°　$K((t))$ がコーシー完備であることを示そう．まず $\lim_{p\to\infty}t^p=0$ に注意する．実際，任意の正の元 $\varepsilon=\sum_{n=n_0}^{\infty}e_nt^n$ $(e_{n_0}>0)$ に対し，$n_0<p$ なら $\varepsilon>t^p$．

一方，$\lim_{p\to-\infty}t^p=+\infty$．この意味はつぎのとおり．任意の $M\in K((t))$ に対

し，ある $q\in\boldsymbol{Z}$ をとると，$q\geqq p$ なるすべての $p$ に対して $t^p\geqq M$．実際，$M=\sum_{p=q}^{\infty}a_pt^p$ $(a_q\neq 0)$ に対し，$p<q$ なら $t^p>M$．

3°　$\langle\alpha_n\rangle_{n\in N}$ をコーシー列とする．$\alpha_n=\sum_{p=n_0}^{\infty}a_{n,p}t^p$ $(a_{n_0}\neq 0)$ とかく．すでに示したように（2.5.11 の 1°）コーシー列は有界だから，上の注意によってある $q$ をとると，すべての $n$ に対して $q\leqq n_0$ となる．すなわち，すべての $n$ に対し，$p<q$ なら $a_{n,p}=0$ である．

各 $p\geqq q$ に対し，ある $L$ をとると，$L\leqq n, m$ なら $|\alpha_n-\alpha_m|\leqq t^{p+1}$ となり，$a_{n,p}=a_{m,p}$ が成りたつ．この共通の元を $b_p$ とかく．

4°　$\beta=\sum_{p=q}^{\infty}b_pt^p$ とおき，$\lim_{n\to\infty}\alpha_n=\beta$ を示す．任意の $p\in\boldsymbol{N}$ に対し，ある $L\in\boldsymbol{N}$ をとると，$L\leqq n$ なる任意の $n$ と，$k\leqq p$ なる任意の $k$ に対して $a_{n,k}=b_k$ が成りたつから，$|\alpha_n-\beta|\leqq t^{p+1}$ となり，最初の注意によって $\lim_{n\to\infty}\alpha_n=\beta$ が示された．□

**2.5.19　コメント**　上の定理で $t$ は単なる文字と考えた．《文字》というような，集合論に属さない概念をつかうのは不適当だと思われるかもしれない．文字 $t$ を消しさるにはつぎのようにすればよい．

$\boldsymbol{Z}$ から $K$ への写像 $\alpha$ で，ある $q\in\boldsymbol{Z}$ より小さいすべての $p\in\boldsymbol{Z}$ に対して $\alpha(p)=0$ となるものを考える：

$$\alpha=\langle\cdots\ 0\ 0\ 0\ a_q\ a_{q+1}\ \cdots\rangle.$$

$\alpha$ のイメージは $\sum_{p=q}^{\infty}a_pt^p$ である．このような $\alpha$ の全体を $L$ とし，$L$ に演算と順序を定義する．$\alpha=\langle a_p\rangle, \beta=\langle b_p\rangle$ に対し，

$$\alpha+\beta=\langle a_p+b_p\rangle,$$
$$\alpha\beta=\langle\sum_{n+m=p}a_nb_m\rangle_{p\in Z}$$

とおく．和 $\sum_{n+m=p}$ は有限和であり，$L$ の元 $\alpha\beta$ が定まる．また，$\alpha=\langle\cdots\ 0\ 0\ a_q\ a_{q+1}\ \cdots\rangle$ $(a_q\neq 0)$ に対し，$a_q>0$ のとき $\alpha>0$ と定める．これらの定義によって $L$ は $K((t))$ と同型な順序体になる．これで文字 $t$ は追放された．

しかし，$K((t))$ では多項式の演算の直観がつかえたのに，$L$ ではこれが

つかえず，非常にわかりにくい．そのために文字 $t$ を導入して $K((t))$ をつくったのである．

## 問　題

**1**　$K$ を順序体とし，部分集合 $A, B$ がどちらも上限をもつとする．

1)　$A+B=\{x+y\,;\,x\in A,\, y\in B\}$ とおくと，$A+B$ も上限をもち，$\sup(A+B)=\sup A+\sup B$.

2)　$A, B$ が正の元だけから成るとき，$AB=\{xy\,;\,x\in A,\, y\in B\}$ とおくと，$AB$ も上限をもち，$\sup AB=\sup A\cdot\sup B$.

**2**　$K$ を順序体とする．$\boldsymbol{N}\subset K$ とみなす．$K$ の元 $x$ で，ある $n\in\boldsymbol{N}$ に対して $|x|<n$ となるものの全体を $M$ とする．$M$ 上の二項関係 $\sim$ をつぎのように定める：$M$ の元 $x, y$ に対し，すべての $n\in\boldsymbol{N}$ に対して $|x-y|<\dfrac{1}{n}$ のとき $x\sim y$.

1)　$\sim$ は $M$ 上の同値関係であることを示せ．

商集合 $L=M/\sim$ に演算と順序をつぎのように定める．$x\in M$ の属する類を $[x]$ とかく．$\alpha=[x], \beta=[y]$ に対し，

$$\alpha+\beta=[x+y], \qquad \alpha\beta=[xy].$$

2)　この定義が well-defined であること，およびこの演算に関して $L$ が体であることを示せ．

つぎに $M$ 上の二項関係 $<$ をつぎのように定める：$\alpha=[x]$ に対し，$x>0, x\not\sim 0$ のとき $\alpha>0$．さらに $\alpha-\beta>0$ のとき $\alpha>\beta$.

3)　この定義が well-defined であること，および $M$ 上の関係 $<$ が全順序であることを示せ．

4)　上の演算と順序に関して，$L$ がアルキメデス順序体であることを示せ．

**3**　$K$ を順序体とする．命題 2.4.5 によって $\boldsymbol{Q}\subset K$ とみなす．$K$ がアルキ

メデス的であることと，$\boldsymbol{Q}$ が $K$ のなかで稠密（定義 1.3.10）であることとは同値である．

**4**　順序体 $K$ に関するつぎの性質 **d)** を考える．

**d)**（**ボルツァノ・ワイエルシュトラスの性質**）$K$ の任意の有界点列から，収束部分列をえらびだすことができる．

性質 **d)** が，定理 2.5.8 の性質 **a)b)c)** と同値であることを示せ．

［ヒント］ **c)**⇔**d)** を示す．**d)**⇒**c)** はやさしい．**c)** を仮定する．$a \leqq a_n \leqq b$ $(n \in \boldsymbol{N})$ とする．まず $\varphi(0)=0$ とおく．つぎに閉区間 $I_0=[a, b]$ を2等分し，無限個の $n$ に対する $a_n$ が属する方を $I_1$ とする．$a_n \in I_1$ なる最小の $n>\varphi(0)$ を $\varphi(1)$ とする．この操作を続けてできる部分列 $a_{\varphi(0)}, a_{\varphi(1)}, \cdots$ はコーシー列である．

**5**　順序体 $K$ に関するつぎの性質 **e)** を考える．

**e)**（**アルキメデス性と区間縮小法**）$K$ はアルキメデス的であり，また $K$ の空でない有界閉区間の減小列 $I_0 \supset I_1 \supset I_2 \supset \cdots$ があれば $\bigcap_{n=0}^{\infty} I_n \neq \varnothing$．

性質 **e)** が，定理 2.5.8 の性質 **a)b)c)** と同値であることを示せ．

［ヒント］ **e)**⇔**b)** を示す．**b)**⇒**e)** はやさしい．**e)** を仮定し，$\langle a_n \rangle$ を上に有界な単調増加列とする．$a \leqq a_n \leqq b$ とし，$[a, b]$ の $2^n$ 等分点のうち，$\{a_n ; n \in \boldsymbol{N}\}$ の上界であるものの最小を $c_n$ とする．$I_n=[a_n, c_n]$ とせよ．

**6**　順序体 $K$ に関するつぎの性質 **f)** を考える．

**f)**（**ハイネ・ボレルの被覆定理**）$K$ の閉区間 $[a, b]$ および開区間（定義 1.3.17 をみよ）の族 $\mathcal{F}=\langle U_i ; i \in \mathcal{J} \rangle$ がある．$[a, b] \subset \bigcup \{U_i ; i \in \mathcal{J}\}$ のとき，$\mathcal{F}$ を $[a, b]$ の**開被覆**という．性質 **f)** はつぎのとおり：$\mathcal{F}$ が $[a, b]$ の開被覆なら，そのうちの有限個の開区間によってすでに $[a, b]$ はおおわれる．すなわち，$\mathcal{J}$ の有限部分集合 $\mathcal{K}$ が存在し，$[a, b] \subset \bigcup \{U_i ; i \in \mathcal{K}\}$．

性質 **f)** が定理 2.5.8 の性質 **a)b)c)** と同値であることを示せ．

［ヒント］ これは難かしい．**a)**⇔**f)** を示す．まず **a)**⇒**f)**．$[a, x]$ が有限被覆をもつような $x \in [a, b]$ の全体を $A$ とし，$A$ の上限を $c$ とする．$c<b$ と仮定して矛盾をみちびく．つぎに **f)**⇒**a)**．まず $K$ がアルキメデス的であることを背理法

で示す．$\boldsymbol{N}$ の上界 $b$ をとる．$\boldsymbol{N}$の上界の全体 $B$ は開区間である．$n\in\boldsymbol{N}$ に対して $U(n)=\mathring{(}n-\frac{1}{2}, n+\frac{1}{2}\mathring{)}$ とおき，$n<x<n+1$ なる $x$ に対して $U(x)=\mathring{(}n, n+1\mathring{)}$ とおくと，$U(n), U(x), B$ たちは $[a, b]$ の開被覆になる．つぎに $A\neq\emptyset$ が上に有界で上限がないとして矛盾をみちびく．$A$ の上界の全体を $B$ とすると $A\cap B=\emptyset, A\cup B=K$．$A$ の元 $x$ に対して $x+\frac{1}{n}\in A$ なる最小の $n\in\boldsymbol{N}^{+}$ を $n(x)$, $B$ の元 $x$ に対して $x-\frac{1}{n}\in B$ なる最小の $n\in\boldsymbol{N}^{+}$ を $n(x)$ とおくと，$[a, b]$ の開被覆 $\left\{\mathring{(}x-\frac{1}{n(x)}, x+\frac{1}{n(x)}\mathring{)};\ x\in K\right\}$ ができる．

**7**　$K$ を体，$t$ を《文字》とし，$K$ の元を係数とする有理式 $\frac{f(t)}{g(t)}$ を考える．$f(t), g(t)$ は多項式である $(g(t)\neq0)$．これの全体は体になる（やさしい）．これを $K(t)$ とかく．$K((t))$ が体であることの証明（命題 2.5.15）と同じやりかたにより，$\frac{1}{g(t)}$ は形式的ローラン級数であらわされる．したがって $K(t)\subset K((t))$ とみなせる．

以下 $K$ は順序体とする．$K((t))$ の順序（定義 2.5.16）によって $K(t)$ も順序体になる．つぎの三問にこたえよ．

1)　$K(t)$ もアルキメデス的でなく，したがって順序完備でない．

2)　$K(t)$ はコーシー完備でない．

3)　$K(t)$ のコーシー完備化は $K((t))$ である．

［ヒント］ 2) は難かしい．$a_n=\sum_{k=0}^{n}t^{k^2}$ とおくと $\langle a_n\rangle_{n\in N}$ はコーシー列である．$\langle a_n\rangle$ が $K(t)$ の元 $\frac{f(t)}{g(t)}$ に収束するとして矛盾をみちびく．$L\geqq2$ を適当にとると，$f(t)=\sum_{k=0}^{L}a_k t^k, g(t)=\sum_{k=0}^{L}b_k t^k$．$g(t)a_n$ の展開式で，$t^{L^2+j}\,(0\leqq j\leqq L)$ の係数は $b_j$．$b_0, b_1, \cdots, b_L$ のなかに 0 でないものがあるから，$\left|a_n-\frac{f(t)}{g(t)}\right|>\frac{t^{L^2+L+1}}{g(t)}$ となり，$\lim a_n=\frac{f(t)}{g(f)}$ に反する．

# 第3章　実数体 $\boldsymbol{R}$・空間 $\boldsymbol{R}^n$・複素数体 $\boldsymbol{C}$

はじめに実数体の定義をもう一度かいておく．

**定義**（定義2.5.13）　順序体 $K$ が定理2.5.8の互いに同値な三条件 **a)** **b)** **c)** をみたすとき，$K$ を**実数体**といい，その元を**実数**という．

以下，有理数体 $\boldsymbol{Q}$ をふたつの方法で完備化して実数体を構成する．そして実数体が同型を除いてひとつしかないことを示す．

## §1　実数体の構成1（$\boldsymbol{Q}$ の順序完備化）および実数体の一意性

### $\boldsymbol{Q}$ の順序完備化

有理数体 $\boldsymbol{Q}$ は全順序集合であり，自己稠密（定義1.3.10）だから，その順序完備化 $\overline{\boldsymbol{Q}}$ はすでに定義されている（定理1.3.15）．これが順序体になることを示せばよい．

**3.1.1　定義と復習**　$\boldsymbol{Q}$ の順序完備化を $\overline{\boldsymbol{Q}}$ とする．$\boldsymbol{Q}$ には最大元も最小元もないから，$\overline{\boldsymbol{Q}}$ は $\boldsymbol{Q}$ の切断の全体である．$\boldsymbol{Q}$ の切断とは，$\boldsymbol{Q}$ の部分集合 $\alpha$ で，つぎの条件をみたすものだった（定義1.3.12）．

1)　$x, y \in \boldsymbol{Q}, x \in \alpha, y \leqq x$ なら $y \in \alpha$.

2)　$\alpha$ は最大元をもたない.

3)　$\alpha \neq \varnothing,\ \alpha \neq \boldsymbol{Q}$.

$\bar{\boldsymbol{Q}}$ の順序はつぎのように定めてあった. $\alpha, \beta \in \bar{\boldsymbol{Q}}$ に対し, $\alpha \subset \beta$ のとき $\alpha \leqq \beta$.

以後, $\bar{\boldsymbol{Q}}$ に加法と乗法を定義し, それによって $\bar{\boldsymbol{Q}}$ が順序体になることを示す. これができれば, $\bar{\boldsymbol{Q}}$ は順序完備だから実数体になる.

$\boldsymbol{Q}$ の元 $a$ の切片 $S(a)=\{x \in \boldsymbol{Q}\,;\, x<a\}$ は $\boldsymbol{Q}$ の切断, すなわち $\bar{\boldsymbol{Q}}$ の元である. $\boldsymbol{Q}$ から $\bar{\boldsymbol{Q}}$ への入射 $a \mapsto S(a)$ によって $\boldsymbol{Q} \subset \bar{\boldsymbol{Q}}$ とみなす.

**3.1.2　定義と命題**　$\bar{\boldsymbol{Q}}$ の元 $\alpha, \beta$ に対し,

$$\alpha+\beta=\{x+y\,;\, x \in \alpha,\ y \in \beta\}$$

とおく.

$\alpha+\beta$ が $\bar{\boldsymbol{Q}}$ に属することを示すために三条件をしらべる.

1)　$z=x+y \in \alpha+\beta\ (x \in \alpha,\ y \in \beta),\ w<z$ とする. $u=x-\dfrac{z-w}{2},\ v=y-\dfrac{z-w}{2}$ とおくと $u<x,\ v<y$ だから $u \in \alpha,\ v \in \beta$ であり, $u+v=w$ だから $w \in \alpha+\beta$.

2)　$z=x+y \in \alpha+\beta\ (x \in \alpha,\ y \in \beta)$ とすると, $\alpha$ には最大元がないから $x<x'$ なる $\alpha$ の元がある. $z=x+y<x'+y \in \alpha+\beta$ となり, $z$ は $\alpha+\beta$ の最大元でない.

3)　あきらか. □

**3.1.3　命題**　上の加法に関して $\bar{\boldsymbol{Q}}$ は可換群である.

**証明**　1°　結合律と交換律はやさしいから省略する.

2°　$S(0)=\{x \in \boldsymbol{Q}\,;\, x<0\}$ は加法の単位元である. 実際, $\bar{\boldsymbol{Q}}$ の任意の元 $\alpha$ に対し,

$$S(0)+\alpha=\{x+y\,;\, x<0,\ y \in \alpha\} \subset \alpha.$$

つぎに任意の $z \in \alpha$ に対して $z<w$ なる $\alpha$ の元 $w$ をとると, $z=(z-w)+w$

$\in S(0)+\alpha$ となり，$S(0)+\alpha=\alpha$ が示された．

3°　$\bar{\boldsymbol{Q}}$ の任意の元 $\alpha$ に対する逆元の存在を示す．

イ）　$\alpha=S(a)\,(a\in\boldsymbol{Q})$ のとき．$\beta=S(-a)$ とおく．$x\in\alpha, y\in\beta$ なら $x<a, y<-a$ だから $x+y<0$．したがって $\alpha+\beta\subset S(0)$．

逆に $z\in S(0)$ に対し，$x=a+\dfrac{z}{2}<a, y=-a+\dfrac{z}{2}<-a$ とおくと，$x\in\alpha$, $y\in\beta$ で $z=x+y\in\alpha+\beta$，よって $S(0)\subset\alpha+\beta$，結局 $\alpha+\beta=S(0)$ となり，$\beta$ は $\alpha$ の逆元である．

ロ）　$\alpha$ が $S(a)\,(a\in\boldsymbol{Q})$ の形でないとき．$\beta=\{-x\,;x\notin\alpha\}$ とおく．はじめに $\beta\in\bar{\boldsymbol{Q}}$ を示すために三条件をしらべる．

1)　$x\in\beta, y<x$ とする．$-x\notin\alpha, -x<-y$ だから $-y\notin\alpha$，よって $y\in\beta$．

2)　$\beta$ に最大元 $b$ があったとすると，$\alpha=S(-b)$ になってしまう．実際，$x\in S(-b)$ なら $x<-b, -x>b$ だから $-x\notin\beta$．よって $x\in\alpha$．逆に $x\in\alpha$ なら $-x\notin\beta, b<-x, -b>x$ だから $x\in S(-b)$，よって $\alpha=S(-b)$．

3)　あきらか．

つぎに $\alpha+\beta=S(0)$ を示す．$z=x+y\in\alpha+\beta\,(x\in\alpha, y\in\beta)$ なら $-y\notin\alpha$ だから $x<-y, x+y<0$，したがって $z\in S(0), \alpha+\beta\subset S(0)$．

逆に $z\in S(0)$ とする，$z<0$．かりに $\alpha$ のすべての元 $x$ に対して，$x-z\in\alpha$ と仮定する（背理法）．$x-2z=(x-z)-z\in\alpha$．帰納法により，すべての自然数 $n$ に対して $x-nz\in\alpha$ となる．$\alpha$ は上に有界だから，これは $\boldsymbol{Q}$ のアルキメデス性に反する（こんなところでアルキメデス性が効いた！）．したがって $\alpha$ のある元 $x$ をとると $x-z\notin\alpha$．$y=z-x$ とすると $y\in\beta$ で，$z=x+y\in\alpha+\beta$．よって $S(0)\subset\alpha+\beta$ となり，$\beta$ が $\alpha$ の逆元であることが示された．□

**3.1.4　定義と命題**　$\bar{\boldsymbol{Q}}$ の元 $\alpha, \beta$ に対し，積 $\alpha\beta$ をつぎのように定義する．

イ）　$\alpha 0=0\alpha=0$．

ロ）　$\alpha>0, \beta>0$ のとき，

$$\alpha\beta=\{xy\,;0\leqq x\in\alpha, 0\leqq y\in\beta\}\cup S(0).$$

ハ)　$\alpha>0, \beta<0$ のとき，$\alpha\beta=-\alpha(-\beta)$．$\alpha<0, \beta>0$ のとき，$\alpha\beta=-(-\alpha)\beta$．

ニ)　$\alpha<0, \beta<0$ のとき，$\alpha\beta=(-\alpha)(-\beta)$．

このように定義した $\alpha\beta$ が $\bar{\boldsymbol{Q}}$ に属することを示す．まず $\alpha>0, \beta>0$ とし，三条件をしらべる．

1)　$z\in \alpha\beta, w<z$ とする．もし $w<0$ なら $w\in S(0)\subset\alpha\beta$ だから，$0\leqq w$ とする．$z=xy\ (0<x\in \alpha, 0<y\in\beta)$ とかく．$u=x, v=\dfrac{w}{x}$ とおく．$u\in\alpha$．$w<z=xy$ だから $0\leqq v=\dfrac{w}{x}<y$ となり，$v\in\beta$．$w=uv\in\alpha\beta$ となる．

2)　$z\in \alpha\beta$ とする．$0<z=xy\ (0<x\in\alpha, 0<y\in\beta)$ とかく．$\alpha$ には最大元がないから，$x<x'$ なる $\alpha$ の元がある．$z=xy<x'y\in\alpha\beta$ となり，$z$ は $\alpha\beta$ の最大元でない．

3)　あきらか．

$\alpha, \beta$ の一方または両方が負のときは，定義からあきらかに $\alpha\beta\in\bar{\boldsymbol{Q}}$ となる．□

**3.1.5　命題**　上の乗法に関して $\bar{\boldsymbol{Q}}^*=\bar{\boldsymbol{Q}}-\{S(0)\}$ は可換群である．

**証明**　1°　結合律と交換律はやさしいから省略する．

2°　$S(1)=\{x\in\boldsymbol{Q}\ ;\ x<1\}$ は乗法の単位元である．実際，$\alpha>0$ とする．

$$\alpha S(1)=\{xy\ ;\ 0\leqq x\in\alpha, 0\leqq y<1\}\cup S(0)$$

だから $xy<x$，よって $xy\in\alpha, \alpha S(1)\subset\alpha$．

逆に $0\leqq z\in\alpha$ なら $z<w$ なる $\alpha$ の元 $w$ がある．$u=\dfrac{z}{w}$ とおくと $0\leqq u<1$，よって $u\in S(1)$．したがって $z=wu\in\alpha S(1)$．あわせて $\alpha S(1)=\alpha$．

$\alpha<0$ のときもあきらか．

3°　$\alpha>0$ に対する逆元の存在を示す．

イ)　$\alpha=S(a)\ (a\in\boldsymbol{Q})$ のとき．

$$\beta=\left\{y\in\boldsymbol{Q}\ ;\ 0\leqq y<\frac{1}{a}\right\}\cup S(0)$$

とおく．$x \in \alpha, y \in \beta$ なら $xy<1$ だから $\alpha\beta \subset S(1)$.

逆に $z \in S(1)$ とする．$z \geqq 0$ としてよい．$z<u<1$ なる $u$ をとって $v=\dfrac{z}{u}$ とおくと，$z=uv, 0<v<1$. $x=au, y=\dfrac{v}{a}$ とおくと，$z=xy, x<a, y<\dfrac{1}{a}$. $x \in \alpha, y \in \beta$ だから $z \in \alpha\beta$，よって $S(1) \subset \alpha\beta$.

$\alpha<0$ のときもあきらか．

ロ）　$\alpha$ が $S(a)$ の形でないとき．

$$\beta=\left\{\frac{1}{y}\,;0<y \notin \alpha\right\} \cup \{x \in \boldsymbol{Q}\,;x \leqq 0\}$$

とおく．$\beta \in \bar{\boldsymbol{Q}}$. まず，$0<z \in \alpha\beta$ なら $z=xy\ (0<x \in \alpha, 0<y \in \beta)$ とかける．$\dfrac{1}{y} \notin \alpha$ だから $x<\dfrac{1}{y}, xy<1, xy \in S(1)$. よって $\alpha\beta \subset S(1)$.

逆に $z \in S(1), z>0$ とする．かりに $0<x \in \alpha$ なるすべての $x$ に対して $\dfrac{x}{z} \in \alpha$ と仮定する（背理法）．$\dfrac{x}{z^2}=\dfrac{x}{z}\cdot\dfrac{1}{z} \in \alpha$. 帰納法により，すべての自然数 $n$ に対して $\dfrac{x}{z^n} \in \alpha$. $\dfrac{1}{z}>1$ だから $\dfrac{1}{z}=1+u\ (u>0)$ とかける．簡単な帰納法により，すべての自然数 $n$ に対して $(1+u)^n \geqq 1+nu$. よって $\dfrac{x}{z^n}=x(1+u)^n \geqq x+nux$. $\alpha$ は上に有界だから $\boldsymbol{Q}$ のアルキメデス性に反する．したがって $0<x \in \alpha$ なるある元 $x$ をとると，$\dfrac{x}{z} \notin \alpha$ となる．$y=\dfrac{z}{x}$ とおくと $y \in \beta$ であり，$z=xy \in \alpha\beta$ となり，$S(1) \subset \alpha\beta$ が成りたち，$\beta$ は $\alpha$ の逆元である．

$\alpha<0$ に対してもあきらか．□

**3.1.6　定理**　上の加法と乗法，およびすでに定義されている順序に関し，$\bar{\boldsymbol{Q}}$ は順序完備な順序体，すなわち実数体である．

**証明**　1°　まず $\bar{\boldsymbol{Q}}$ が体になるためには，分配律の証明だけが残っているが，これはやさしいので省略する．

2°　あとは $\bar{\boldsymbol{Q}}$ が順序体であること，すなわち演算と順序とが同調していることを示せばよい．実際，$\bar{\boldsymbol{Q}}$ が順序完備であることはずっと前に証明してある（定理 1.3.15）.

証明すべきことはつぎのふたつの不等式である．

$$\alpha>\beta \quad \text{なら} \quad \alpha+\gamma>\beta+\gamma.$$
$$\alpha>\beta, \gamma>0 \quad \text{なら} \quad \alpha\gamma>\beta\gamma.$$

はじめの不等式は加法の定義からすぐに出る．二番目の式はつぎの式と同値である（第2章§1の問題4）．

$$\alpha>0, \beta>0 \quad \text{なら} \quad \alpha\beta>0.$$

ところがこれは乗法の定義からすぐに出る．□

**3.1.7 系** 実数体は存在する．

**ノート** 定理の証明をみればわかるように，この証明は，$\boldsymbol{Q}$ を任意のアルキメデス順序体に置きかえても通用する．

## 実数体の一意性

**3.1.8 定理** 実数体はひとつしか存在しない．すなわち，実数体がふたつあれば，それらは順序体として同型である．

**証明** $\boldsymbol{Q}$ を順序完備化してつくった実数体を $\boldsymbol{R}$ とし，$K$ をひとつの実数体とする．命題2.4.5によって $\boldsymbol{Q}\subset K$ とみなす．$K$ はアルキメデス的だから，第2章§5の問題3により，$\boldsymbol{Q}$ は $K$ で稠密である．もちろん $K$ には最大元も最小元もないから，完備化の一意性定理1.3.16により，$\boldsymbol{R}$ から $K$ への順序体としての同型写像が存在する．□

**3.1.9 系** 1) 順序体 $K$ がアルキメデス的であることと，$K$ が実数体 $\boldsymbol{R}$ に含まれることとは同値である．

2) 実数体 $\boldsymbol{R}$ は可算でない．有理数体 $\boldsymbol{Q}$ は可算だった（命題2.4.7）から，有理数でない実数（これらを**無理数**という）がたくさん（非可算個）存在する．

3)　無理数の全体 $\boldsymbol{R}-\boldsymbol{Q}$ は $\boldsymbol{R}$ のなかで稠密である．

**証明**　1)　$K\subset\boldsymbol{R}$ ならあきらかに $K$ はアルキメデス的である．$K$ がアルキメデス的なら，定理3.1.6および系3.1.7に続くノートによって $\bar{K}=\boldsymbol{R}$ だから $K\subset\boldsymbol{R}$.

2)　定理1.3.18による．

3)　ふたつの有理数 $a,b\,(a<b)$ のあいだに無理数がなかったとする．任意の整数 $n$ に対し，$a+n(b-a), b+n(b-a)$ のあいだにも無理数はない（やさしい）．すぐわかるように

$$\boldsymbol{R}=\bigcup_{n\in\boldsymbol{Z}}[a+n(b-a), b+n(b-a)]$$

だから，無理数がないことになってしまう．□

## 問　題

**1**　実数 $a$ が1より大きければ，$\lim_{n\to\infty} a^n=+\infty$．この意味はつぎのとおり：任意の実数 $M$ に対し，ある自然数 $L$ をとると，$L\leqq n$ なるすべての $n$ に対して $a^n\geqq M$.

**2**　任意の正の実数 $a$ と任意の自然数 $n>0$ に対し，$x^n=a$ となる正の実数 $x$ がただひとつ存在することを示せ．この $x$ を $a$ の（正の）$n$ **乗根**といい，$\sqrt[n]{a}$ とかく．$n=2$ のときは $\sqrt[2]{a}$ を $\sqrt{a}$ とかき，$a$ の（正の）**平方根**という．

**3**　任意の正の実数 $a$ に対し，$\lim_{n\to\infty}\sqrt[n]{a}=1$.

**4**　$0<b_0<a_0$ とし，二重漸化式 $a_{n+1}=\dfrac{a_n+b_n}{2}$, $b_{n+1}=\sqrt{a_nb_n}$ によってふたつの数列 $\langle a_n\rangle, \langle b_n\rangle$ を定める．これらはともに収束し，同じ極限をもつ．

**5**　$\lim_{n\to\infty} a_n = b$ のとき，$\lim_{n\to\infty}\dfrac{a_0+a_1+\cdots+a_{n-1}}{n}=b$ を示せ．

**6**　点 $a$ の近くで定義された実数値関数がつぎの条件をみたすとする：任意の $\varepsilon>0$ に対してある $\delta>0$ をとると，$a$ との距離が $\delta$ 以下の任意の $x$, $y\ (\neq a)$ に対して $|f(x)-f(y)|\leqq\varepsilon$．このとき $\lim_{x\to a} f(x)$ が存在することを示せ．ただし，$\lim_{x\to a} f(x)=b$ とは，任意の $\varepsilon>0$ に対してある $\delta>0$ をとると，$|x-a|\leqq\delta$ なら $|f(x)-b|\leqq\varepsilon$．

**7**　1)　$\boldsymbol{R}$ の有界開区間 $(\mathring{a}, \mathring{b})=\{x\in\boldsymbol{R}\,;\,a<x<b\}$ は $\boldsymbol{R}$ 自身と順序同型であることを示せ．

[ヒント]　$(\mathring{a}, \mathring{b})$ から $\boldsymbol{R}$ への写像 $f$ をつぎのように定義する：$\dfrac{a+b}{2}\leqq x<b$ に対して $f(x)=\dfrac{1}{b-x}-\dfrac{2}{b-a}$, $a<x<\dfrac{a+b}{2}$ に対して $f(x)=\dfrac{1}{a-x}-\dfrac{2}{b-a}$．$f$ は $(\mathring{a}, \mathring{b})$ から $\boldsymbol{R}$ への順序同型写像である．

2)　$\boldsymbol{R}$ の非有界開区間 $(\mathring{a}, +\mathring{\infty})=\{x\in\boldsymbol{R}\,;\,a<x\}$ も $\boldsymbol{R}$ と順序同型であることを示せ．

[ヒント]　$f(x)=x-\dfrac{1}{x-a}$．

## §2　実数体の構成2（$\boldsymbol{Q}$ のコーシー完備化）

**3.2.1　定義と命題**　$\boldsymbol{Q}$ のコーシー列の全体を $C$ とする．$a$ が $\boldsymbol{Q}$ の元なら，列 $\langle a, a, a, \cdots\cdots\rangle$ はコーシー列だから，$\boldsymbol{Q}\subset C$ とみなす．

$C$ の元 $\langle a_n\rangle, \langle b_n\rangle$ がつぎの条件をみたすとき，$\langle a_n\rangle\sim\langle b_n\rangle$ と定義する：任意の正の数 $\varepsilon\in\boldsymbol{Q}$ に対し，ある $L\in\boldsymbol{N}$ をとると，$L\leqq n, m$ なる任意の自然数 $n, m$ に対して $|a_n-b_m|\leqq\varepsilon$ が成りたつ．

関係 $\sim$ は $C$ 上の同値関係である（やさしいから証明は略す）．

**3.2.2　定義**　同値関係 $\sim$ による $C$ の商集合を $\tilde{\boldsymbol{Q}}$ とかき，$\tilde{\boldsymbol{Q}}$ に加法と

乗法を定義する．

$C$ の元 $\langle a_n \rangle$ の属する同値類（$\tilde{\boldsymbol{Q}}$ の元）を $[a_n]$ と略記する．

$\tilde{\boldsymbol{Q}}$ の元 $\alpha=[a_n], \beta=[b_n]$ に対し，

$$\alpha+\beta=[a_n+b_n], \qquad \alpha\beta=[a_n b_n]$$

と定義する．

これらの定義が well-defined であることを示す．$[a_n]=[a_n']$，$[b_n]=[b_n']$ とすると，

$$|(a_n+b_n)-(a_m'+b_m')| \leqq |a_n-a_m'|+|b_n-b_m'|$$

だから $[a_n+b_n]=[a_n'+b_n']$ となる．一方，

$$\begin{aligned}|a_n b_n-a_m' b_m'| &= |a_n b_n-a_n b_m'+a_n b_m'-a_m' b_m'| \\ &\leqq |a_n||b_n-b_m'|+|a_n-a_m'||b_m'|.\end{aligned}$$

ここでコーシー列が有界であることを思いだそう（2.5.11 **a**)**b**)$\Rightarrow$**c**)の証明の 1°）．ある $\boldsymbol{Q}$ の元 $M$ をとると，すべての自然数 $n, m$ に対して $|a_n| \leqq M, |b_m'| \leqq M$ となるから，

$$|a_n b_n-a_m' b_m'| \leqq M\{|b_n-b_m'|+|a_n-a_m'|\}$$

が成りたち，$[a_n b_n]=[a_n' b_n']$ となる．

**3.2.3　補題**　1)　$C$ の元 $\langle a_n \rangle$ に対し，$\langle a_n \rangle \sim \langle 0 \rangle$ と $\lim_{n\to\infty} a_n=0$ とは同値である．

2)　$[a_n] \neq [0]$ ならば，ある正の数 $\varepsilon \in \boldsymbol{Q}$ とある $L \in \boldsymbol{N}$ をとると，$L \leqq n$ なるすべての $n \in \boldsymbol{N}$ に対して $|a_n| > \varepsilon$.

**証明**　1)　$\langle a_n \rangle \sim \langle 0 \rangle$ の定義をかくと，任意の $\varepsilon>0$ に対してある $L \in \boldsymbol{N}$ をとると，$L \leqq n$ なるすべての $n \in \boldsymbol{N}$ に対して $|a_n-0| \leqq \varepsilon$ が成りたつ．これは $\lim_{n\to\infty} a_n=0$ の定義にほかならない．

2)　$\langle a_n \rangle \not\sim \langle 0 \rangle$ だから，1)によってある $\varepsilon>0$ をとると，どんな $L \in \boldsymbol{N}$ に

対しても，$L \leqq m$ なる $m \in \boldsymbol{N}$ で $|a_m| > 2\varepsilon$ なるものがある．

$\langle a_n \rangle$ はコーシー列だから，上の $\varepsilon$ に対してある $L_0$ をとると，$L_0 \leqq n, m$ なるすべての自然数 $n, m$ に対して $|a_n - a_m| \leqq \varepsilon$ が成りたつ．そこで $m$ として $L_0 \leqq m, |a_m| > 2\varepsilon$ なるものをとる．$n$ は $L_0 \leqq n$ なる任意の自然数とする．

一般に $||x| - |y|| \leqq |x-y|$ だから，$||a_n| - |a_m|| \leqq |a_n - a_m| \leqq \varepsilon$．したがって $\varepsilon < |a_m| - \varepsilon \leqq |a_n|$ となって 2) が証明された．□

**3.2.4 命題** 定義 3.2.2 の演算に関して $\tilde{\boldsymbol{Q}}$ は（可換）体である．

**証明** 1° 加法，乗法の結合律と交換律，および分配律はやさしいから省略する．

2° $[0]$ は加法の単位元であり，$[a_n]$ の逆元は $[-a_n]$ である．$[1]$ は乗法の単位元である．

3° $\alpha \neq 0$ の乗法の逆元が存在することを示す．$\alpha = [a_n]$ とする．$a_n = 0$ のときは $b_n = 0$, $a_n \neq 0$ のときは $b_n = \dfrac{1}{a_n}$ として $\beta = [b_n]$ を定める．補題 3.2.3 の 2) により，ある $L \in \boldsymbol{N}$ をとると，$L \leqq n$ なるすべての $n$ に対して $a_n \neq 0$ だから，$b_n = \dfrac{1}{a_n}$, $a_n b_n = 1$．したがって $\alpha\beta = [1]$．□

**3.2.5 定義** $\tilde{\boldsymbol{Q}}$ に順序を定義する．$\alpha = [a_n]$ に対し，$\alpha > 0$ であるのはつぎの場合とする：ある正の数 $\varepsilon \in \boldsymbol{Q}$ とある自然数 $L$ をとると，$L \leqq n$ なるすべての自然数 $n$ に対して $a_n > \varepsilon$．

$\alpha < 0$ であるのは $-\alpha > 0$ のとき，$\alpha > \beta$ であるのは $\alpha - \beta > 0$ のときと定める．

上の定義 $\alpha > 0$ が well-defined であることを示す．$\alpha = [a_n']$ とする．上の $\varepsilon$ に対し，$L$ より先のある $L_0 \in \boldsymbol{N}$ をとると，$L_0 \leqq n, m$ なる任意の自然数 $n, m$ に対し，$|a_n - a_m'| \leqq \dfrac{\varepsilon}{2}$ が成りたつ．したがって $L_0 \leqq m$ なる任意の $m \in \boldsymbol{N}$ に対して $a_m' \geqq a_n - \dfrac{\varepsilon}{2} > \dfrac{\varepsilon}{2}$ となる．□

**3.2.6 命題** 上に定義した関係 $<$ は $\tilde{\boldsymbol{Q}}$ 上の（狭義）全順序関係である．

**証明** 関係 $<$ が順序であることはやさしいから省略し，これが全順序であ

ることを示す．

$\alpha=[a_n]$ が 0 でもなく，$\alpha>0$ でもないとする．$\alpha\neq0$ から，ある正の数 $\varepsilon\in\boldsymbol{Q}$ とある自然数 $L_1$ をとると，$L_1\leqq n$ なるすべての自然数 $n$ に対して $|a_n|>\varepsilon$ が成りたつ．$\langle a_n\rangle$ はコーシー列だから，$L_1\leqq L$ なるある $L\in\boldsymbol{N}$ をとると，$L\leqq n, m$ なる任意の自然数 $n, m$ に対して $|a_n-a_m|\leqq\dfrac{\varepsilon}{2}$ が成りたつ．つぎに $\alpha$ は正でないから，$L\leqq m$ なるある $m$ をとると $a_m\leqq\dfrac{\varepsilon}{2}$ となる．

$n$ を $L$ より先の任意の自然数とする．$|a_n|>\varepsilon$，すなわち $a_n>\varepsilon$ または $a_n<-\varepsilon$ である．もし $a_n>\varepsilon$ なら $a_m\geqq a_n-\dfrac{\varepsilon}{2}>\dfrac{\varepsilon}{2}$ となって矛盾する．したがって $a_n<-\varepsilon, \alpha<0$ となる．

つぎに $\alpha\neq\beta$ なら $\alpha-\beta\neq0$ だから $\alpha-\beta>0$ または $\alpha-\beta<0$ となる．□

**3.2.7　定理**　上に定義した演算と順序に関し，$\tilde{\boldsymbol{Q}}$ はアルキメデス的でコーシー完備な順序体，すなわち実数体である．

**証明**　演算と順序が同調することはすぐにわかり，$\tilde{\boldsymbol{Q}}$ は順序体である．

つぎに $\tilde{\boldsymbol{Q}}$ がアルキメデス的であることを示す．順序体 $\tilde{\boldsymbol{Q}}$ の元 $\alpha$ を $\alpha=[a_n]$ とかくと，$\langle a_n\rangle$ は $\boldsymbol{Q}$ のコーシー列だから有界である．$\boldsymbol{Q}$ はアルキメデス的だから，ある自然数 $M$ をとると $|a_n|\leqq M$，よって $|\alpha|\leqq M$ となる．

$\tilde{\boldsymbol{Q}}$ がコーシー完備であることを証明する前に，補題をひとつやっておく．

**3.2.8　補題**　1)　$\tilde{\boldsymbol{Q}}$ の任意の正の元 $\alpha$ に対し，$\alpha>\varepsilon>0$ なる $\boldsymbol{Q}$ の元 $\varepsilon$ が存在する．

2)　$\alpha=[a_n]$ のとき，$a_n$ を $\tilde{\boldsymbol{Q}}$ の元と考えると，$\tilde{\boldsymbol{Q}}$ の列として $\alpha=\lim\limits_{n\to\infty}a_n$．

**証明**　1)　$\alpha>0$ なら，$\boldsymbol{Q}$ のある正の元 $\varepsilon$ とある $L\in\boldsymbol{N}$ をとると，$L\leqq n$ なるすべての $n\in\boldsymbol{N}$ に対して $a_n>\varepsilon$ となる．したがって $\alpha=[a_n]>[\varepsilon]=\varepsilon$ が成りたつ．

2)　$\varepsilon$ を $\tilde{\boldsymbol{Q}}$ の正の元とする．1)により，$\varepsilon\in\boldsymbol{Q}$ としてよい．$\langle a_n\rangle$ は $\boldsymbol{Q}$ のコーシー列だから，ある $L\in\boldsymbol{N}$ をとると，$L\leqq n, m$ なるすべての $n, m$ に対して $|a_n-a_m|\leqq\dfrac{\varepsilon}{2}$ が成りたつ．$L\leqq n$ とする．$\tilde{\boldsymbol{Q}}$ の元 $a_n-\alpha$ は $a_n-\alpha=[a_n-a_m]_{m\in\boldsymbol{N}}$ とかけるから，$|a_n-\alpha|=[|a_n-a_m|]<\varepsilon$ となる．□

**3.2.9　$\tilde{Q}$ がコーシー完備であることの証明**　1°　$\boldsymbol{Q}$ は可算だから，$\boldsymbol{Q}$ を整列しておく（命題2.4.7）．すなわち $\boldsymbol{N}$ から $\boldsymbol{Q}$ への双射 $f$ によって $\boldsymbol{Q}$ の元に番号をつけておく．

$\langle \alpha_p \rangle_{p\in \boldsymbol{N}}$ を $\tilde{\boldsymbol{Q}}$ のコーシー列とする．各 $p$ に対して $\alpha_p \in \tilde{\boldsymbol{Q}}$ だから，補題3.2.8の2）により，$A_p=\left\{x\in \boldsymbol{Q}\,;\,|x-\alpha_p|<\dfrac{1}{p}\right\}$ は空でない．$\boldsymbol{Q}$ の整列順序に関する $A_p$ の最小元を $b_p$ とする：$|b_p-\alpha_p|<\dfrac{1}{p}$.

2°　列 $\langle b_p \rangle$ はコーシー列である．実際，任意の $\varepsilon>0\,(\varepsilon\in \boldsymbol{Q})$ に対し，$\boldsymbol{Q}$ はアルキメデス的だから $\dfrac{1}{\varepsilon}\leqq L$ なるある $L\in \boldsymbol{N}$ をとると，$L\leqq p, q$ なるすべての $p, q$ に対して $|\alpha_p-\alpha_q|\leqq\varepsilon$ が成りたつ．

$$\begin{aligned}|b_p-b_q| &\leqq |b_p-\alpha_p|+|\alpha_p-\alpha_q|+|\alpha_q-b_q|\\ &\leqq \frac{1}{p}+\varepsilon+\frac{1}{q}\leqq 3\varepsilon\end{aligned}$$

となって $\langle b_p \rangle$ はコーシー列である．

3°　$\beta=[b_p]$ とおき，$\lim_{p\to\infty}\alpha_p=\beta$ を示す．補題3.2.8の2）により，$\lim_{p\to\infty}b_p=\beta$ である．$\varepsilon>0$ とする（$\varepsilon\in \boldsymbol{Q}$ としてよい）．$\boldsymbol{Q}$ はアルキメデス的だから，$\dfrac{1}{\varepsilon}\leqq L$ なるある $L\in \boldsymbol{N}$ をとると，$L\leqq p$ なるすべての $p$ に対して $|b_p-\beta|\leqq\varepsilon$ が成りたつ．

$$\begin{aligned}|\alpha_p-\beta| &\leqq |\alpha_p-b_p|+|b_p-\beta|\\ &\leqq \frac{1}{p}+\varepsilon\leqq 2\varepsilon\end{aligned}$$

となって $\lim_{p\to\infty}\alpha_p=\beta$ が証明された．□

## §3　連続関数

### 連続関数

**3.3.1　定義**　$I$ を $\boldsymbol{R}$ の区間（定義1.3.17）とし，$f$ を $I$ から $\boldsymbol{R}$ への写

像，すなわち $I$ で定義された実数値関数とする．$f$ が $I$ の点 $a$ で**連続**であるとはつぎのことである：任意に与えられた正の実数 $\varepsilon$ に対してある正の実数 $\delta$ をとると，$x \in I, |x-a| \leqq \delta$ なるすべての $x$ に対して $|f(x)-f(a)| \leqq \varepsilon$ が成りたつ．このとき $\lim_{x \to a} f(x) = f(a)$ とかく．

$f$ が定義域 $I$ の各点で連続のとき，単に $f$ は連続であるという．$f$ を $I$ 上の連続関数ということが多い．

**3.3.2 命題** 1) $f$ が $I$ の点 $a$ で連続で $f(a) \neq 0$ とする．このときある正の数 $\delta$ をとると，$x \in I, |x-a| \leqq \delta$ なら $|f(x)| \geqq \dfrac{|f(a)|}{2}$ となる．

2) $f, g$ が $I$ の点 $a$ で連続なら，$f \pm g : x \mapsto f(x) \pm g(x)$ および $fg : x \mapsto f(x)g(x)$ も $a$ で連続である．$g(a) \neq 0$ なら，1) によって $a$ を含む小区間で $\dfrac{f}{g} : x \mapsto \dfrac{f(x)}{g(x)}$ が定義される．これも $a$ で連続である．

3) 多項式関数は連続である．有理関数 $\dfrac{f(x)}{g(x)}$ ($f(x), g(x)$ は多項式)も，$g(x) \neq 0$ なら連続である．

4) $J$ も $\boldsymbol{R}$ の区間とする．$f : I \mapsto J$ が連続，$g : J \to \boldsymbol{R}$ が連続なら，合成関数 $g \circ f : I \to \boldsymbol{R}$ も連続である．

証明略．

## 中間値の定理

**3.3.3 定理** 有界閉区間 $I=[a, b]$ 上の連続関数 $f$ があって $f(a)<0$, $f(b)>0$ とする．このとき $f(c)=0$ となる点 $c \in I$ が存在する．

**証明** $A=\{x \in I\,; f(x) \leqq 0\}$ の上限を $c$ とする：$a \leqq c \leqq b$．$c<x \leqq b$ なら $f(x)>0$ に注意．もし $f(c)<0$ なら $c<b$ であり，$f$ の連続性により，ある $\delta>0$ をとると $f(c+\delta)<0$，すなわち $c+\delta \in A$ となり，上限の定義に反する．もし $f(c)>0$ なら $a<c$ であり，ある $\delta>0$ をとると，$c-\delta \leqq x \leqq c$ なるすべての $x$ に対して $f(x)>0$ となる．したがって $c-\delta$ も $A$ の上界であり，上限の定義に反する．したがって $f(c)=0$ でなければならない．□

**3.3.4 系** $f$ が空でない区間 $I$ 上の連続関数なら，$I$ の $f$ による像 $f[I]$ も区間である（1点集合も区間とみなしている）．

**3.3.5 命題** $f$ が区間 $I$ 上の連続関数で狭義単調増加（$x_1<x_2$ なら $f(x_1)<f(x_2)$）なるものとする．このとき，$f$ は $I$ から像区間 $J=f[I]$ への双射であり，$J$ 上定義された逆関数すなわち $f$ の逆写像 $J\to I$ が存在する．$f^{-1}$ も連続である．狭義単調減少でも同様である．

**証明** 前半は省略する．$b$ を $J$ の点とし，正の数 $\varepsilon$ が与えられたとする．話を簡潔にするために $b$ は $J$ の端点ではないとする．$a=f^{-1}(b)$ とすると，$[a-\varepsilon, a+\varepsilon]\cap I$ は $f$ によって $b$ を含む区間 $K$ に移る．$b$ は $K$ の端点ではないから，ある正の数 $\delta$ をとると，$[b-\delta, b+\delta]\subset K$ となる．したがってもし $|y-b|\leqq\delta$ なら $|f^{-1}(y)-f^{-1}(b)|\leqq\varepsilon$ が成りたつ．□

## 最大値の定理

**3.3.6 定理** 有界閉区間上の連続関数は有界（すなわち関数値全部の集合が有界）であり，最大値および最小値をもつ．言いかえれば，有界閉区間 $I$ の連続関数 $f$ による像区間 $f[I]$ は有界閉区間である．

**証明** $f$ を $I=[a, b]$ 上の連続関数とする．$I$ の $n$ 等分点のうち，関数値のもっとも大きいもののひとつ（たとえば一番左）を $x_n$ とする．数列 $\langle x_n\rangle_{n\in N^+}$ は有界だから収束部分列 $\langle x_{\varphi(0)}, x_{\varphi(1)}, x_{\varphi(2)}, \cdots\rangle$ がある（第2章§5の問題4）．その極限を $c$ とすると $a\leqq c\leqq b$．$f(c)$ が $f$ の最大値であることを示すために，$x\in I$ が与えられたとする．$I$ の $n$ 等分点のうち，$x$ に一番近いもの（のひとつ）を $b_n$ とすると，あきらかに $\lim_{n\to\infty} b_n=x$，よって $\lim_{n\to\infty} b_{\varphi(n)}=x$．$f(b_{\varphi(n)})\leqq f(x_{\varphi(n)})$ だから，$n\to\infty$ とすると，$f$ の連続性によって $f(x)\leqq f(c)$ となる．□

### 一様連続性

**3.3.7　定義**　区間 $I$ 上の関数 $f$ が**一様連続**であるとはつぎのことである．任意に与えられた正の数 $\varepsilon$ に対し，ある正の数 $\delta$ をとると，$I$ の点 $x, y$ で $|x-y| \leqq \delta$ をみたすすべてのペアに対して $|f(x)-f(y)| \leqq \varepsilon$ が成りたつ．

**ノート**　一様連続なら連続であるが，逆は成りたたない．たとえば $\boldsymbol{R}$ 上の連続関数 $f(x)=x^2$ とか，開区間 $\mathring{(}0, 1\mathring{)}$ 上の連続関数 $f(x)=\dfrac{1}{x}$ などは一様連続でない（問題3）．

**3.3.8　定理**　有界閉区間上の連続関数は一様連続である．

**証明**　$f$ を $I=[a, b]$ 上の連続関数とし，これが一様連続でないと仮定する．ある正の数 $\varepsilon$ をとると，任意の自然数 $n \geqq 1$ に対し，$|x-y| \leqq \dfrac{1}{n}$ かつ $|f(x)-f(y)| > \varepsilon$ なる $I$ の2点 $x, y$ がある．選択公理により，各 $n$ に対してこのような $x, y$ のひと組 $x_n, y_n$ を決める．数列 $\langle x_n \rangle$ の収束部分列 $\langle x_{\varphi(n)} \rangle$ をとり，つぎに数列 $\langle y_{\varphi(n)} \rangle$ の収束部分列 $\langle y_{\psi(n)} \rangle$ をとると，$\langle x_{\psi(n)} \rangle$ も収束する．$\lim\limits_{n\to\infty} x_{\psi(n)}=c, \lim\limits_{n\to\infty} y_{\psi(n)}=d$ とすると，$c$ も $d$ も $I$ に属する．$|x_{\psi(n)}-y_{\psi(n)}| \leqq \dfrac{1}{\psi(n)}$ だから $c=d$．$f$ は $c$ で連続だから $\lim\limits_{n\to\infty} f(x_{\psi(n)})=\lim\limits_{n\to\infty} f(y_{\psi(n)})=f(c)$．したがってある番号 $L$ をとると，

$$|f(x_{\psi(L)})-f(c)| \leqq \frac{\varepsilon}{2}, \qquad |f(y_{\psi(L)})-f(c)| \leqq \frac{\varepsilon}{2}$$

が成りたち，これは $|f(x_{\psi(L)})-f(y_{\psi(L)})| > \varepsilon$ に反する．□

**ノート**　この証明は簡潔でわかりやすいが，選択公理をつかっている．実はこの定理は選択公理なしでも証明できる．以下その証明をかいておこう．

なお，選択公理をつかうのを遠慮したり恐れたりすることはまったくないのだが，ある定理の証明に選択公理が必要かどうかは興味あることがらである．

**別証明**　$f$ は $I=[a, b]$ で連続とし，正の数 $\varepsilon$ が与えられたとする．$f$ は

$I$ の各点 $x$ で連続だから，1以下の正の数 $\delta$ で，$y \in I, |y-x| \leqq \delta$ なら $|f(y)-f(x)| \leqq \varepsilon$ となるものが存在する．このような $\delta$ の全体 $A_x$ は空でなく，上に有界だから，その上限を $c_x$ とする．$c_x > 0$．$\delta_x = \dfrac{c_x}{3}$ とすると，$y \in I$, $|y-x| \leqq 2\delta_x$ なるすべての $y$ に対して $|f(y)-f(x)| \leqq \varepsilon$ が成りたつ．

$U_x = \mathring{(}x-\delta_x, x+\delta_x\mathring{)}$ とすると，集合族 $\langle U_x ; x \in I \rangle$ は有界閉区間 $I$ の開被覆である．ハイネ・ボレルの被覆定理（第2章§5の問題6）により，$I$ はこのうちの有限個 $U_{x_1}, U_{x_2}, \cdots, U_{x_n}$ $(x_1, x_2, \cdots, x_n \in I)$ によってすでにおおわれる．$\delta = \min\{\delta_{x_1}, \delta_{x_2}, \cdots, \delta_{x_n}\}$ とおく．$x, y \in I, |x-y| \leqq \delta$ としよう．$x$ はある $U_{x_i}$ に属するから，$|x-x_i| < \delta_{x_i}$．したがって $|f(x)-f(x_i)| \leqq \varepsilon$．一方，$|y-x_i| \leqq |y-x| + |x-x_i| < \delta + \delta_{x_i} \leqq 2\delta_{x_i}$ だから $|f(y)-f(x_i)| \leqq \varepsilon$ が成りたつ．よって

$$|f(x)-f(y)| \leqq |f(x)-f(x_i)| + |f(x_i)-f(y)| \leqq 2\varepsilon$$

となり，$f$ は一様連続である．□

## 問　　題

**1**　$f$ は区間 $[a, +\infty\mathring{)} = \{x \in \boldsymbol{R} ; a \leqq x\}$ 上の連続関数とし，$b \in \boldsymbol{R}$ とする．$\displaystyle\lim_{x \to +\infty} f(x) = b$ なら $f$ は一様連続である．ただし，$\displaystyle\lim_{x \to +\infty} f(x) = b$ とはつぎのことである：任意の正の数 $\varepsilon$ に対してある実数 $M$ をとると，$M \leqq x$ なるすべての $x$ に対して $|f(x)-b| \leqq \varepsilon$ が成りたつ．

**2**　$f$ は有界開区間 $\mathring{(}a, b\mathring{)}$ 上の連続関数とする．$\displaystyle\lim_{x \to b-0} f(x) = +\infty$ なら $f$ は一様連続でない．ただし，$\displaystyle\lim_{x \to b-0} f(x) = +\infty$ とはつぎのことである：任意の実数 $K$ に対してある正の数 $\delta$ をとると，$b-\delta \leqq x < b$ なるすべての $x$ に対して $f(x) \geqq K$ が成りたつ．

**3**　つぎの関数は一様連続か．

1)　$\boldsymbol{R}$ 上の関数 $f(x) = x^2$．

2)　$\mathring{(0, 1)}$ 上の関数 $f(x)=\dfrac{1}{x}$.

3)　$\mathring{(0, +\infty)}=\{x\in \boldsymbol{R}\,;\,x>0\}$ 上の関数 $f(x)=\sqrt{x}$.

**4**　区間 $I$ 上の連続関数の列 $\langle f_n\rangle_{n\in \boldsymbol{N}}$ があり，各 $x\in I$ に対して $\lim_{n\to\infty} f_n(x)$ が存在するとする．$f(x)=\lim_{n\to\infty} f_n(x)$ として $I$ 上の関数 $f$ ができる．$f$ は必ずしも連続でない．

**5**　$f$ を区間 $I$ 上の広義単調関数 ($x\leqq y$ なら $f(x)\leqq f(y)$) とする．像集合 $f[I]$ が区間なら $f$ は連続である．

**6**　$I$ を区間，$a$ を $I$ の点，$f$ を $I$ 上の関数とする．選択公理のもとで，つぎの二条件が同値であることを示せ．

a)　$f$ は $a$ で連続である．

b)　$a$ に収束する任意の $I$ の点列 $\langle x_n\rangle$ に対して $\lim_{n\to\infty} f(x_n)=f(a)$ が成りたつ．

**7**　問題7，8，9において，$K$ は順序体とする．$K$ の区間 $I$ から $K$ への写像 $f$ の連続性および一様連続性が，$\boldsymbol{R}$ のときとまったく同様に定義される．すなわち，$a\in I$ とし，$f$ が $a$ で**連続**とはつぎのことである：$K$ の任意の正の元 $\varepsilon$ に対し，ある $\delta>0$ をとると，$x\in I, |x-a|\leqq\delta$ なら $|f(x)-f(a)|\leqq\varepsilon$. $f$ が $I$ の各点 $a$ で連続のとき，$f$ は $I$ で連続であるという．$f$ が $I$ で**一様連続**であるとはつぎのことである：任意の $\varepsilon>0$ に対してある $\delta>0$ をとると，$x, y\in I, |x-y|\leqq\delta$ なるすべての $x, y$ に対して $|f(x)-f(y)|\leqq\varepsilon$.

さて，順序体 $K$ に関するつぎの性質 **g)** を考える．

**g)**　(**中間値の定理**) $f$ を有界閉区間 $[a, b]$ 上の連続関数とする．$f(a)<0, f(b)>0$ なら，$f(c)=0$ となる $I$ の点 $c$ が存在する．

性質 **g)** は，実数体を定義する互いに同値な三条件 **a)** **b)** **c)** (定理2.5.8) と同値であることを示せ．

［ヒント］ **g)**$\Rightarrow$**a)** を背理法で示す．$\emptyset \neq A \subset K$ が上に有界で上限がないとする．$x \in A, y < x$ なら $y \in A$ としてよい．$A$ の点 $a$，$A$ の上界 $b$ をとり，$[a, b]$ 上の関数 $f$ を，$x \notin A$ なら $f(x)=-1$，$x \in A$ なら $f(x)=1$ として定めると，$f$ は連続だが $f(x)=0$ となる $x$ はない．

8　順序体 $K$ に関するつぎの性質 **h)** を考える．

**h)**（**最大値の定理**）有界閉区間 $[a, b]$ 上の連続関数は最大値をもつ．

性質 **h)** は，定理 2.5.8 の互いに同値な三条件 **a) b) c)** と同値であることを示せ．

［ヒント］ **h)**$\Rightarrow$**a)** を背理法で示す．前問のヒントと同じ $A, a, b$ をとり，$[a, b]$ 上の関数 $f$ を，$x \in A$ なら $f(x)=x$，$x \notin A$ なら $f(x)=a$ として定めると，$f$ は連続だが最大値はない．

**9**　順序体 $K$ に関するつぎの性質 **i)** を考える．

**i)**（**一様連続性およびアルキメデスの公理**）　1)　有界閉区間上の連続関数は一様連続である．

2)　$K$ はアルキメデスの公理をみたす．

性質 **i)** は，定理 2.5.8 の互いに同値な三条件 **a) b) c)** と同値であることを示せ．

［ヒント］ **i)**$\Rightarrow$**a)** を背理法で示す．問題7のヒントと同じ $A, a, b, f$ をとると，$f$ は連続だが一様連続でない．

## §4　数空間 $\boldsymbol{R}^n$

本節では，次章でやる位相空間の理論の，もっとも具体的でわかりやすい例を与える．ここで定義される諸概念は，次章でもっとずっと一般的に定義される諸概念の特別な場合ということになる．

## 距離

**3.4.1　定義**　$\boldsymbol{R}^n$ の点 $\boldsymbol{a}=(a_1, a_2, \cdots, a_n)$, $\boldsymbol{b}=(b_1, b_2, \cdots, b_n)$ に対し，$\sqrt{\sum_{i=1}^{n}(b_i-a_i)^2}$ を2点 $\boldsymbol{a}, \boldsymbol{b}$ の間の**距離**または**標準距離**といい，$d(\boldsymbol{a}, \boldsymbol{b})$ とかく（平面のときのピタゴラスの定理を思いだせ）.

**3.4.2　命題**　距離 $d(\boldsymbol{a}, \boldsymbol{b})$ は $\boldsymbol{R}^n\times\boldsymbol{R}^n$ から $\boldsymbol{R}^+=\{x\in\boldsymbol{R}\,;\,x\geqq 0\}$ への写像であり，つぎの三つの性質をもつ（写像 $d$ を $\boldsymbol{R}^n$ の**標準距離関数**という）:

($D_1$)　$d(\boldsymbol{a}, \boldsymbol{a})=0$. $d(\boldsymbol{a}, \boldsymbol{b})=0$ なら $\boldsymbol{a}=\boldsymbol{b}$.

($D_2$)　$d(\boldsymbol{a}, \boldsymbol{b})=d(\boldsymbol{b}, \boldsymbol{a})$.

($D_3$)　$d(\boldsymbol{a}, \boldsymbol{c})\leqq d(\boldsymbol{a}, \boldsymbol{b})+d(\boldsymbol{b}, \boldsymbol{c})$（三角不等式）.

**証明**　($D_1$)($D_2$) はあきらかだから ($D_3$) を証明する．証明すべき式

$$d(\boldsymbol{a}, \boldsymbol{c})\leqq d(\boldsymbol{a}, \boldsymbol{b})+d(\boldsymbol{b}, \boldsymbol{c}) \tag{1}$$

を成分でかくと，

$$\sqrt{\sum_{i=1}^{n}(c_i-a_i)^2}\leqq\sqrt{\sum_{i=1}^{n}(b_i-a_i)^2}+\sqrt{\sum_{i=1}^{n}(c_i-b_i)^2} \tag{2}$$

となる．そこで $x_i=b_i-a_i$, $y_i=c_i-b_i$ とおけば，$x_i+y_i=c_i-a_i$ だから，(2) は

$$\sqrt{\sum_{i=1}^{n}(x_i+y_i)^2}\leqq\sqrt{\sum_{i=1}^{n}{x_i}^2}+\sqrt{\sum_{i=1}^{n}{y_i}^2} \tag{3}$$

とかける．任意の実数 $x_1, \cdots, x_n$, $y_1, \cdots, y_n$ に対して (3) が成りたつことを示せばよい．$x_1=x_2=\cdots=x_n=0$ なら (3) はあきらかだから，少なくともひとつの $i$ に対して $x_i\neq 0$ とする．(3) の両辺を2乗して整理し，もう一度2乗すると，

$$\left(\sum_{i=1}^{n}x_iy_i\right)^2\leqq\left(\sum_{i=1}^{n}{x_i}^2\right)\left(\sum_{i=1}^{n}{y_i}^2\right) \tag{4}$$

となるから，(4)を示せばよい．実変数 $t$ の2次式 $f(t)$ を

$$f(t)=\sum_{i=1}^{n}(x_i t+y_i)^2=\left(\sum_{i=1}^{n}x_i{}^2\right)t^2+2\left(\sum_{i=1}^{n}x_i y_i\right)t+\sum_{i=1}^{n}y_i{}^2$$

として定めると，第2辺の形から $f(t)\geqq 0$ だから，判別式は0または負，すなわち

$$\left(\sum_{i=1}^{n}x_i y_i\right)^2-\left(\sum_{i=1}^{n}x_i{}^2\right)\left(\sum_{i=1}^{n}y_i{}^2\right)\leqq 0$$

となり，不等式 (4) が証明された．□

**3.4.3　定義**　1)　$\boldsymbol{R}^n$ の部分集合 $A$ に対し，$\boldsymbol{R}$ の部分集合 $\{d(\boldsymbol{x},\boldsymbol{0})\,;\boldsymbol{x}\in A\}$ が有界のとき，$A$ は**有界**であるという．ただし，$\boldsymbol{0}=(0,0,\cdots,0)$．これを $\boldsymbol{R}^n$ の**原点**という．

2)　点 $\boldsymbol{a}$ と正の数 $r$ に対し，

$$D(\boldsymbol{a},r)=\{\boldsymbol{x}\in\boldsymbol{R}^n\,;d(\boldsymbol{x},\boldsymbol{a})<r\}$$

を，$\boldsymbol{a}$ を中心とする半径 $r$ の**開球**という（$n=1$ のときは開区間であり，$n=2$ のときは**開円板**という）．つぎに，

$$\bar{D}(\boldsymbol{a},r)=\{\boldsymbol{x}\in\boldsymbol{R}^n\,;d(\boldsymbol{x},\boldsymbol{a})\leqq r\}$$

を，$\boldsymbol{a}$ を中心とする半径 $r$ の**閉球**という（$n=1$ のときは閉区間であり，$n=2$ のときは**閉円板**という）．明示する必要のないときは，単に**球**，**円板**，区間などという．

## 点列の収束

**3.4.4　定義**　$\boldsymbol{R}^n$ の点列 $\langle\boldsymbol{a}_p\rangle_{p\in\boldsymbol{N}}$ が点 $\boldsymbol{b}$ に**収束**するとはつぎのことである：任意に与えられた正の実数 $\varepsilon$ に対し，ある自然数 $L$ をとると，$L\leqq p$ なるすべての自然数 $p$ に対して $d(\boldsymbol{a}_p,\boldsymbol{b})\leqq\varepsilon$，すなわち $\boldsymbol{a}_p\in\bar{D}(\boldsymbol{b},\varepsilon)$ が成りた

つ．このとき $\lim_{p\to\infty}\boldsymbol{a}_p=\boldsymbol{b}$ とかき，$\boldsymbol{b}$ を点列 $\langle\boldsymbol{a}_p\rangle_{p\in N}$ の**極限**という（不等式 $d(\boldsymbol{a}_p, \boldsymbol{b})\leqq\varepsilon$ を $d(\boldsymbol{a}_p, \boldsymbol{b})<\varepsilon$ に置きかえても同じことである）．

**3.4.5　定理**　有界な点列には収束部分列がある．

**証明**　有界点列 $\langle\boldsymbol{a}_0, \boldsymbol{a}_1, \boldsymbol{a}_2, \cdots\rangle$ が与えられたとする．$\boldsymbol{a}_p=(x_1{}^{(p)}, x_2{}^{(p)}, \cdots, x_n{}^{(p)})$ とすると，各 $i\,(1\leqq i\leqq n)$ に対して実数列 $\langle x_i{}^{(0)}, x_i{}^{(1)}, x_i{}^{(2)}, \cdots\rangle=\langle x_i{}^{(p)}\rangle_{p\in N}$ ができる．まず，実数列 $\langle x_1{}^{(p)}\rangle_{p\in N}$ は有界だから第 2 章 §5 の問題 4 によって収束部分列 $x_1\circ\varphi_1$ がある．数列 $x_2\circ\varphi_1$ も有界だから収束部分列 $x_2\circ\varphi_1\circ\varphi_2$ がある．$x_1\circ\varphi_1\circ\varphi_2$ も収束列である．これを $n$ 回続ければよい．□

**3.4.6　定義**　$\boldsymbol{R}^n$ の点列 $\langle\boldsymbol{a}_p\rangle_{p\in N}$ が**コーシー列**であるとはつぎのことである：任意に与えられた正の数 $\varepsilon$ に対し，ある自然数 $L$ をとると，$L\leqq p, L\leqq q$ なるすべての自然数 $p, q$ に対して $d(\boldsymbol{a}_p, \boldsymbol{a}_q)\leqq\varepsilon$ が成りたつ．

**3.4.7　定理**　コーシー列は収束する．

**証明**　まず $\langle\boldsymbol{a}_p\rangle_{p\in N}$ は有界である．実際（$\varepsilon=1$ として）ある $L$ をとると $L\leqq p$ なら $d(\boldsymbol{a}_p, \boldsymbol{a}_L)\leqq 1$．$d(\boldsymbol{a}_p, \boldsymbol{0})\leqq d(\boldsymbol{a}_p, \boldsymbol{a}_L)+d(\boldsymbol{a}_L, \boldsymbol{0})$ だから有界．したがって収束部分列 $\langle\boldsymbol{a}_{\varphi(0)}, \boldsymbol{a}_{\varphi(1)}, \boldsymbol{a}_{\varphi(2)}, \cdots\rangle$ がある．その極限を $\boldsymbol{b}$ とする．

$\langle\boldsymbol{a}_p\rangle$ が $\boldsymbol{b}$ に収束することを示す．正の数 $\varepsilon$ が与えられたとする．ある $L_1$ をとると，$L_1\leqq p$ なら $d(\boldsymbol{a}_{\varphi(p)}, \boldsymbol{b})\leqq\varepsilon$ となる．一方ある $L_2$ をとると，$L_2\leqq p, q$ なら $d(\boldsymbol{a}_p, \boldsymbol{a}_q)\leqq\varepsilon$ となる．$L=\max\{L_1, L_2\}\leqq p$ なら

$$d(\boldsymbol{a}_p, \boldsymbol{b})\leqq d(\boldsymbol{a}_p, \boldsymbol{a}_{\varphi(L)})+d(\boldsymbol{a}_{\varphi(L)}, \boldsymbol{b})\leqq 2\varepsilon$$

が成りたつ．□

### 開集合・閉集合

**3.4.8　定義**　$A$ を $\boldsymbol{R}^n$ の部分集合とする．$A$ の任意の点 $\boldsymbol{a}$ に対し，$\boldsymbol{a}$ を中心とする十分小さい球が $A$ に含まれるとき，$A$ を**開集合**という．

空集合 $\emptyset$ および全空間 $\boldsymbol{R}^n$ は開集合である．

**3.4.9　命題**　開球は開集合である．

**証明**　$\boldsymbol{b}\in D(\boldsymbol{a}, r)\ (r>0)$ とする．$d(\boldsymbol{a}, \boldsymbol{b})=s<r$ だから，$D(\boldsymbol{b}, r-s)\subset D(\boldsymbol{a}, r)$．□

**3.4.10　命題**　$\boldsymbol{R}^n$ の開集合の全体を $\mathfrak{O}$ とすると，$\mathfrak{O}$ はつぎの三条件をみたす．

($\mathrm{T}_1$)　$I$ を任意の添字集合とする．$A_i\ (i\in I)$ がすべて開集合なら，それらの合併集合 $\bigcup_{i\in I} A_i$ も開集合である．

($\mathrm{T}_2$)　$A, B\in\mathfrak{O}$ なら $A\cap B\in\mathfrak{O}$．

($\mathrm{T}_3$)　$\emptyset\in\mathfrak{O}, \boldsymbol{R}^n\in\mathfrak{O}$．

**証明**　($\mathrm{T}_1$)　$\boldsymbol{a}\in\bigcup_{i\in I} A_i$ なら，ある $i$ に対して $\boldsymbol{a}\in A_i$．$A_i$ は開集合だから，十分小さい正実数 $r$ をとると，$D(\boldsymbol{a}, r)\subset A_i\subset\bigcup_{i\in I} A_i$ となる．

($\mathrm{T}_2$)　$\boldsymbol{a}\in A\cap B$ とする．$\boldsymbol{a}\in A$ だから，ある正実数 $r$ をとると $D(\boldsymbol{a}, r)\subset A$．$\boldsymbol{a}\in B$ だから，ある正実数 $s$ をとると $D(\boldsymbol{a}, s)\subset B$．$t=\min\{r, s\}$ とすれば，$D(\boldsymbol{a}, t)\subset A\cap B$．

($\mathrm{T}_3$)　あきらか．□

**3.4.11　定義**　開集合の補集合を**閉集合**という．

空集合 $\emptyset$ および全空間 $\boldsymbol{R}^n$ は閉集合である．

**3.4.12　命題**　閉球は閉集合である．

**証明**　$\boldsymbol{b}\notin D(\boldsymbol{a}, r)$ なら $d(\boldsymbol{a}, \boldsymbol{b})=s>r$ だから，$D(\boldsymbol{b}, s-r)\cap D(\boldsymbol{a}, r)=\emptyset$．□

**3.4.13　命題**　$A$ を閉集合とする．$A$ 内の点列 $\langle\boldsymbol{a}_p\rangle$ があって $\lim_{p\to\infty}\boldsymbol{a}_p=\boldsymbol{b}$ なら $\boldsymbol{b}\in A$．選択公理のもとでは，この逆も成りたつ．

**証明**　$\boldsymbol{b}\notin A$ なら，$\boldsymbol{b}$ は開集合 $A^c$ に属するから，ある $r>0$ をとると $D(\boldsymbol{b}, r)\cap A=\emptyset$．一方 $\lim_{p\to\infty} \boldsymbol{a}_p=\boldsymbol{b}$ だから，ある番号 $L$ 以上の $p$ に対して $\boldsymbol{a}_p\in D(\boldsymbol{b}, r)$ となり矛盾．

逆に条件が成りたつとする．$A$ が閉集合でなければ，$A^c$ は開集合でないから，$A^c$ のある点 $\boldsymbol{b}$ をとると，任意の正実数 $r$ に対して $D(\boldsymbol{b}, r)\not\subset A^c$，すなわち $D(\boldsymbol{b}, r)\cap A\neq\emptyset$．とくに各自然数 $p$ に対して $D\left(\boldsymbol{b}, \frac{1}{p}\right)\cap A\neq\emptyset$．選択公理により，各 $p$ に対して $D\left(\boldsymbol{b}, \frac{1}{p}\right)\cap A$ から1点を選んで $\boldsymbol{a}_p$ とすると，$\langle \boldsymbol{a}_p\rangle$ は $A$ 内の点列で，$A$ 外の点 $\boldsymbol{b}$ に収束する．□

**ノート**　選択公理がなければ，逆は成りたたない（村上雅彦氏の御教示による）．

**3.4.14　命題**　$A$ を $\boldsymbol{R}^n$ の部分集合，$B$ を $\boldsymbol{R}^m$ の部分集合とする．

1)　$A, B$ が開集合なら $A\times B$ は $\boldsymbol{R}^{n+m}$ の開集合である．

2)　$A, B$ が閉集合なら $A\times B$ は $\boldsymbol{R}^{n+m}$ の閉集合である．

**証明**　1)　$A\times B$ の任意の点 $\boldsymbol{c}=(\boldsymbol{a}, \boldsymbol{b})\,(\boldsymbol{a}\in A, \boldsymbol{b}\in B)$ に対し，ある正の数 $r, s$ をとると，$D(\boldsymbol{a}, r)\subset A, D(\boldsymbol{b}, s)\subset B$ となる．$t=\min\{r, s\}$ とすると，簡単にわかるように，$D(\boldsymbol{c}, t)\subset D(\boldsymbol{a}, r)\times D(\boldsymbol{b}, s)\subset A\times B$ となる．

2)　$A\times B$ が閉集合でないとすると，$(A\times B)^c$ は開集合でないから，$(A\times B)^c$ のある点 $\boldsymbol{c}=(\boldsymbol{a}, \boldsymbol{b})$ をとると，任意の正実数 $r$ に対して $D(\boldsymbol{c}, r)\cap(A\times B)\neq\emptyset$ となる．$\boldsymbol{a}\notin A$ とする．$A^c$ は開集合だから，ある正実数 $s$ をとると $D(\boldsymbol{a}, s)\subset A^c$，すなわち $D(\boldsymbol{a}, s)\cap A=\emptyset$．$D(\boldsymbol{c}, s)\cap(A\times B)$ の元 $\boldsymbol{z}=(\boldsymbol{x}, \boldsymbol{y})$ をとると $\boldsymbol{x}\in A$．$d((\boldsymbol{a}, \boldsymbol{b}), (\boldsymbol{x}, \boldsymbol{y}))=\sqrt{d(\boldsymbol{a}, \boldsymbol{x})^2+d(\boldsymbol{b}, \boldsymbol{y})^2}\geqq d(\boldsymbol{a}, \boldsymbol{x})$ だから，$\boldsymbol{x}\in D(\boldsymbol{a}, s)$ となり，矛盾．□

**3.4.15　命題**　点 $\boldsymbol{a}=(a_1, a_2, \cdots, a_n)$ を中心とする，一辺の長さ $2s$ の（開および閉の）正方体を考える：

$$E(\boldsymbol{a}, s)=\{\boldsymbol{x}=(x_1, x_2, \cdots, x_n)\in \boldsymbol{R}^n ; |x_i-a_i|<s\ (1\leqq i\leqq n)\},$$
$$\bar{E}(\boldsymbol{a}, s)=\{\boldsymbol{x}=(x_1, x_2, \cdots, x_n)\in \boldsymbol{R}^n ; |x_i-a_i|\leqq s\ (1\leqq i\leqq n)\}.$$

このとき，

$$E\left(\boldsymbol{a}, \frac{s}{\sqrt{n}}\right)\subset D(\boldsymbol{a}, s)\subset E(\boldsymbol{a}, s)$$

が成りたつ．したがって，これまで球体をつかって定義した諸概念（収束，開集合など）は，正方体をつかっても同じ概念を与える．

**証明**　$\boldsymbol{x}\in E\left(\boldsymbol{a}, \frac{s}{\sqrt{n}}\right)$ なら $|x_i-a_i|<\frac{s}{\sqrt{n}}$ だから，$\sqrt{\sum_{i=1}^{n}(x_i-a_i)^2}\leqq\sqrt{n\frac{s^2}{n}}=s$．よって $\boldsymbol{x}\in D(\boldsymbol{a}, s)$．$\boldsymbol{x}\in D(\boldsymbol{a}, s)$ なら $|x_i-a_i|\leqq\sqrt{\sum_{i=1}^{n}(x_i-a_i)^2}=s$ だから $\boldsymbol{x}\in E(\boldsymbol{a}, s)$．□

## 連続写像

**3.4.16　定義**　$X$ を $\boldsymbol{R}^n$ の部分集合，$Y$ を $\boldsymbol{R}^m$ の部分集合とする．$X$ から $Y$ への写像 $f$ が $X$ の点 $\boldsymbol{a}$ で**連続**であるとはつぎのことである：任意の正実数 $\varepsilon$ に対し，ある正実数 $\delta$ をとると，任意の $\boldsymbol{x}\in X\cap\bar{D}(\boldsymbol{a}, \delta)$ に対して $f(\boldsymbol{x})\in\bar{D}(f(\boldsymbol{a}), \varepsilon)$．

$f$ が $X$ の各点で連続のとき，$f$ は $X$ で連続であるという．

**3.4.17　定義**　$\boldsymbol{R}^n$ の部分集合 $X$ から $\boldsymbol{R}^m$ への写像 $f$ が**一様連続**であるとはつぎのことである：任意の $\varepsilon>0$ に対し，ある $\delta>0$ をとると，$\boldsymbol{x}, \boldsymbol{y}\in X$，$d(\boldsymbol{x}, \boldsymbol{y})\leqq\delta$ なら $d(f(\boldsymbol{x}), f(\boldsymbol{y}))\leqq\varepsilon$ が成りたつ．

**3.4.18　定理**　$X$ が $\boldsymbol{R}^n$ の有界閉集合なら，$X$ から $\boldsymbol{R}^m$ への連続写像は一様連続である．

**証明**　一様連続でないとする．ある $\varepsilon>0$ をとると，どんな自然数 $p\geqq 1$ に対しても，$X$ の元 $\boldsymbol{x}, \boldsymbol{y}$ で $d(\boldsymbol{x}, \boldsymbol{y})\leqq\frac{1}{p}$, $d(f(\boldsymbol{x}), f(\boldsymbol{y}))>\varepsilon$ なるものがある．

選択公理により，このようなひと組の点 $\boldsymbol{x}_p, \boldsymbol{y}_p$ をとる．

$\langle \boldsymbol{x}_p \rangle$ は $\boldsymbol{R}^n$ の有界点列だから，収束部分列 $\langle \boldsymbol{x}_{\varphi(p)} \rangle$ をとる（定理 3.4.5）．同じく，$\langle \boldsymbol{y}_{\varphi(p)} \rangle$ の収束部分列 $\langle \boldsymbol{y}_{\psi(p)} \rangle$ をとる．$\langle \boldsymbol{x}_{\psi(p)} \rangle$ も収束する．$\lim_{p\to\infty} \boldsymbol{x}_{\psi(p)} = \boldsymbol{a}, \lim_{p\to\infty} \boldsymbol{y}_{\psi(p)} = \boldsymbol{b}$ とすると，$X$ は閉集合だから $\boldsymbol{a}, \boldsymbol{b} \in X$．$d(\boldsymbol{x}_{\psi(p)}, \boldsymbol{y}_{\psi(p)}) \leqq \dfrac{1}{\varphi(p)}$ だから $\boldsymbol{a}=\boldsymbol{b}$．$f$ は $\boldsymbol{a}$ で連続だから $\lim_{p\to\infty} f(\boldsymbol{x}_{\psi(p)}) = \lim_{p\to\infty} f(\boldsymbol{y}_{\psi(p)}) = f(\boldsymbol{a})$．したがってある番号 $L$ をとると，

$$d(f(\boldsymbol{x}_{\psi(L)}), f(\boldsymbol{a})) \leqq \frac{\varepsilon}{2}, \qquad d(f(\boldsymbol{y}_{\psi(L)}), f(\boldsymbol{a})) \leqq \frac{\varepsilon}{2}$$

が成りたち，これは $d(f(\boldsymbol{x}_{\psi(L)}), f(\boldsymbol{y}_{\psi(L)})) > \varepsilon$ に反する．□

**ノート**　この証明は選択公理をつかっているが，つかわなくても証明できる．もっと一般的な枠組での証明を第 5 章で与える（定理 5.4.2）．

**3.4.19　定理**　$\boldsymbol{R}^n$ の部分集合 $X$ が有界閉集合で，$f$ が $X$ から $\boldsymbol{R}^m$ への連続写像なら，像 $f[X]$ も有界閉集合である．

**証明**　1°　$f[A]$ が有界でないとすると，任意の自然数 $p$ に対し，$d(\boldsymbol{0}, \boldsymbol{x}) > p$ なる $f[A]$ の点 $\boldsymbol{x}$ がある．このような $\boldsymbol{x}$ をひとつずつ選んで $\boldsymbol{b}_p$ とする（選択公理）．$\boldsymbol{b}_p$ の逆像のひとつを $\boldsymbol{a}_p$ とする（選択公理）．有界点列 $\langle \boldsymbol{a}_p \rangle$ には収束部分列 $\langle \boldsymbol{a}_{\varphi(p)} \rangle$ がある．その極限 $\boldsymbol{a}$ は $X$ に属する（$X$ は閉集合）．$\boldsymbol{b}_{\varphi(p)} = f(\boldsymbol{a}_{\varphi(p)}) \to f(\boldsymbol{a})$ となり，これは $\boldsymbol{b}_p$ が遠くの方に行ってしまうことに反する．

2°　$f[A]$ の点列 $\langle \boldsymbol{b}_p \rangle$ が $\boldsymbol{R}^m$ の点 $\boldsymbol{b}$ に収束するとする．$\boldsymbol{b}_p$ の逆像のひとつを $\boldsymbol{a}_p$ とすると，前と同じように $X$ の点列 $\langle \boldsymbol{a}_p \rangle$ は収束部分列 $\langle \boldsymbol{a}_{\varphi(p)} \rangle$ をもち，その極限 $\boldsymbol{a}$ は $X$ に属する．$\langle \boldsymbol{b}_{\varphi(p)} \rangle$ は $\boldsymbol{b}$ に収束し，$\boldsymbol{b}_{\varphi(p)} = f(\boldsymbol{a}_{\varphi(p)}) \to f(\boldsymbol{a})$．したがって $\boldsymbol{b} \in f[A]$．命題 3.4.13（逆命題）によって $f[A]$ は閉集合である．□

**ノート**　ここでも何回か選択公理をつかったが，これもつかわずにすますこと

ができる（定理 5.2.10 と定理 5.2.15）.

## 問　　題

**1**　$\boldsymbol{R}^n$ から $\boldsymbol{R}^m$ への写像 $f$ に対するつぎの三条件は互いに同値であることを示せ.

a）　$f$ は連続である.

b）　$B$ が $\boldsymbol{R}^m$ の開集合なら，逆像 $f^{-1}[B]=\{\boldsymbol{x}\in\boldsymbol{R}^n\,;\,f(\boldsymbol{x})\in B\}$ は $\boldsymbol{R}^n$ の開集合である.

c）　$B$ が $\boldsymbol{R}^m$ の閉集合なら，逆像 $f^{-1}[B]$ は $\boldsymbol{R}^n$ の閉集合である.

**2**　$f$ を $\boldsymbol{R}^n$ から $\boldsymbol{R}^m$ への連続写像とする.

1)　$A$ が $\boldsymbol{R}^n$ の開集合のとき，像 $f[A]$ は開集合か.

2)　$A$ が $\boldsymbol{R}^n$ の閉集合のとき，像 $f[A]$ は閉集合か.

**3**　$\boldsymbol{R}^n\times\boldsymbol{R}^m$ から $\boldsymbol{R}^n$ への射影（定義 1.2.9）を $p$ とする：$p(x, y)=x$. $p$ は連続である（証明略）.

1)　$A$ が $\boldsymbol{R}^n\times\boldsymbol{R}^m$ の開集合のとき，像 $p[A]$ は開集合か.

2)　$A$ が $\boldsymbol{R}^n\times\boldsymbol{R}^m$ の閉集合のとき，像 $p[A]$ は閉集合か.

**4**　$\boldsymbol{R}^n$ の空でない任意の開集合は有理点（$\boldsymbol{Q}^n$ の点）を含む.

**5**　$\boldsymbol{R}^n$ の部分集合 $A, B$ に対して $A+B=\{\boldsymbol{x}+\boldsymbol{y}\,;\,\boldsymbol{x}\in A,\,\boldsymbol{y}\in B\}$ とおく.

1)　$A, B$ が開集合のとき，$A+B$ も開集合か.

2)　$A, B$ が閉集合のとき，$A+B$ も閉集合か.

3)　前問でとくに $A, B$ の一方が有界と仮定したらどうか.

［ヒント］　選択公理をつかえ.

**6**　$A$ を $\boldsymbol{R}^n$ の部分集合，$\boldsymbol{a}$ を $A$ の点，$f$ を $A$ から $\boldsymbol{R}^m$ への写像とする．選択公理のもとで，つぎの二条件は同値である：

a)　$f$ は $\boldsymbol{a}$ で連続である．

b)　$\boldsymbol{a}$ に収束する $A$ 内の任意の点列 $\langle \boldsymbol{x}_p \rangle_{p \in N}$ に対して $\lim_{p \to \infty} f(\boldsymbol{x}_p) = f(\boldsymbol{a})$

(§3の問題6をみよ)．

**7**　$A$ を $\boldsymbol{R}^n$ の有界閉集合，$f$ を $A$ から $\boldsymbol{R}^m$ への写像とする．選択公理のもとで，$f$ が連続であるためには，$f$ のグラフ，すなわち $\boldsymbol{R}^n \times \boldsymbol{R}^m$ の部分集合 $G = \{(\boldsymbol{x}, f(\boldsymbol{x}))\,;\, \boldsymbol{x} \in A\}$ が $\boldsymbol{R}^{n+m}$ の有界閉集合であることが必要十分である．

## §5　複素数体 $\boldsymbol{C}$

複素数はすでに知っているだろう．ここでは，集合論のなかで実数体 $\boldsymbol{R}$ から複素数体 $\boldsymbol{C}$ を構成する方法をかいておく．また，代数学の基本定理を証明する．

### 複素数体の定義

**3.5.1　定義**　集合 $\boldsymbol{R}^2 = \boldsymbol{R} \times \boldsymbol{R}$ に二種類の演算（加法と乗法）をつぎのように定義する：

$$(x, y) + (u, v) = (x + u, y + v),$$
$$(x, y) \cdot (u, v) = (xu - yv, xv + yu).$$

**3.5.2　命題**　上の演算に関して $\boldsymbol{R}^2$ は（可換）体になる．この体を**複素数体**といい，$\boldsymbol{C}$ とかく．$\boldsymbol{C}$ の元を**複素数**という．

**証明**　交換律，結合律，分配律はすぐわかる．加法の単位元は $(0, 0)$，乗法の単位元は $(1, 0)$ である．$(x, y)$ の加法の逆元 $-(x, y)$ は $(-x, -y)$，$(x, y) \neq (0, 0)$ のとき，乗法の逆元は $\left(\dfrac{x}{x^2+y^2}, \dfrac{-y}{x^2+y^2}\right)$ である．□

**3.5.3 定義など** 1) 実数 $x$ に複素数 $(x, 0)$ を対応させる.

$$(x, 0)+(x', 0)=(x+x', 0), \qquad (x, 0)\cdot(x', 0)=(xx', 0)$$

だから，複素数の演算は実数の演算を延長したものである．したがって，実数 $x$ を複素数 $(x, 0)$ と同一視することにより，$\boldsymbol{R}\subset\boldsymbol{C}$ とみなす.

2) 複素数 $z=(x, y)$ に対し，$x$ を $z$ の**実数部分**，$y$ を $z$ の**虚数部分**という．虚数部分が 0 である複素数が実数である．虚数部分が 0 でない複素数を**虚数**，実数部分が 0 である虚数を**純虚数**という.

3) 純虚数 $(0, 1)$ を**虚数単位**といい，$i$ とかく（オイラー以来の書法）．$i^2=-1$ である．任意の複素数 $(x, y)$ は $x+iy$ とかける．実際,

$$x+iy=(x, 0)+(0, 1)\cdot(y, 0)=(x, 0)+(0, y)=(x, y).$$

今後は複素数を $(x, y)$ とはかかず，$x+iy$ とかく.

4) $z=x+iy$ に対し，$x-iy$ を $z$ の**共役複素数**といい，$\bar{z}$ とかく．$z\bar{z}$ の負でない平方根（§1の問題2）$\sqrt{x^2+y^2}$ を $z$ の**絶対値**といい，$|z|$ とかく：$|z+w|\leqq|z|+|w|, |zw|=|z||w|$.

### 複素平面

ここではものごとを直観的な幾何学的イメージに訴えて理解することにし，本書では定義していない諸概念——平面，向き，座標軸，角，三角関数などを自由につかう．もとより本書の論理構成とは無縁であり，複素数というものをよく理解するための挿入部である.

**3.5.4 定義など** 1) $\boldsymbol{C}$ を $\boldsymbol{R}\times\boldsymbol{R}$ とみて，これを**複素平面**という．複素平面には正の向きの直交座標系がそなわっているとする．すなわち，$x$ 軸の正方向から左へ直角だけまわすと $y$ 軸の正方向に達する．$x$ 軸を**実軸**，$y$ 軸を**虚軸**という.

2) $|z-w|$ は2点 $z, w$ の間の距離である．絶対値が $r\ (r>0)$ であるような複素数の全体は，原点を中心とする半径 $r$ の円である．とくに絶対値

が1の複素数の全体を**単位円**という．

3)　$z \neq 0$ のとき，ベクトル $\overrightarrow{0z}$ の実軸から左まわりの角 $\theta$ を $z$ の**偏角**という．偏角は一意に定まらない．$\theta$ が $z$ の偏角なら，$\theta+2\pi k$ ($k \in \boldsymbol{Z}$，$\pi$ は円周率) も $z$ の偏角である．

4)　$z=x+iy$ の絶対値を $r$，偏角のひとつを $\theta$ とすると，$x=r\cos\theta, y=r\sin\theta$ だから，$z=r(\cos\theta+i\sin\theta)$ とかける．この形を複素数の**極分解**とか**極表示**とかいう．

もうひとつの複素数 $w$ の絶対値が $s$，偏角のひとつが $\varphi$ ならば

$$
\begin{aligned}
zw &= r(\cos\theta+i\sin\theta)s(\cos\varphi+i\sin\varphi) \\
&= rs[(\cos\theta\cos\varphi-\sin\theta\sin\varphi)+i(\cos\theta\sin\varphi+\sin\theta\cos\varphi)] \\
&= rs[\cos(\theta+\varphi)+i\sin(\theta+\varphi)].
\end{aligned}
$$

したがって，積 $zw$ の偏角は $z, w$ それぞれの偏角の和である．

5)　とくに $z^n=v^n(\cos n\theta+i\sin n\theta)$ $(n \in \boldsymbol{Z})$ であり，これから**ドモワヴルの公式**

$$
(\cos\theta+i\sin\theta)^n=\cos n\theta+i\sin n\theta
$$

が得られる．

**3.5.5　定義など**　$n \in \boldsymbol{N}^+$ に対し，単位円周上に，偏角が $\dfrac{2\pi k}{n}$ $(k=0, 1, \cdots, n-1)$ の複素数が $n$ 個ある．それらは $\cos\dfrac{2\pi k}{n}+i\sin\dfrac{2\pi k}{n}$ であり，どれも $n$ 乗すると1になる．これら $n$ 個の複素数を1の $n$ 乗根という．とくに $\zeta=\cos\dfrac{2\pi}{n}+i\sin\dfrac{2\pi}{n}$ とすると，$1, \zeta, \zeta^2, \cdots, \zeta^{n-1}$ が1の $n$ 乗根の全部である．

一般に，$z=r(\cos\theta+i\sin\theta)$ の $n$ 乗根も $n$ 個あり，それらは $\sqrt[n]{r}\left(\cos\dfrac{\theta+2\pi k}{n}+i\sin\dfrac{\theta+2\pi k}{n}\right)$ $(k=0, 1, \cdots, n-1)$ である．

### 代数学の基本定理

**3.5.6　定理**　複素数を係数とする1次以上の任意の多項式 $f(z)$ に対し，

$f(\alpha)=0$ となる複素数 $\alpha$ が少なくともひとつ存在する．

**証明** 1° $f(z)$ の最高次係数は1としてよい．$f(z)=z^n+a_1z^{n-1}+\cdots+a_{n-1}z+a_n$ $(n>0, a_k\in\boldsymbol{C})$ とする．まず，$|z|\to+\infty$ のとき，$|f(z)|\to+\infty$ となることを示す．実際，$z\neq 0$ なら

$$f(z)=z^n\left(1+\frac{a_1}{z}+\cdots+\frac{a_n}{z^n}\right).$$

ある正実数 $M_1$ をとると，$|z|\geqq M_1$ なら $\left|\frac{a_1}{z}+\cdots+\frac{a_n}{z^n}\right|\leqq\frac{1}{2}$ となるから，

$$|f(z)|\geqq|z|^n\left(1-\left|\frac{a_1}{z}+\cdots+\frac{a_n}{z^n}\right|\right)\geqq\frac{|z|^n}{2}\to+\infty.$$

2° したがってある実数 $M$ をとると，閉円板 $D=\{z\in\boldsymbol{C}\,;|z|\leqq M\}$ の外の $z$ に対しては $|f(z)|>|f(0)|$ となる．$D$ は有界閉集合であり，写像 $z\mapsto|f(z)|$ は連続だから，定理3.4.19によって像集合 $\{|f(z)|\,;z\in D\}$ は $\boldsymbol{R}$ の有界閉集合であり，したがって最小値 $|f(z_0)|$ が存在する．$D$ の外でも $|f(z_0)|\leqq|f(0)|\leqq|f(z)|$ だから，$|f(z_0)|$ は全平面での $|f(z)|$ の最小値である．以下，$f(z_0)=0$ を示す．

3° $g(z)=f(z+z_0)$ も $n$ 次の多項式であり，$|g(z)|$ の最小値は $|g(0)|$ である．$|g(0)|>0$ と仮定して矛盾をみちびく．$g(z)$ の定数項 $g(0)$ は0でないから，ある $k$ $(1\leqq k\leqq n)$ をとると，

$$\begin{aligned} g(z)&=g(0)+b_kz^k+\cdots+b_nz^n \quad (b_k\neq 0)\\ &=a+bz^k+z^{k+1}h(z)\end{aligned}$$
$$(a=g(0)\neq 0,\ b=b_k\neq 0,\ h(z)\text{ は } n-k-1 \text{ 次多項式})$$

とかける．$k=n$ のときは $h(z)=0$ とする．

4° 複素数 $-\frac{a}{b}$ の $k$ 乗根のひとつを $c$ とする：$bc^k=-a$．$h(z)$ は連続だから，$0<t<1$ なる小さい $t$ をとると，$t|c^{k+1}h(tc)|<|a|$ が成りたつ．

$$\begin{aligned} g(tc)&=a+b(tc)^k+(tc)^{k+1}h(tc)\\ &=(1-t^k)a+t^{k+1}c^{k+1}h(tc)\end{aligned}$$

となる．したがって

$$|g(tc)| \leqq (1-t^k)|a| + t^k \cdot t|c^{k+1}h(tc)|$$
$$< (1-t^k)|a| + t^k|a| = |a| = |g(0)|$$

となり，$|g(0)|$ の最小性に反する．□

この定理は代数学の基本定理と呼ばれているが，現代ではむしろ解析学の基本定理というほうがぴったりする．

**3.5.7　系**　複素係数の任意の $n$ 次多項式は $n$ 個の1次式の積に分解される：

$$f(z) = a_0(z-\alpha_1)(z-\alpha_2)\cdots(z-\alpha_n) \quad (a_0, \alpha_1, \alpha_2, \cdots, \alpha_n \text{ は複素数}).$$

**証明**　上の基本定理によって $f(\alpha_1)=0$ となる複素数 $\alpha_1$ がある．因数定理によって $f(z)$ は $z-\alpha_1$ で割りきれ，$f(z)=(z-\alpha_1)f_1(z)$ とかける．$f_1(z)$ は $n-1$ 次の多項式だから数学的帰納法によればよい．□

**ノート**　上の分解で $\alpha_1, \alpha_2, \cdots, \alpha_n$ には同じものがあり得る．$\alpha_i$ が $k$ 個あるとき，$k$ を $f(z)=0$ の**根** $\alpha_i$ の**重複度**といい，$\alpha_i$ を $f(z)=0$ の $k$ **重根**という．$k=1$ のときは**単根**という．

**3.5.8　命題**　実係数の多項式が虚根 $\alpha$ をもてば，共役複素数 $\bar{\alpha}$ も根であり，その重複度は等しい．

**証明**　$f(z)=\sum_{k=0}^{n} a_k z^{n-k}$ （$a_k$ は実数）とすると，

$$f(\bar{\alpha}) = \sum_{k=0}^{n} a_k \bar{\alpha}^{n-k} = \overline{\sum_{k=0}^{n} a_k \alpha^{n-k}} = 0.$$

つぎに $(z-\alpha)(z-\bar{\alpha}) = z^2-(\alpha+\bar{\alpha})z+\alpha\bar{\alpha}$ の係数は実数だから，$f(z)=(z-\alpha)(z-\bar{\alpha})f_1(z)$ とすると $f_1(z)$ も実係数多項式である（$n-2$ 次）．この操作を続ければよい．□

**3.5.9　系**　実係数の多項式は，実数の範囲で1次式と2次式それぞれ何個かずつの積に分解される.

**証明**　上の命題により，$n$ 次方程式 $f(z)=0$ の虚根とその共役とはペアになっているから，(重複もこめて) $f(z)=0$ の実根を $\alpha_1, \alpha_2, \cdots, \alpha_r$，虚根を $\beta_1, \bar{\beta}_1, \beta_2, \bar{\beta}_2, \cdots, \beta_s, \bar{\beta}_s$ $(r+2s=n)$ とすると，

$$f(z)=a_0\prod_{j=1}^{r}(z-\alpha_j)\cdot\prod_{k=1}^{s}[z^2-(\beta_k+\bar{\beta}_k)z+\beta_k\bar{\beta}_k]. \quad \square$$

## 問　　題

**1**　$\alpha, \beta$ が相異なる複素数，$p$ が正の実数のとき，$|z-\alpha|=p|z-\beta|$ をみたす点（すなわち $\alpha$ からの距離が $\beta$ からの距離の $p$ 倍であるような点）$z$ の全体はどういう図形か.

**2**　$-1$ 以外の，絶対値1の複素数は，ある実数 $x$ によって $\dfrac{1+ix}{1-ix}$ とあらわされる.

**3**　虚数部分が正である複素数の全体 $\mathcal{H}=\{z\in \boldsymbol{C}\,;\, \mathcal{I}z>0\}$ を**上半平面**という（ただし $\mathcal{I}z$ は $z$ の虚数部分）. $\mathcal{H}$ の元 $z$ に対して $f(z)=\dfrac{1+iz}{1-iz}$ とおく（分母は0にならない）. 単位円の内部を $\mathcal{D}=\{w\in \boldsymbol{C}\,;\, |w|<1\}$ とすると，$f$ は $\mathcal{H}$ から $\mathcal{D}$ への双射であることを示せ. 逆写像 $f^{-1}$ の形を求めよ.

**4**　$a, b, c, d$ を実数，$ad-bc>0$ とする. $z$ が上半平面 $\mathcal{H}$ の元なら $cz+d\neq 0$ で，$\dfrac{az+b}{cz+d}$ も $\mathcal{H}$ に属することを示せ.

**5**　$\alpha, \beta$ を複素数で $\alpha\bar{\alpha}-\beta\bar{\beta}>0$ なるものとする. $w$ が単位円の内部 $\mathcal{D}$ の元なら $\bar{\beta}w+\bar{\alpha}\neq 0$ で，$\dfrac{\alpha w+\beta}{\bar{\beta}w+\bar{\alpha}}$ も $\mathcal{D}$ に属することを示せ.

# 第 4 章　位相空間（その 1）

位相空間論は非常に抽象的な理論である．しかし身近にたくさん例があるので，これらの例を通じて理論をものにしていただきたい．

位相空間論の萌芽から，現在の形になるまでに三十年ほどかかった．現在の整理された形は，ブルバキ（20 世紀初頭にうまれたフランスの数学者の集団）が 1930 年代に到達したものである．本書も大筋でブルバキの定式化にしたがう．

## §1　位相空間の定義・開集合と閉集合

### 位相空間の定義・開集合と閉集合

**4.1.1　定義**　$X$ を集合とする．べき集合 $\mathcal{P}(X)$ の部分集合（すなわち $X$ の部分集合から成る集合）$\mathfrak{O}$ がつぎの条件をみたすとき，$\mathfrak{O}$ を**開集合系**という．これを**位相**ということもある．

(T$_1$)　$X$ の部分集合の空でない族 $\langle A_i\,;i\in I\rangle$ があり，すべての $i\in I$ に対して $A_i\in\mathfrak{O}$ なら，それらの合併 $\bigcup_{i\in I} A_i$ も $\mathfrak{O}$ に属する．

(T$_2$)　$A, B\in\mathfrak{O}$ なら $A\cap B\in\mathfrak{O}$．

(T$_3$)　$\emptyset\in\mathfrak{O}, X\in\mathfrak{O}$．

このような $\mathfrak{O}$ をそなえた集合すなわち対(ツイ)$(X, \mathfrak{O})$ を**位相空間**という．今後，$\mathfrak{O}$ を明示する必要のないときは，$(X, \mathfrak{O})$ を単に $X$ とかくことにする．位相空間 $X$ の元のことを，$X$ の点ということが多い．

開集合系 $\mathcal{O}$ の元を位相空間 $(X, \mathcal{O})$ の**開部分集合**，略して**開集合**という．

**4.1.2 定義など** $(X, \mathcal{O})$ を位相空間とする．$\mathcal{O}$ の元の（$X$ での）補集合を**閉部分集合**，略して**閉集合**と言い，その全体を $(X, \mathcal{O})$ の**閉集合系**と言い，$\mathcal{F}$ とかく．

$\mathcal{F}$ がつぎの三条件をみたすことはあきらかである．

$(\mathrm{F}_1)$ $X$ の部分集合の空でない族 $\langle B_i\,;\, i\in I\rangle$ があり，すべての $i\in I$ に対して $B_i\in\mathcal{F}$ なら，それらの共通部分 $\bigcap_{i\in I} B_i$ も $\mathcal{F}$ に属する．

$(\mathrm{F}_2)$ $A, B\in\mathcal{F}$ なら $A\cup B\in\mathcal{F}$．

$(\mathrm{F}_3)$ $X\in\mathcal{F}, \emptyset\in\mathcal{F}$．

開集合系と閉集合系はまったく双対的な概念である．だから，集合 $X$ のべき集合 $\mathcal{P}(X)$ の部分集合 $\mathcal{F}$ があって三条件 $(\mathrm{F}_1)$〜$(\mathrm{F}_3)$ をみたすとき，$\mathcal{F}$ を閉集合系ということにすれば，$\mathcal{F}$ の元の補集合の全体 $\mathcal{O}$ は開集合系の三条件をみたし，$(X, \mathcal{O})$ は位相空間になる．

## 位相空間の例

**4.1.3 例** 1) 集合 $X$ に対し，$\mathcal{O}=\mathcal{P}(X)$ とすれば $(X, \mathcal{O})$ は位相空間である．$X$ のすべての部分集合が開集合（したがって閉集合）である．この位相を**離散位相**という．

つぎに集合 $X$ に対し，$\mathcal{O}=\{\emptyset, X\}$ とすれば $(X, \mathcal{O})$ は位相空間である．$(X, \mathcal{O})$ の開集合は（閉集合も）$\emptyset$ と $X$ だけである．この位相を**密着位相**という．

上記ふたつの位相は，位相を考えないのと同じことだから，実用的な意味はまったくない．しかし理論の形をととのえるのには役だつ．

2) $X=\boldsymbol{R}^n\,(n\in\boldsymbol{N}^+)$．すでに第3章§4で $\boldsymbol{R}^n$ の開集合を定義した．そこで証明したように，この開集合系は位相の三条件をみたすから，$\boldsymbol{R}^n$ は位相空間である．この位相を $\boldsymbol{R}^n$ の**標準位相**という．

これはもっとも基本的で身近な例である．抽象論につまずいたときには，

$\boldsymbol{R}^n$ に戻って考えるとわかりやすい．

3)　$X$ を集合とする．$X$ の有限部分集合全部に $X$ を加えた集合 $\mathcal{F}$ は閉集合系の三条件をみたす（やさしい）．したがって $\mathcal{F}$ は $X$ の位相 $\mathcal{O}$ を定める．$X$ の開集合すなわち $\mathcal{O}$ の元は，$X$ の有限部分集合の補集合（**補有限部分集合**という）および空集合である．

4)　$X$ を順序集合（必ずしも全順序集合でない）とする．$X$ の元 $a$ に対し，

$$[a]=\{x\in X\,;\,x\leqq a\}$$

とおく．$A$ を $X$ の部分集合とする．$A$ の任意の元 $a$ に対して $[a]\subset A$ が成りたつとき，$A$ を開集合と呼ぶ．開集合の全体 $\mathcal{O}$ は開集合系の三条件をみたす．

**証明**　$(\mathrm{T}_1)$　$A_i\,(i\in I)$ がすべて開集合とし，$A=\bigcup_{i\in I}A_i$ とする．$A$ の任意の元 $a$ はある $A_i\,(i\in I)$ に属するから $[a]\subset A_i\subset A$.

$(\mathrm{T}_2)$　$A, B\in\mathcal{O}, a\in A\cap B$ なら $[a]\subset A, [a]\subset B$ だから $[a]\subset A\cap B$.

$(\mathrm{T}_3)$　$\emptyset$ に属する元はないからよい．$X$ についてはあきらかである．□

この位相は特殊な感じを与えるかもしれない．これは数学基礎論，とくに集合論でつかわれる．

### 開集合基・閉集合基

**4.1.4　定義**　1)　$(X, \mathcal{O})$ を位相空間とし，$\mathcal{B}$ を $\mathcal{O}$ の部分集合（すなわち開集合のあつまり）とする．$\mathcal{O}$ の任意の元が $\mathcal{B}$ の元の合併としてかけるとき，$\mathcal{B}$ を $(X, \mathcal{O})$ の**開集合基**という．

2)　定義 1) の双対として，$(X, \mathcal{O})$ を位相空間，$\mathcal{F}$ をその閉集合系，$\mathcal{C}$ を $\mathcal{F}$ の部分集合とする．$\mathcal{F}$ の任意の元が $\mathcal{C}$ の元の共通部分としてかけるとき，$\mathcal{C}$ を $(X, \mathcal{O})$ の**閉集合基**という．

**4.1.5　命題**　$(X, \mathcal{T})$ を位相空間，$\mathcal{B}$ を $\mathcal{T}$ の部分集合とする．$\mathcal{B}$ が $(X, \mathcal{T})$ の開集合基であることと，つぎの条件とは同値である：$a \in A \in \mathcal{T}$ に対し，$B \in \mathcal{B}, a \in B \subset A$ なる $B$ が存在する．

**証明**　$\mathcal{B}$ が $(X, \mathcal{T})$ の開集合基なら，$A$ は $\mathcal{B}$ の元の合併だから，当然条件がみたされる．

逆に条件を仮定し，$A$ が $\mathcal{B}$ の元の合併としてかけないとする．$A \supsetneqq \bigcup\{B \in \mathcal{B}\,;\, B \subset A\}$ だから，$A$ の元 $a$ で $a \notin \bigcup\{B \in \mathcal{B}\,;\, B \subset A\}$ なるものが存在する．条件によって $\mathcal{B}$ のある元 $B$ に対して $a \in B \subset A$ だから矛盾．□

**4.1.6　例**　$\boldsymbol{R}^n$ において，部分集合 $A$ が開集合だということを，$A$ の任意の点 $\boldsymbol{a}$ に対し，$\boldsymbol{a}$ を中心とする十分小さい半径の開球が $A$ に含まれることと定義した（定義 3.4.8）．この位相を $\boldsymbol{R}^n$ の**標準位相**という．また，開球は開集合だった．だから，開球の全体 $\mathcal{B}$ は $\boldsymbol{R}^n$ の位相の開集合基である．命題 3.4.15 により，開正方体の全体も，$\boldsymbol{R}^n$ の位相の開集合基である．

**4.1.7　命題**　$X$ を集合とする．

1)　$\mathcal{P}(X)$ の部分集合 $\mathcal{B}$ がつぎの条件をみたすとする：$A, B \in \mathcal{B}$ なら $A \cap B \in \mathcal{B}$．このとき，$\mathcal{B}$ の元の合併としてかける集合および $\emptyset, X$ の全体を $\mathcal{T}$ とすれば，$\mathcal{T}$ は開集合系の三条件をみたし，したがって位相空間 $(X, \mathcal{T})$ が定まる．$\mathcal{B}$ は $(X, \mathcal{T})$ の開集合基である．

2)　$\mathcal{P}(X)$ の部分集合 $\mathcal{C}$ がつぎの条件をみたすとする：$A, B \in \mathcal{C}$ なら $A \cup B \in \mathcal{C}$．このとき，$\mathcal{C}$ の元の共通部分としてかける集合および $\emptyset, X$ の全体を $\mathcal{F}$ とすれば，$\mathcal{F}$ は閉集合系の三条件をみたし，したがって位相空間 $(X, \mathcal{T})$（ただし，$\mathcal{T} = \{X - A\,;\, A \in \mathcal{F}\}$）が定まる．$\mathcal{C}$ は $(X, \mathcal{T})$ の閉集合基である．

**証明**　1) だけ証明する．$(\mathrm{T}_1)$ と $(\mathrm{T}_3)$ はあきらか．$A, B \in \mathcal{T}$ なら $A = \bigcup_{i \in I} A_i,\ B = \bigcup_{j \in J} B_j\ (A_i, B_j \in \mathcal{B})$ とかける．一般分配律（定義 1.1.8）を二度つかえば，

$$A\cap B=\Big(\bigcup_{i\in I}A_i\Big)\cap B=\bigcup_{i\in I}\Big[A_i\cap\Big(\bigcup_{j\in J}B_j\Big)\Big]$$
$$=\bigcup_{i\in I}\bigcup_{j\in J}(A_i\cap B_j)=\bigcup_{(i,j)\in I\times J}(A_i\cap B_j)$$

となり，$A\cap B\in\mathcal{O}$ が示された．□

**4.1.8　例**　1)　$X$ を全順序集合とし，その開区間（定義 1.3.17）の全体を $\mathcal{B}$ とすると，$\mathcal{B}$ は命題の条件 $(A, B\in\mathcal{B}\to A\cap B\in\mathcal{B})$ をみたす（やさしい）．したがって $X$ に位相が定まる．これを $X$ の**順序位相**という．開集合は開区間の合併である．基本開区間の全体 $\mathcal{B}_0$ も順序位相の開集合基である．今後，順序位相をそなえた全順序集合を**全順序位相空間**ということにする．

2)　$\boldsymbol{C}^n=\{\boldsymbol{z}=(z_1, z_2, \cdots, z_n)\,;\,z_i\in\boldsymbol{C}\ (1\leqq i\leqq n)\}$ を考える．以下のことは $\boldsymbol{C}$ を $\boldsymbol{R}$ にかえてもそのまま成りたつ．複素係数の $n$ 変数多項式 $f(\boldsymbol{t})=f(t_1, t_2,\cdots, t_n)$ の全体を $\boldsymbol{C}[\boldsymbol{t}]$ とかく（$\boldsymbol{t}=(t_1, t_2, \cdots, t_n)$ は文字の有限列）．$\boldsymbol{C}[\boldsymbol{t}]$ の元 $f=f(\boldsymbol{t})$ の零点の全体，すなわち $\{\boldsymbol{z}\in\boldsymbol{C}^n\,;\,f(\boldsymbol{z})=0\}$ を $Z(f)$ とかこう．

$$\mathcal{C}=\{Z(f)\,;\,f\in\boldsymbol{C}[\boldsymbol{t}]\}\cup\{\emptyset\}\cup\{X\}$$

とすると，$\mathcal{C}$ は条件 $(A, B\in\mathcal{C}\Rightarrow A\cup B\in\mathcal{C})$ をみたす．

実際，$Z(f)\cup Z(g)=Z(fg)$ が成りたつ．なぜなら，$\boldsymbol{z}\in Z(f)$ なら $f(\boldsymbol{z})=0$ だから，$(fg)(\boldsymbol{z})=f(\boldsymbol{z})g(\boldsymbol{z})=0$．よって $Z(f)\subset Z(fg)$．同様に $Z(g)\subset Z(fg)$ だから $Z(f)\cup Z(g)\subset Z(fg)$．逆に $\boldsymbol{z}\in Z(fg)$ なら $f(\boldsymbol{z})g(\boldsymbol{z})=0$ だから $Z(fg)\subset Z(f)\cup Z(g)$．□

したがって $\boldsymbol{C}^n$ にひとつの位相が定義された．この位相は**ザリスキ位相**と呼ばれ，代数幾何でつかわれる．ザリスキ位相は，$\boldsymbol{C}^n$ を $\boldsymbol{R}^{2n}$ とみなしたときの $\boldsymbol{R}^{2n}$ の標準位相（例 4.1.6）より弱い（定義 4.3.16 をみよ）．

**4.1.9　定義**　$(X, \mathcal{O})$ を位相空間とする．これに可算な開集合基が存在するとき，$(X, \mathcal{T})$ は**大域可算型**であるという（従来の用語では《第2可算公理をみたす》という）．

**4.1.10　命題**　$\boldsymbol{R}^n$ は大域可算型である．

**証明**　開球の全体 $\mathcal{B}$ は $\boldsymbol{R}^n$ の開集合基だった．このうち，とくに中心が有理点（座標が全部有理数である点）で半径も有理数であるような開球の全体を $\mathcal{B}_0$ とする．命題2.4.7および命題1.2.23によって $\mathcal{B}_0$ は可算である．$\mathcal{B}_0$ が開集合基であることを示せばよい．

そのためには，$A$ を任意の開集合，$\boldsymbol{a}$ を $A$ の任意の点とし，これに対して $\boldsymbol{a}\in B\subset A$ となるような $\mathcal{B}_0$ の元 $B$ が存在することを言えばよい．開集合の定義により，ある正の実数 $\varepsilon$ をとると，$D(\boldsymbol{a}, \varepsilon)\subset A$ となる．ただし，$D(\boldsymbol{a}, \varepsilon)=\{\boldsymbol{x}\in\boldsymbol{R}^n ; d(\boldsymbol{a}, \boldsymbol{x})<\varepsilon\}$．第3章§4の問題4により，$D\left(\boldsymbol{a}, \dfrac{\varepsilon}{2}\right)$ のなかに有理点 $\boldsymbol{b}$ が存在する．さらに，$d(\boldsymbol{a}, \boldsymbol{b})<\delta<\dfrac{\varepsilon}{2}$ なる有理数 $\delta$ が存在する．そうすると，$\boldsymbol{x}\in D(\boldsymbol{b}, \delta)$ なら $d(\boldsymbol{a}, \boldsymbol{x})\leqq d(\boldsymbol{a}, \boldsymbol{b})+d(\boldsymbol{b}, \boldsymbol{x})<\delta+\delta<\varepsilon/2$ だから，$\boldsymbol{a}\in D(\boldsymbol{b}, \delta)\subset A, D(\boldsymbol{b}, \delta)\in\mathcal{B}_0$ が成りたつ．□

## 閉包と開核

**4.1.11　定義**　$X$ を位相空間，$A$ を $X$ の部分集合とする．$A$ を含む閉集合（たとえば $X$）すべての共通部分を $\bar{A}$ とかく．$\bar{A}$ は閉集合であり，$A$ を含む最小の閉集合である．これを $A$ の**閉包**といい，その点を $A$ の**触点**という．

**4.1.12　命題**　閉包はつぎの四条件をみたす．

($A_1$)　$A\subset\bar{A}$.

($A_2$)　$\overline{A\cup B}=\bar{A}\cup\bar{B}$.

($A_3$)　$\bar{\bar{A}}=\bar{A}$.

($A_4$)　$\bar{\varnothing}=\varnothing$.

**証明**　($A_2$) 以外はあきらか．($A_2$) を示すために，まず $A \subset B$ なら $\bar{A} \subset \bar{B}$ に注意する．実際，$\bar{B}$ は $A$ を含む閉集合である．さて，$A \subset A \cup B$ だから $\bar{A} \subset \overline{A \cup B}$．同様に $\bar{B} \subset \overline{A \cup B}$ だから $\bar{A} \cup \bar{B} \subset \overline{A \cup B}$．一方 $A \subset \bar{A}, B \subset \bar{B}$ だから $A \cup B \subset \bar{A} \cup \bar{B}$．$\bar{A} \cup \bar{B}$ は $A \cup B$ を含む閉集合だから $\overline{A \cup B} \subset \bar{A} \cup \bar{B}$．□

**4.1.13　命題**　$X$ を集合とする．$\mathcal{P}(X)$ から $\mathcal{P}(X)$ への写像：$A \mapsto \bar{A}$ があって，命題 4.1.12 の四条件をみたすとする．

($A_1$)　$A \subset \bar{A}$.

($A_2$)　$\overline{A \cup B} = \bar{A} \cup \bar{B}$.

($A_3$)　$\bar{\bar{A}} = \bar{A}$.

($A_4$)　$\bar{\emptyset} = \emptyset$.

このとき，$\mathcal{F} = \{A \in \mathcal{P}(X)\,;\, \bar{A} = A\} = \{\bar{A}\,;\, A \in \mathcal{P}(X)\}$ は閉集合系の三条件 ($F_1$)〜($F_3$)（定義 4.1.2）をみたし，したがって集合 $X$ に位相が定まる．

**証明**　($F_1$) まず $A \subset B$ なら $\bar{A} \subset \bar{B}$ に注意する．実際，$A \subset B$ なら $B = A \cup B$ だから $\bar{B} = \overline{A \cup B} = \bar{A} \cup \bar{B}$．よって $\bar{A} \subset \bar{B}$．さて，$X$ の部分集合の族 $\langle A_i\,;\, i \in I \rangle$ があって $\bar{A}_i = A_i$ とする．$A = \bigcap_{i \in I} A_i$ とおく．$I$ の各元 $i$ に対し，$A \subset A_i$ だから $\bar{A} \subset \bar{A}_i = A_i$．したがって $\bar{A} \subset \bigcap_{i \in I} A_i = A$．($A_1$) によって，$\bar{A} \supset A$ だから $\bar{A} = A$，すなわち $\bigcap_{i \in I} A_i \in \mathcal{F}$．

($F_2$)　$A, B \in \mathcal{F}$ なら $\overline{A \cup B} = \bar{A} \cup \bar{B} = A \cup B$.

($F_3$)　($A_4$) によって $\emptyset \in \mathcal{F}$．($A_1$) によって $\bar{X} = X$ だから $X \in \mathcal{F}$．□

これを**閉包による位相の定義**という．むかしの本は，このやりかたで位相空間を定義するものが多かった．

**4.1.14　定義**　位相空間 $X$ の部分集合 $A$ に含まれるすべての開集合の合併を $A$ の**開核**または**内部**と言い，$A^\circ$ とかく．$A^\circ$ の点を $A$ の**内点**という．これについて，命題 4.1.12 および命題 4.1.13 の双対命題が成りたつが，ここでは省略し，問題にまわす．

**4.1.15 定義** 1) $\bar{A}-A^{\circ}$ を $A$ の**境界**と言い，その点を $A$ の**境界点**という．

2) 位相空間 $X$ の点 $a$ に対し，1点集合 $\{a\}$ が開集合のとき，$a$ を $X$ の**孤立点**という．

**4.1.16 例** $A=\{(x,y)\in \boldsymbol{R}^2 ; 1\leqq x<3, 2<y\leqq 4\}$ としよう．$A$ は内部を含む四角形である．このとき，閉包 $\bar{A}$ は周囲を全部含む四角形である：$\bar{A}=\{(x,y)\in \boldsymbol{R}^2 ; 1\leqq x\leqq 3, 2\leqq y\leqq 4\}$．一方，開核 $A^{\circ}$ は周囲をまったく含まない四角形である：$A^{\circ}=\{(x,y)\in \boldsymbol{R}^2 ; 1<x<3, 2<y<4\}$．

$A$ の有理点（座標がすべて有理数である点）の全体を $B$ とすると，$\bar{B}=\bar{A}$ であるが，$B^{\circ}=\emptyset$ である．$A$ の無理点（座標の少なくともひとつが無理数である点）の全体を $C=A-B$ としても，$\bar{C}=\bar{A}, C^{\circ}=\emptyset$．

**4.1.17 命題** $X$ を位相空間，$A$ を $X$ の部分集合とする．$X$ の点 $a$ が $A$ の触点 $(a\in\bar{A})$ であるためには，$a$ を含む任意の開集合 $B$ に対して $B\cap A\neq\emptyset$ が成りたつことが必要十分である．

**証明** 1° $a\in\bar{A}$ とする．$B$ が開集合で $a\in B, B\cap A=\emptyset$ とすると，$B^c=X-B$ は $A$ を含む閉集合だから，閉包 $\bar{A}$ の定義によって $\bar{A}\subset B^c$．したがって $a\in B^c$ となり，矛盾である．

2° $a\notin\bar{A}$ とする．$B=X-\bar{A}$ とすると，$B$ は $a$ を含む開集合で，$A\subset\bar{A}$ だから $B\subset A^c$．したがって $B\cap A=\emptyset$．□

## 部分空間と積空間

**4.1.18 定義** $(X,\mathcal{T})$ を位相空間，$Y$ を $X$ の部分集合とする．$\mathcal{S}=\{A\cap Y; A\in\mathcal{T}\}$ とおくと，$\mathcal{S}$ は $Y$ の開集合系の三条件をみたし，したがって $(Y,\mathcal{S})$ は位相空間になる．これを $(X,\mathcal{T})$ の**部分位相空間**，略して**部分空間**という．$\mathcal{S}$ に対する開集合系の三条件をしらべよう．

(T₁)　$B_i \in \mathcal{S}(i \in I), B_i = A_i \cap Y, A_i \in \mathcal{T}$ なら,

$$\bigcup_{i\in I} B_i = \bigcup_{i\in I}(A_i \cap Y) = \left(\bigcup_{i\in I} A_i\right) \cap Y \in \mathcal{S}.$$

(T₂)　$B_1 = A_1 \cap Y, B_2 = A_2 \cap Y$ なら $B_1 \cap B_2 = (A_1 \cap A_2) \cap Y \in \mathcal{S}$.

(T₃)　$\emptyset = \emptyset \cap Y \in \mathcal{S}$. $Y = X \cap Y \in \mathcal{S}$. □

**4.1.19　定義**　$(X, \mathcal{T}), (Y, \mathcal{S})$ を位相空間とし, $Z - X \times Y$ とする.

$$\mathcal{B} = \{A \times B\,;\, A \in \mathcal{T}, B \in \mathcal{S}\}$$

は命題 4.1.7 の条件をみたし, したがって $\mathcal{B}$ を開集合基とする $Z$ の位相 $\mathcal{R}$ が定まる. この位相を $\mathcal{T}$ と $\mathcal{S}$ の**積位相**と言い, 位相空間 $(Z, \mathcal{R})$ を, $(X, \mathcal{T})$ と $(Y, \mathcal{S})$ の**積位相空間**または**直積**と言い, $X \times Y$ と略記する.

命題 4.1.7 の条件をしらべる. $A, C \in \mathcal{T}, B, D \in \mathcal{S}$ なら, $(A \times B) \cap (C \times D) = (A \cap C) \times (B \cap D) \in \mathcal{B}$. □

**4.1.20　定義**　**(一般の積空間)** 位相空間の空でない族 $\langle (X_i, \mathcal{T}_i)\,;\, i \in I \rangle$ がある. $\langle X_i\,;\, i \in I \rangle$ の積集合を $X = \prod_{i\in I} X_i$ とする. 選択公理により, もし各 $X_i$ が空でなければ, $X$ も空でない (命題 1.2.17).

さて, $I$ の有限部分集合 $J$ に対し, $J$ の元 $i$ に対しては $\mathcal{T}_i$ の元 $A_i$ を勝手にとり, $I - J$ の元 $i$ に対しては $A_i = X_i$ とする. こうしてできる積集合 $A = \prod_{i\in I} A_i$ の全体を $\mathcal{B}$ とする (もちろん $J$ も動かす). $\mathcal{B}$ は命題 4.1.7 の条件をみたし (やさしい), したがって $\mathcal{B}$ を開集合基とする $X$ の位相 $\mathcal{T}$ が定まる. 位相空間 $(X, \mathcal{T})$ を, 位相空間の族 $\langle (X_i, \mathcal{T}_i)\,;\, i \in I \rangle$ の**積位相空間**または**直積**と言い, $X = \prod_{i\in I} X_i$ と略記する.

**ノート**　定義はすこし複雑だが, これがもっとも自然な積位相の定義である. すべての $i \in I$ に対して勝手な $A_i \in \mathcal{T}_i$ をとって $A = \prod A_i$ たちから位相を定めることもできるが, この位相はあまりよい性質をもたず, 特殊な目的にしかつかわれない.

## 問　題

**1** $X$ を位相空間，$A, B$ を $X$ の部分集合とする．

1) $A, B$ が開集合で，$A \cap B = \emptyset$ なら $\bar{A} \cap B = \emptyset$．

2) $A$ が開集合なら $A \cap \bar{B} \subset \overline{A \cap B}$．

**2** $X$ を位相空間，$Y$ を $X$ の部分空間，$A$ を $Y$ の部分集合とする．$X$，$Y$ それぞれのなかでの $A$ の閉包を $\bar{A}^X, \bar{A}^Y$ とかくと，$\bar{A}^Y = \bar{A}^X \cap Y$．

**3** $X, Y$ を位相空間，$A, B$ をそれぞれ $X, Y$ の部分集合とする．

1) $\overline{A \times B} = \bar{A} \times \bar{B}$ を示せ．$\overline{A \times B}$ は積空間 $X \times Y$ での $A \times B$ の閉包をあらわす．

2) $A, B$ がそれぞれ $X, Y$ の閉集合なら，$A \times B$ は $X \times Y$ の閉集合である．

**4** 集合 $X$ の可算部分集合および $X$ の全体 $\mathcal{F}$ は，$X$ の閉集合系の三条件をみたし，したがって $X$ に位相を定めることを示せ．

**5** $X$ を位相空間，$Y$ を $X$ の部分集合とする．$\bar{Y} = X$ のとき，言いかえれば $X$ の任意の空でない開集合 $A$ に対して $A \cap Y \neq \emptyset$ となるとき，$Y$ は $X$ のなかで**稠密**（チュウミツ）であるという．

1) $Y$ が $X$ で稠密，$Z$ が $Y$ で稠密なら，$Z$ は $X$ で稠密である．

2) $\boldsymbol{Q}^n \subset \boldsymbol{R}^n$ とみたとき，$\boldsymbol{R}^n$ の標準位相に関して $\boldsymbol{Q}^n$ は稠密である．

**6** $X$ を自己稠密な全順序集合，$Y$ を $X$ の部分集合とする．$X$ の任意の2元 $x, y$, $x < y$ に対して $x < z < y$ なる $Y$ の元が存在するとき，$Y$ は $X$ のなかで稠密である，と呼んだ．一方，$X$ には順序位相（例 4.1.8 の 1)）があり，それに関する稠密性の概念がある．この二概念が一致することを示せ．

**7**　$X$ を位相空間とする．$X$ のなかで稠密な可算部分集合が存在するとき，$X$ は**稠密可算型**であるという（従来の用語では可分ということが多かった）．問題 5 の 2) により，$\boldsymbol{R}^n$ は標準位相に関して稠密可算型である．

選択公理のもとで，大域可算型の位相空間は稠密可算型であることを示せ．

**8**　$X$ を位相空間とする．$X$ の部分集合 $A$ の開核 $A^\circ$ の定義を思いだそう（定義 4. 1. 14）．開核はつぎの四条件をみたす（命題 4. 1. 12 の双対命題）．

$(\mathrm{I}_1)$　$A^\circ \subset A$.

$(\mathrm{I}_2)$　$(A \cap B)^\circ = A^\circ \cap B^\circ$.

$(\mathrm{I}_3)$　$A^{\circ\circ} = A^\circ$.

$(\mathrm{I}_4)$　$X^\circ = X$.

**9**　$X$ を集合とし，$\mathcal{P}(X)$ から $\mathcal{P}(X)$ への写像 $A \mapsto A^\circ$ があって問題 8 の四条件をみたすとする．このとき，$\mathcal{T} = \{A \in \mathcal{P}(X)\,;\, A^\circ = A\} = \{A^\circ\,;\, A \in \mathcal{P}(X)\}$ は開集合系の三条件 $(\mathrm{T}_1)$～$(\mathrm{T}_3)$ をみたすことを示せ．したがって集合 $X$ に位相が定まる．

この内容を**開核による位相の定義**という（命題 4. 1. 13 の双対命題）．

**10**　$\boldsymbol{R}^n$ には標準位相のほかに，$n$ 個の位相空間 $\boldsymbol{R}$ の積集合としての積位相が入る．このふたつが一致することを示せ．

**11**　$X$ を全順序位相空間（例 4. 1. 8 の 1)）とする．

1)　閉区間は閉集合である．

2)　区間が閉集合なら閉区間である．

**12**　$X$ を全順序位相空間，$A$ を $X$ の空でない部分集合とする．$A$ に上限 $b$ があれば，$b$ は閉包 $\bar{A}$ の最大元である．

## §2 近 傍

### 近傍・近傍系

**4.2.1 定義** $X$ を位相空間，$a$ を $X$ の点，$A$ を $X$ の部分集合とする．$a \in B \subset A$ なる開集合 $B$ が存在するとき，$A$ を点 $a$ の**近傍**という．この条件は $a \in A^{\circ}$（$A$ の開核）と言っても同じことである．とくに $A$ が開集合のときは**開近傍**，閉集合のときは**閉近傍**という．

**4.2.2 命題** 位相空間 $X$ の部分集合 $A$ が開集合であることと，$A$ が $A$ の任意の点の近傍であることとは同値である．

**証明** $A$ が開集合なら $A^{\circ}=A$ だから，$A$ の任意の点は $A^{\circ}$ に属する．逆に $A$ が $A$ の任意の点 $a$ の近傍なら $a \in A^{\circ}$ だから $A \subset A^{\circ}$．したがって $A=A^{\circ}$．□

**4.2.3 定義** 位相空間 $X$ の点 $a$ の近傍の全体を点 $a$ の**近傍系**と言い，$\mathcal{V}(a)$ とかく．

**4.2.4 命題** 近傍系はつぎの性質をもつ．

($V_1$) $X$ の任意の点 $a$ に対し，$A \in \mathcal{V}(a)$ なら $a \in A$．

($V_2$) $A \in \mathcal{V}(a), A \subset B$ なら $B \in \mathcal{V}(a)$．

($V_3$) $A, B \in \mathcal{V}(a)$ なら $A \cap B \in \mathcal{V}(a)$．

($V_4$) $\mathcal{V}(a)$ の任意の元 $A$ に対し，$\mathcal{V}(a)$ の元 $B$ でつぎの条件をみたすものが存在する：$b \in B$ なら $A \in \mathcal{V}(b)$．

**証明** ($V_1$)($V_2$) は定義からあきらか．

($V_3$) $A, B \in \mathcal{V}(a)$ なら，開集合 $C, D$ で $a \in C \subset A, a \in D \subset B$ なるものが存在する．$C \cap D$ は開集合で，$a \in C \cap D \subset A \cap B$．

($V_4$) $B=A^{\circ}$ とする．$A^{\circ} \in \mathcal{V}(a)$ であり，$b \in A^{\circ}$ なら定義（の言いかえ）

によって $A\in\mathcal{V}(b)$ となる. □

逆に，上の条件をみたす集合系は集合 $X$ に位相を定める.

**4.2.5 定理** $X$ を空でない集合とする. $X$ から $\mathcal{P}(\mathcal{P}(X))-\{\emptyset\}$ への写像 $\mathcal{V}: a\mapsto\mathcal{V}(a)$ が与えられ，つぎの四条件をみたすとする.

($V_1$) $X$ の任意の点 $a$ に対し，$A\in\mathcal{V}(a)$ なら $a\in A$.

($V_2$) $A\in\mathcal{V}(a), A\subset B$ なら $B\in\mathcal{V}(a)$.

($V_3$) $A, B\in\mathcal{V}(a)$ なら $A\cap B\in\mathcal{V}(a)$.

($V_4$) $\mathcal{V}(a)$ の任意の元 $A$ に対し，$\mathcal{V}(a)$ の元 $B$ でつぎの条件をみたすものが存在する：$b\in B$ なら $A\in\mathcal{V}(b)$.

このとき，$X$ の位相 $\mathcal{T}$ で，$X$ の各点の近傍系の全体が $\{\mathcal{V}(a); a\in X\}$ になるものがただひとつ存在する.

具体的にはつぎのようにする. $X$ の部分集合 $A$ で，《$a\in A$ なら $A\in\mathcal{V}(a)$》をみたすものの全体を $\mathcal{T}$ とすると，$\mathcal{T}$ は $X$ の開集合系の三条件をみたす. こうして定まる $X$ の位相 $\mathcal{T}$ の近傍系の全体は $\{\mathcal{V}(a); a\in X\}$ になる.

**証明** 1° このような位相がひとつしかないことはすぐわかる. 実際，$A$ が開集合であることは《$a\in A$ なら $A\in\mathcal{V}(a)$》と同値になるのだから.

2° 《$a\in A$ なら $A\in\mathcal{V}(a)$》をみたすような $A$ の全体を $\mathcal{T}$ とし，$\mathcal{T}$ が開集合系の三条件をみたすことを示す.

($T_1$) $A_i\in\mathcal{T}\ (i\in I), A=\bigcup_{i\in I}A_i$ とする. $a\in A$ ならある $i$ に対して $a\in A_i$. $A_i\in\mathcal{T}$ だから $A_i\in\mathcal{V}(a)$. $A_i\subset A$ だから ($V_2$) によって $A\in\mathcal{V}(a)$，すなわち $A\in\mathcal{T}$.

($T_2$) $A, B\in\mathcal{T}, a\in A\cap B$ とする. $a\in A$ だから $A\in\mathcal{V}(a)$，$a\in B$ だから $B\in\mathcal{V}(a)$. ($V_3$) によって $A\cap B\in\mathcal{V}(a)$，すなわち $A\cap B\in\mathcal{T}$.

($T_3$) $\emptyset$ については，《$a\in\emptyset$ なら》の条件をみたす $a$ がないからよい. $X$ については $\mathcal{V}(a)$ が空でないことと ($V_2$) による.

3° 最後に，$\mathcal{V}(a)$ が $\mathcal{T}$ に関する点 $a$ の近傍系になることを示す. すなわち，$X$ の部分集合 $A$ と $X$ の点 $a$ に対し，

$$a \in A^\circ \Leftrightarrow A \in \mathcal{V}(a)$$

が成りたつことを示す．

(⇒) はやさしい．$a \in A^\circ$ なら，$A^\circ \in \mathcal{O}$ だから $A^\circ \in \mathcal{V}(a)$ であり，$A^\circ \subset A$ だから $(V_2)$ によって $A \in \mathcal{V}(a)$.

以下 (⇐) を証明する．$A \in \mathcal{V}(a)$ を仮定する．$B = \{x \in X ; A \in \mathcal{V}(x)\}$ とおく．$A \in \mathcal{V}(a)$ だから $a \in B$．$x \in B$ なら $A \in \mathcal{V}(x)$ だから $(V_1)$ によって $x \in A$，すなわち $B \subset A$.

この $B$ が条件 $[x \in B \Rightarrow B \in \mathcal{V}(x)]$ をみたすことを示す．実際，$x \in B$ なら $A \in \mathcal{V}(x)$ だから，$(V_4)$ によってある $C \in \mathcal{V}(x)$ をとると，$y \in C$ なら $A \in \mathcal{V}(y)$ が成りたつ．$B$ の定義によって $y \in B$，すなわち $C \subset B$．$C \in \mathcal{V}(x)$ だから，$(V_2)$ によって $B \in \mathcal{V}(x)$ となって条件が示された．

開集合系 $\mathcal{O}$ の定義によって $B \in \mathcal{O}$．$B \subset A$ だから $B = B^\circ \subset A^\circ$．$a \in B$ だったから $a \in A^\circ$ となって $[a \in A^\circ \Leftarrow A \in \mathcal{V}(a)]$ が証明された．□

この定理の内容を《近傍系による位相の定義》という．

**4.2.6 命題** $X$ を位相空間，$A$ を $X$ の部分集合，$a$ を $X$ の点とする．点 $a$ が $A$ の触点である $(a \in \bar{A})$ ためには，$a$ の任意の近傍 $B$ に対して $B \cap A \neq \emptyset$ が成りたつことが必要十分である．

**証明** 1° $a \in \bar{A}$ とする．$B$ を $a$ の近傍とすると，$B^\circ$ は $a$ を含む開集合だから，命題 4.1.17 によって $B^\circ \cap A \neq \emptyset$．したがって $B \cap A \neq \emptyset$.

2° $a$ の任意の近傍 $B$ に対して $B \cap A \neq \emptyset$ とする．$a$ を含む任意の開集合 $B$ は $a$ の近傍だから $B \cap A \neq \emptyset$．命題 4.1.17 によって $a \in \bar{A}$．□

## 近傍基

**4.2.7 定義** $X$ を位相空間とし，$X$ の点 $a$ の近傍系を $\mathcal{V}(a)$ とする．$\mathcal{V}(a)$ の部分集合 $\mathcal{U}$ がつぎの条件をみたすとき，$\mathcal{U}$ を（位相空間 $X$ におけ

る）点 $a$ の**近傍基**または**近傍の基本系**という：$\mathcal{V}(a)$ の任意の元 $A$ に対し，$\mathcal{U}$ の元 $B$ で $B\subset A$ なるものが存在する．

**4.2.8　例**　1)　任意の位相空間において，点 $a$ の開近傍の全体は $a$ の近傍基である．実際，$A\in\mathcal{V}(a)$ なら $a\in A^\circ$ で，$A^\circ$ は $a$ の開近傍である．なお，閉近傍の全体が近傍基になるとは限らない．

2)　離散位相空間（例 4.1.3 の 1)）では，$\{a\}$ だけから成る集合は点 $a$ の近傍基である．

3)　$\boldsymbol{R}^n$ の点 $\boldsymbol{a}$ に対し，$\boldsymbol{a}$ を中心とするいろいろな半径の開球 $D(\boldsymbol{a},\varepsilon)=\{\boldsymbol{x}\in\boldsymbol{R}^n\,;\,d(\boldsymbol{a},\boldsymbol{x})<\varepsilon\}$ の全体は点 $\boldsymbol{a}$ の近傍基である．実際，$A\in\mathcal{V}(\boldsymbol{a})$ なら $a\in A^\circ\in\mathcal{V}(a)$．$A^\circ$ は開集合だから，定義によって $\boldsymbol{a}$ を中心とする小さい開球は $A$ に含まれる．この場合は，$\boldsymbol{a}$ を中心とする閉球 $\bar{D}(\boldsymbol{a},\varepsilon)=\{\boldsymbol{x}\in\boldsymbol{R}^n\,;\,d(\boldsymbol{a},\boldsymbol{x})\leqq\varepsilon\}$ の全体も $\boldsymbol{a}$ の近傍基である．実際，$\bar{D}\left(\boldsymbol{a},\dfrac{\varepsilon}{2}\right)\subset D(\boldsymbol{a},\varepsilon)$．

**4.2.9　定義**　位相空間 $X$ の各点に可算な近傍基が存在するとき，$X$ は**局所可算型**であるという（従来の用語では《第 1 可算公理をみたす》という）．

**ノート**　大域可算型（定義 4.1.9）なら局所可算型だが，逆は正しくない．

## 問　題

**1**　$X$ を位相空間，$Y$ を $X$ の部分位相空間，$a$ を $Y$ の点とする．$X$ での $a$ の近傍系を $\mathcal{V}(a)$，$Y$ での $a$ の近傍系を $\mathcal{U}(a)$ とかくと，$\mathcal{U}(a)=\{V\cap Y\,;\,V\in\mathcal{V}(a)\}$．

**2**　問題 1 と同じ状況のもとで，$\mathcal{B}$ が $X$ での $a$ の近傍基なら，$\mathcal{C}=\{V\cap Y\,;\,V\in\mathcal{B}\}$ は $Y$ での $a$ の近傍基である．

**3**　位相空間 $X$ が局所可算型なら，各点の可算近傍基 $\mathcal{B}=\{U_n\,;\,n\in\boldsymbol{N}\}$ として $U_n\supset U_{n+1}\,(n\in\boldsymbol{N})$ なるものがとれる．

**4**　$X$ が非可算集合（たとえば $\boldsymbol{R}$）なら，離散位相に関して $X$ は局所可算型であるが，大域可算型でない．

## §3　連続写像

### 連続写像

**4.3.1　定義**　$X, Y$ を位相空間，$f$ を $X$ から $Y$ への写像，$a$ を $X$ の点とする．$Y$ の点 $f(a)$ の任意の近傍 $B$ に対し，$X$ の点 $a$ の近傍 $A$ で $f[A]\subset B$ なるものが存在するとき，$f$ は $a$ で**連続**であるという．

**4.3.2　例**　$\boldsymbol{R}$ の区間 $I$ で定義された実数値関数 $f$ が $I$ の点 $a$ で連続であるということをすでに定義した（定義 3.3.1）．この定義は，$\boldsymbol{R}=\boldsymbol{R}^1$ を位相空間とみ，$I$ を $\boldsymbol{R}$ の部分空間とみての上の定義と一致する．

**4.3.3　命題**　$X, Y$ を位相空間，$f$ を $X$ から $Y$ への写像，$a$ を $X$ の点とする．$f$ が $a$ で連続であるためには，$f(a)$ の任意の近傍 $B$ に対して $f^{-1}[B]$ が $a$ の近傍であることが必要十分である．

**証明**　$f$ が $a$ で連続とし，$B$ を $f(a)$ の近傍とすると，$a$ の近傍 $A$ で $f^{-1}[B]$ に含まれるものがある．近傍の定義によって $f^{-1}[B]$ も $a$ の近傍である．

逆に $B$ が $f(a)$ の近傍とする．仮定によって $f^{-1}[B]$ は $a$ の近傍であり，$f[f^{-1}[B]]\subset B$ だから，$f$ は $a$ で連続である．□

**4.3.4　命題**　$X, Y, Z$ を位相空間，$f$ を $X$ から $Y$ への写像，$g$ を $Y$ か

ら $Z$ への写像，$a$ を $X$ の点とする．$f$ が $a$ で連続，$g$ が $f(a)$ で連続なら，合成写像 $g\circ f : X\to Z$ は $a$ で連続である．

**証明**　$(g\circ f)(a)$ の近傍 $C$ に対し，$g^{-1}[C]$ は $f(a)$ の近傍であり，したがって $(g\circ f)^{-1}[C]=f^{-1}[g^{-1}[C]]$ は $a$ の近傍である．□

**4.3.5　命題**　$X, Y$ を位相空間，$f$ を $X$ から $Y$ への写像，$A$ を $X$ の部分集合，$a$ を $X$ の点とする．$f$ が $a$ で連続で $a\in\bar{A}$（$A$の触点）なら $f(a)\in\overline{f[A]}$．

**証明**　$B$ を $f(a)$ の近傍とする．$f^{-1}[B]$ は $a$ の近傍だから $f^{-1}[B]\cap A\neq\emptyset$(命題 4.2.6)．この点 $x$ をとると $f(x)\in B\cap f[A]$ だから $B\cap f[A]\neq\emptyset$．$B$ は任意だったから $f(a)\in\overline{f[A]}$．□

**4.3.6　定義**　$X, Y$ を位相空間，$f$ を $X$ から $Y$ への写像とする．$f$ が $X$ の各点で連続のとき，単に $f$ は**連続**であるとか，$f$ は $X$ から $Y$ への**連続写像**であるとかいう．

**4.3.7　例**　1)　$X$ が離散位相空間（例 4.1.3 の 1)）なら，$X$ から任意の位相空間への任意の写像は連続である．

2)　$Y$ が密着位相空間（例 4.1.3 の 1)）なら，任意の位相空間 $X$ から $Y$ への任意の写像は連続である．

3)　$X, Y$ を位相空間，$b$ を $Y$ の点とする．すべての $x\in X$ に対して $f(x)=b$ として定まる写像 $f : X\to Y$（定値写像）は連続である．

4)　$X$ の恒等写像 $I : x\mapsto x$ は連続である．

**4.3.8　命題**　$X, Y, Z$ を位相空間とする．$f$ が $X$ から $Y$ への連続写像，$g$ が $Y$ から $Z$ への連続写像なら，合成写像 $g\circ f$ は $X$ から $Z$ への連続写像である．

**証明**　命題 4.3.4 による．□

**4.3.9　命題**　$X, Y$ を位相空間とする．$X$ から $Y$ への写像 $f$ に関するつぎの四条件は互いに同値である．

a）$f$ は連続である．

b）$B$ が $Y$ の開集合なら $f^{-1}[B]$ は $X$ の開集合である．

c）$C$ が $Y$ の閉集合なら $f^{-1}[C]$ は $X$ の閉集合である．

d）$X$ の部分集合 $A$ に対し，$f[\bar{A}]\subset\overline{f[A]}$．

**証明**　a)⇔b) $f$ が連続とし，$B$ を $Y$ の開集合とする．$f^{-1}[B]$ の任意の点 $a$ に対し，$B$ は $f(a)$ の近傍だから，仮定によって $f^{-1}[B]$ は $a$ の近傍であり，したがって $f^{-1}[B]$ は開集合である．逆に $f(a)=b$ とし，$B$ を $b$ の近傍とする．$B^\circ$ は $b$ の開近傍だから，仮定によって $f^{-1}[B^\circ]$ は $a$ を含む開集合，よって $f^{-1}[B]$ は $a$ の近傍である．

b)⇔c)　補集合を考えればあきらか．

a)⇒d) は命題 4.3.5 である．

d)⇒c)　$C$ を $Y$ の閉集合とし，$A=f^{-1}[C]$ とする．$f[A]=C$ だから，仮定により，$f[\bar{A}]\subset\overline{f[A]}=\bar{C}=C$．$f^{-1}[f[\bar{A}]]\subset f^{-1}[C]=A$．$x\in\bar{A}$ なら $x\in f^{-1}[f(x)]\subset A$，したがって $\bar{A}=A$．□

## 同相写像

**4.3.10　定義**　$X, Y$ を位相空間，$f$ を $X$ から $Y$ への双射とする．$f: X\to Y$ と $f^{-1}: Y\to X$ がともに連続のとき，$f$ を $X$ から $Y$ への**同相写像**という．このとき $f^{-1}$ は $Y$ から $X$ への同相写像である．

位相空間 $X$ から位相空間 $Y$ への同相写像が存在するとき，$X$ と $Y$ とは互いに**同相**または**位相同型**であるといい，$X\cong Y$ とかく．

ふたつの位相空間が互いに同相ならば，このふたつは構造としてはまったく同じものとみなされる．

**4.3.11　例**　1）平面 $\boldsymbol{R}^2$ の単位円 $x^2+y^2=1$ を $X$，楕円 $\dfrac{x^2}{a^2}+\dfrac{y^2}{b^2}=1$ $(a, b>0)$ を $Y$ とする．$X$ から $Y$ への写像 $f: (x, y)\mapsto(ax, by)$ は $X$ から

$Y$ への同相写像である．同じ対応のさせかたによって，円の内部と楕円の内部も同相になる．

2)　微積分の知識を援用する．1 でない任意の正の実数 $a$ に対し，指数関数 $f_a(x)=a^x\,(x\in\boldsymbol{R})$ が定義される．関数 $f_a$ は，$\boldsymbol{R}$ から $\boldsymbol{R}_+{}^*=\{u\in\boldsymbol{R}\,;\,u>0\}$ への連続な双射であり，その逆写像は対数関数 $f_a{}^{-1}(u)=\log_a u$ である．この双射によって $\boldsymbol{R}$ と $\boldsymbol{R}_+{}^*$ とは互いに同相になる．実は，この双射によって，$\boldsymbol{R}$ と $\boldsymbol{R}_+{}^*$ とは群としても同型になる（$\boldsymbol{R}$ は加法群，$\boldsymbol{R}_+{}^*$ は乗法群）．

### 像位相と逆像位相

**4.3.12　命題**　$(X,\mathcal{O})$ を位相空間，$Y$ を集合，$f$ を $X$ から $Y$ への写像とする．$Y$ の部分集合 $B$ で，$f^{-1}[B]$ が $X$ の開集合であるものの全体，すなわち $\{B\in\mathcal{P}(Y)\,;\,f^{-1}[B]\in\mathcal{O}\}$ を $\mathcal{S}$ とすると，$\mathcal{S}$ は開集合系の三条件をみたし，$(Y,\mathcal{S})$ は位相空間になる．$\mathcal{S}$ を $\mathcal{O}$ の $f$ による**像位相**という．$f$ は $(X,\mathcal{O})$ から $(Y,\mathcal{S})$ への連続写像である．

**証明**　$(\mathrm{T}_1)$　$A_i=f^{-1}[B_i]\,(i\in I,\,B_i\in\mathcal{S})$ なら $\bigcup_{i\in I}A_i=f^{-1}\left[\bigcup_{i\in I}B_i\right]$．$\bigcup A_i\in\mathcal{O}$ だから $\bigcup B_i\in\mathcal{S}$．

$(\mathrm{T}_2)$　$A_i=f^{-1}[B_i]\,(i=1,2,\,B_i\in\mathcal{S})$ なら $A_1\cap A_2=f^{-1}[B_1\cap B_2]$．$A_i\in\mathcal{O}$ $(i=1,2)$ だから $B_1\cap B_2\in\mathcal{S}$．

$(\mathrm{T}_3)$　$f^{-1}[\emptyset]=\emptyset,\,f^{-1}[Y]=X$．

$f$ が連続なことはあきらかだろう．□

**4.3.13　命題**　集合 $X$ から集合 $Y$ への上射 $f$ が与えられるのと，$X$ 上の同値関係 $\sim$ が与えられるのとは同じことである（例 1.2.9 の 2)）．すなわち，$X$ の元 $x,y$ に対し，$f(x)=f(y)$ のとき $x\sim y$．そして，$Y$ は $X$ の $\sim$ による商集合 $X/\sim$ とみなされる．

この状況のもとで，もし $X$ が位相空間なら，上の命題によって $Y=X/\sim$ に像位相が定まる．この位相をそなえた集合 $X/\sim$ を，$X$ の同値関係による**商位相空間**，略して**商空間**という．

**4.3.14　命題**　$X$ を集合，$(Y, \mathcal{S})$ を位相空間，$f$ を $X$ から $Y$ への写像とする．$Y$ の開集合の $f$ による逆像の全体，すなわち $\{f^{-1}[B]\,;B \in \mathcal{S}\}$ を $\mathcal{T}$ とすると，$\mathcal{T}$ は開集合系の三条件をみたし，$(X, \mathcal{T})$ は位相空間になる．$\mathcal{T}$ を $\mathcal{S}$ の $f$ による**逆像位相**という．$f$ は $(X, \mathcal{T})$ から $(Y, \mathcal{S})$ への連続写像である．

**証明**　$(T_1)$　$A_i = f^{-1}[B_i]\,(i \in I, B_i \in \mathcal{S})$ なら $\bigcup A_i = f^{-1}[\bigcup B_i]$．$\bigcup B_i \in \mathcal{S}$ だから $\bigcup A_i \in \mathcal{T}$．

$(T_2)$　$A_i = f^{-1}[B_i]\,(i = 1, 2, B_i \in \mathcal{S})$ なら $A_1 \cap A_2 = f^{-1}[B_1 \cap B_2]$．$B_1 \cap B_2 \in \mathcal{S}$ だから $A_1 \cap A_2 = \mathcal{T}$．

$(T_3)$　$\emptyset = f^{-1}[\emptyset], X = f^{-1}[Y]$．

$f$ が連続なことはあきらかだろう．□

**4.3.15　例**　$(X, \mathcal{T})$ を位相空間，$Y$ を $X$ の部分集合とし，$Y$ から $X$ への標準入射を $i : x \mapsto x$ とする．$Y$ には $X$ の部分空間としての位相 $\mathcal{S}_1$（定義 4.1.18）および $i$ による逆像位相 $\mathcal{S}_2$ が入る．このふたつは一致する：$\mathcal{S}_1 = \mathcal{S}_2$．

**証明**　$A \in \mathcal{S}_1$ なら $\mathcal{T}$ の元 $B$ があって $A = B \cap Y$．$A = i^{-1}[B]$ だから $A \in \mathcal{S}_2$．逆に $A \in \mathcal{S}_2$ なら $\mathcal{T}$ の元 $B$ があって $A = i^{-1}[B]$．すなわち $A = B \cap Y$ だから $A \in \mathcal{S}_1$．□

## 位相の強弱

**4.3.16　定義**　集合 $X$ に位相 $\mathcal{T}, \mathcal{S}$ があるとする．$\mathcal{T} \subset \mathcal{S}$ のとき，$\mathcal{S}$ は $\mathcal{T}$ より**強い**，または $\mathcal{T}$ は $\mathcal{S}$ より**弱い**という．$\mathcal{T} = \mathcal{S}$ の場合も含まれることに注意．$\mathcal{T} \subsetneqq \mathcal{S}$ のとき，$\mathcal{S}$ は $\mathcal{T}$ より**真に強い**，$\mathcal{T}$ は $\mathcal{S}$ より**真に弱い**という．

**ノート**　$X$ 上の位相の全体を $\boldsymbol{T}$ とすると，($\boldsymbol{T}\subset\mathcal{P}(\mathcal{P}(X))$ に注意）強弱関係 $\mathcal{T}\subset\mathcal{S}$ に関して $\boldsymbol{T}$ は順序集合である．$\boldsymbol{T}$ のなかで離散位相はもっとも強く，密着位相はもっとも弱い．すなわち，$\boldsymbol{T}$ は最大元，最小元をもつ．

**4.3.17　命題**　$\mathcal{T},\mathcal{S}$ を集合 $X$ 上の位相とする．$\mathcal{S}$ が $\mathcal{T}$ より強い，または $\mathcal{T}$ が $\mathcal{S}$ より弱い，ということは，$(X,\mathcal{S})$ から $(X,\mathcal{T})$ への恒等写像 $I$ : $x\mapsto x$ が連続だ，ということである．

**証明**　$\mathcal{S}$ が $\mathcal{T}$ より強いとする．$A$ が $(X,\mathcal{T})$ の開集合なら $A\in\mathcal{T}\subset\mathcal{S}$ だから $A=I^{-1}[A]$ は $(X,\mathcal{S})$ の開集合であり，$I$ は連続である．

つぎに $I$ が連続なら，任意の $A\in\mathcal{T}$ に対して $A=I^{-1}[A]\in\mathcal{S}$ だから $\mathcal{T}\subset\mathcal{S}$．□

**4.3.18　例**　実数体 $\boldsymbol{R}$ には，標準位相すなわち順序位相 $\mathcal{T}$ のほか，例 4.1.3 の 4)で定義した位相 $\mathcal{S}$ がある．$\mathcal{S}$ では，$[a]=\{x\in\boldsymbol{R}\,;\,x\leqq a\}$ の全体は開集合基である．$\mathcal{T}$ と $\mathcal{S}$ とはどっちが強いか．

$[a]$ は $\mathcal{S}$ に関して $a$ の開近傍だが，$\mathcal{T}$ に関する $a$ の開近傍は開区間 $(\mathring{x},\mathring{y})$ $(x<a<y)$ を含まなければならないから $\mathcal{S}\not\subset\mathcal{T}$．逆に開区間 $(\mathring{x},\mathring{y})$ に含まれるような $[a]$ はない（$[a]$は下に非有界）から $\mathcal{S}\not\supset\mathcal{T}$．すなわち，$\mathcal{T}$ と $\mathcal{S}$ の間に強弱関係はない．

**4.3.19　例**　$\boldsymbol{C}^n$ には標準位相 $\mathcal{T}$ のほか，例 4.1.8 の 2)で定義したザリスキ位相 $\mathcal{S}$ がある．$\mathcal{S}$ は $\mathcal{T}$ より真に弱い．実際，複素係数の $n$ 変数多項式 $f\in\boldsymbol{C}[t_1,t_2,\cdots,t_n]$ に対し，$Z(f)=\{\boldsymbol{z}\in\boldsymbol{C}^n\,;\,f(\boldsymbol{z})=0\}$ と定義した．$Z(f)$ たちは $\mathcal{S}$ の閉集合基である．標準位相に関して多項式関数は連続だから，$\boldsymbol{C}$ の閉集合 $\{0\}$ の逆像 $Z(f)$ は $\mathcal{T}$ の閉集合であり，$\mathcal{S}\subset\mathcal{T}$．

$\mathcal{S}\subsetneqq\mathcal{T}$ の，厳密な証明は例 5.1.9 の 3)にまわす．$z_1=x_1+iy_1$ $(x_1,y_1\in\boldsymbol{R},\ i=\sqrt{-1})$ とかき，$B=\{\boldsymbol{z}\in\boldsymbol{C}^n\,;\,x_1\geqq 0\}$ とすると，$B$ は $\mathcal{T}$ の閉集合である．もし $B$ が $\mathcal{S}$ の閉集合なら，$B=\bigcap Z(f)$ の形だから，$Z(f)\supset\{(0,z_2,\cdots,z_n)\}$．したがって $f(t_1,t_2,\cdots,t_n)$ は 1 変数多項式 $g(t_1)$ とかけるが，$Z(g)$ の第 1 成分は有限だから $Z(g)\supset B$ となり矛盾．例 5.1.9 の 3)を見よ．□

**4.3.20　命題**　位相空間 $X$ から位相空間 $Y$ への写像は，$X$ の位相が強いほど連続になりやすく，また $Y$ の位相が弱いほど連続になりやすい．正確にはつぎのとおり．$f$ を位相空間 $(X, \mathcal{O})$ から位相空間 $(Y, \mathcal{S})$ への連続写像とする．$X$ の位相 $\mathcal{O}'$ が $\mathcal{O}$ より強く，$Y$ の位相 $\mathcal{S}'$ が $\mathcal{S}$ より弱ければ，写像 $f:(X, \mathcal{O}')\to(Y, \mathcal{S}')$ は連続である．

**証明**　$A\in\mathcal{S}'$ なら $A\in\mathcal{S}$．$f:(X, \mathcal{O})\to(Y, \mathcal{S})$ は連続だから $f^{-1}[A]\in\mathcal{O}$，よって $f^{-1}[A]\in\mathcal{O}'$．□

**4.3.21　命題**　$X$ を位相空間，$Y$ を集合，$f$ を $X$ から $Y$ への写像とする．$Y$ に $f$ による像位相を入れると $f$ は連続である（命題 4.3.12）．$Y$ の像位相は，$f$ が連続になるようなもっとも強い位相である．

**証明**　$Y$ の像位相を $\mathcal{S}$ とし，$Y$ の位相 $\mathcal{S}'$ に関して $f$ が連続とする．$\mathcal{S}'$ の元 $B$ に対し，$A=f^{-1}[B]$ は $X$ の開集合である．$B=f[A]$ だから $B\in\mathcal{S}$，すなわち $\mathcal{S}'\subset\mathcal{S}$．□

**4.3.22　命題**　$X$ を集合，$Y$ を位相空間，$f$ を $X$ から $Y$ への写像とする．$X$ に $f$ による逆像位相 $\mathcal{O}$ を入れると，$f$ は連続である（命題 4.3.14）．$\mathcal{O}$ は $f$ が連続になるようなもっとも弱い位相である．

**証明**　$X$ の位相 $\mathcal{O}'$ に関して $f$ が連続とする．$A\in\mathcal{O}$ なら，$Y$ の開集合 $B$ によって $A=f^{-1}[B]$ とかける．$f$ は $\mathcal{O}'$ に関して連続だから $A\in\mathcal{O}'$，すなわち $\mathcal{O}<\mathcal{O}'$．□

**4.3.23　命題**　$(X, \mathcal{O}), (Y, \mathcal{S})$ を位相空間とし，$Z=X\times Y$ 上の積位相（定義 4.1.19）を $\mathcal{R}$ とする．$Z$ から $X$ への射影（定義 1.2.9）を $p$，$Z$ から $Y$ への射影を $q$ とする．

1)　$p, q$ は連続である．

2)　積位相 $\mathcal{R}$ は，$p$ と $q$ が連続になるようなもっとも弱い位相である．

**証明**　1)　$A\in\mathcal{T}$ なら $p^{-1}[A]=A\times Y\in\mathcal{R}$ だから $p$ は連続．$q$ も同じ．

2)　$Z$ の位相 $\mathcal{R}'$ に関して $p, q$ が連続とする．$\mathcal{R}$ の元 $A\times B\,(A\in\mathcal{T}, B\in\mathcal{S})$ に対し，仮定によって $p^{-1}[A]\in\mathcal{R}', q^{-1}[B]\in\mathcal{R}'$．$p^{-1}[A]=A\times Y$, $q^{-1}[B]=X\times B$ だから，$A\times B=p^{-1}[A]\cap q^{-1}[B]\in\mathcal{R}'$，したがって $\mathcal{R}\subset\mathcal{R}'$．□

**4.3.24　命題**（一般の積位相空間の場合）　選択公理のもと，空でない位相空間の族 $\langle(X_i, \mathcal{T}_i)\,;\, i\in I\rangle$ に対し，これの積位相空間（定義 4.1.20）を $(X, \mathcal{T})$ とし，$X$ から $X_i\,(i\in I)$ への射影を $p_i$ とかく．

1)　各 $p_i : X\to X_i\,(i\in I)$ は連続である．

2)　積位相 $\mathcal{T}$ は，すべての $p_i\,(i\in I)$ が連続になるような $X$ 上のもっとも弱い位相である．

**証明**　1)　$A\in\mathcal{T}_i$ なら $p_i^{-1}[A]=A\times\prod_{j\neq i}X_j\in\mathcal{T}$ だから $p_i$ は連続である．

2)　$X$ 上の位相 $\mathcal{T}'$ に関してすべての $p_i\,(i\in I)$ が連続とする．$J$ を $I$ の有限部分集合とし，$\mathcal{T}$ の元 $A=\prod_{i\in J}A_i\times\prod_{i\in I-J}X_i\,(A_i\in\mathcal{T}_i)$ とすると，仮定によって $p_i^{-1}[A_i]\in\mathcal{T}'$．$p_i^{-1}[A_i]=A_i\times\prod_{j\neq i}X_j$ だから，

$$\bigcap_{i\in J}p^{-1}[A_i]=\prod_{i\in J}A_i\times\prod_{i\in I-J}X_i=A.$$

左辺は $\mathcal{T}'$ に属するから $A\in\mathcal{T}'$．よって $\mathcal{T}\subset\mathcal{T}'$．□

**ノート**　上のいくつかの命題では，位相から成る集合に，もっとも弱い（強い）位相があった．だが，位相から成る任意の集合にもっとも弱い（強い）位相があるとは限らない．しかし，つぎの命題が成りたつ．

**4.3.25　命題**　集合 $X$ 上の位相全部の集合 $\boldsymbol{T}$ は，包含関係による順序集合として完備である．すなわち，$X$ 上の位相から成る空でない集合には上限，下限が存在する（$\boldsymbol{T}$ には最大元，最小元があることに注意）．

**証明**　1)　下限の存在．$\mathcal{J}=\langle\mathcal{T}_i\,;\, i\in I\rangle\,(I\neq\emptyset)$ を $X$ 上の位相の族とす

る．$\mathcal{T}=\bigcap_{i\in I}\mathcal{T}_i$ は $X$ 上の位相である（やさしい）．$\mathcal{T}$ はあきらかに $\mathcal{F}$ の下界である．位相 $\mathcal{S}$ が $\mathcal{F}$ の下界なら，すべての $i\in I$ に対して $\mathcal{S}\subset\mathcal{T}_i$．したがって $\mathcal{S}\subset\mathcal{T}$ であり，$\mathcal{T}$ は最大下界すなわち下限である．

2) 上限の存在．$\mathcal{F}=\langle\mathcal{T}_i\,;i\in I\rangle\,(I\neq\emptyset)$ が $X$ 上の位相の族のとき，$\mathcal{A}=\bigcup_{i=I}\mathcal{T}_i$ は必ずしも位相でない．$\mathcal{A}$ を含む位相（たとえば離散位相 $\mathcal{P}(X)$）の全体を $\mathcal{G}$ とすると，1)によって $\mathcal{T}=\bigcap\mathcal{G}$ は位相である．すべての $i\in I$ に対して $\mathcal{T}_i\subset\mathcal{A}\subset\mathcal{T}$ だから，$\mathcal{T}$ は $\mathcal{F}$ の上界である．位相 $\mathcal{S}$ が $\mathcal{F}$ の上界なら，すべての $i\in I$ に対して $\mathcal{T}_i\subset\mathcal{S}$ だから $\mathcal{A}\subset\mathcal{S}$，したがって $\mathcal{S}\in\mathcal{G}$．よって $\mathcal{T}\subset\mathcal{S}$，すなわち $\mathcal{T}$ は $\mathcal{F}$ の最小上界すなわち上限である．□

## 問　題

**1** $X, Y$ を位相空間，$f$ を $X$ から $Y$ への写像とする．$X$ の任意の開集合 $A$ に対して像 $f[A]$ が $Y$ の開集合のとき，$f$ を**開写像**という．

積空間 $Z=X\times Y$ から $X, Y$ への射影 $p, q$ は開写像である．一般の積空間 $Z=\prod_{i\in I}X_i\neq\emptyset$ のときも，第 $i$ 射影 $p_i : Z\to X_i$ は開写像である．

**2** $X$ を位相空間，$Y$ を $X$ の部分空間，$i$ を $Y$ から $X$ への標準入射 $x\mapsto x$ とする．$i$ が開写像であることと，$Y$ が $X$ の開集合であることとは同値である．

## §4 点列の収束

**4.4.1 定義** $X$ を位相空間，$b$ を $X$ の点とする．$X$ の点列 $\langle a_n\rangle_{n\in\boldsymbol{N}}$（定義 1.2.11）が $b$ に**収束**するとはつぎのことである：点 $b$ の任意の近傍 $U$ に対し，ある自然数 $L$ をとると，$L\leqq n$ なるすべての自然数 $n$ に対して $a_n\in U$ が成りたつ．

**ノート**　これで収束の一般的な定義はできたけれども，この定義がつねに有効であるとは限らない．たとえば $X$ が離散位相空間で，$\langle a_n \rangle$ が $b$ に収束すれば，ある番号より先のすべての $n$ に対して $a_n=b$ である．また，$X$ が密着位相空間なら，任意の点列は $X$ のすべての点に収束する．

**4.4.2　例**　1)　$\boldsymbol{R}^n$ の点列の収束はすでに定義した（定義 3.4.4）．その定義と，$\boldsymbol{R}^n$ の標準位相に関する上の定義とは一致する．

2)　順序体における点列の収束もすでに定義してある（定義 2.5.2）．その定義と，全順序集合位相（例 4.1.8 の 1)）に関する上の定義とは一致する．

**4.4.3　命題**　$X$ を局所可算型の位相空間，$A$ を $X$ の部分集合とする．選択公理のもとで，$X$ の点 $a$ が $A$ の閉包 $\bar{A}$ に属するためには，$a$ に収束する $A$ の点列が存在することが必要十分である．

**証明**　$A$ の点列 $\langle a_n \rangle$ が $a$ に収束するとする．$a$ の任意の近傍 $U$ に対し，ある自然数 $L$ をとると $a_L \in U$，よって $U \cap A \neq \emptyset$．$a \in \bar{A}$．

逆に $a \in \bar{A}$ とする．点 $a$ の可算近傍基 $\langle V_n\,;\, n \in \boldsymbol{N} \rangle$ として，$V_n \supset V_{n+1}$ なるものをとる（§2 の問題 3）．仮定により，すべての $n \in \boldsymbol{N}$ に対して $V_n \cap A \neq \emptyset$．選択公理により，各 $V_n \cap A$ から 1 点 $a_n$ をとって $A$ の点列 $\langle a_n \rangle_{n \in \boldsymbol{N}}$ をつくる．$a$ の任意の近傍 $U$ に対し，$U \supset V_L$ なる $L \in \boldsymbol{N}$ をとると，$L \leqq n$ なら $a_n \in V_n \subset V_L \subset U$ となる．□

**4.4.4　命題**　$X$ を局所可算型の位相空間，$A$ を $X$ の部分集合とする．選択公理のもとで，$A$ が閉集合であることと，$X$ の点 $b$ に収束する $A$ の点列 $\langle a_n \rangle_{n \in \boldsymbol{N}}$ があれば $b \in A$ となることは同値である．

**証明**　$A$ が閉集合とする．$X$ の点 $b$ に収束する $A$ の点 $\langle a_n \rangle$ があれば，前命題によって $b \in \bar{A} = A$．

$A$ が閉集合でないとする．$\bar{A} - A$ の点 $b$ をとると，前命題によって $b$ に収束する $A$ の点列 $\langle a_n \rangle$ があるが，$b$ は $A$ に属さない．□

**4.4.5 命題** $X$ を局所可算型の位相空間，$f$ を $X$ から位相空間 $Y$ への写像，$a$ を $X$ の点とする．選択公理のもとでつぎの二条件は互いに同値である：

a） $f$ は $a$ で連続である．

b） $a$ に収束する $X$ の点列 $\langle a_n \rangle_{n\in \boldsymbol{N}}$ があれば，$Y$ の点列 $\langle f(a_n) \rangle_{n\in \boldsymbol{N}}$ は $f(a)$ に収束する．

**証明** 1° a)⇒b) $f(a)$ の任意の近傍 $V$ に対し，$a$ のある近傍 $U$ をとると $f[U]\subset V$．$\langle a_n \rangle$ が $a$ に収束するとすれば，ある番号 $L$ をとると，$L\leqq n$ なら $a_n\in U$，したがって，$f(a_n)\in V$．すなわち $\langle f(a_n) \rangle$ は $f(a)$ に収束する．

2° b)⇒a) §2の問題3により，$a$ の可算近傍基 $\mathcal{B}=\langle U_n\,;\, n\in \boldsymbol{N} \rangle$ として $U_n\supset U_{n+1}$ なるものがとれる．いま $a$ で $f$ が連続でないとする．$f(a)$ のある近傍 $V$ をとると，すべての自然数 $n$ に対して $f[U_n]\not\subset V$ が成りたつ．各 $n$ に対し，$x\in U_n, f(x)\notin V$ なる $x$ を（選択公理によって）ひとつ選んで $a_n$ とする．

$a$ の任意の近傍 $W$ に対し，ある番号 $L$ をとると $U_L\subset W$．したがって $L\leqq n$ なら $U_n\subset W$．よって $a_n\in W$ だから，$\langle a_n \rangle$ は $a$ に収束する．しかし，すべての $n$ に対して $f(a_n)\notin V$ だから，$\langle f(a_n) \rangle$ は $f(a)$ に収束しない．□

**4.4.6 命題** 位相空間 $X$ が**ハウスドルフ空間**であるとはつぎのことである：$X$ の相異なる2点 $a, b$ に対し，$a$ の近傍 $U$ および $b$ の近傍 $V$ で $U\cap V=\emptyset$ なるものが存在する．

ハウスドルフ空間 $X$ の点列が収束すれば，収束先はひとつしかない．

**証明** $X$ の点列 $\langle a_n \rangle$ がふたつの相異なる点 $a, b$ に収束したとする．$a$ の近傍 $U$ および $b$ の近傍 $V$ で $U\cap V=\emptyset$ なるものをとる．ある番号 $L_1$ をとると，$L_1\leqq n$ なら $a_n\in U$．ある番号 $L_2$ をとると，$L_2\leqq n$ なら $a_n\in V$．$L=\max\{L_1, L_2\}$ とすれば $a_L\in U\cap V$ となり矛盾．□

**ノート** こういう条件があれば，ただひとつの収束先を**極限**と呼ぶことができるし，$\lim_{n\to\infty} a_n = b$ という記号もつかえる．

位相空間のハウスドルフ性は非常に重要な概念である．これについては次章でまなぶ．

## §5　距離空間（その1）

**ノート**　$\boldsymbol{R}^n$ には，2点 $\boldsymbol{a}=(a_1, a_2, \cdots, a_n)$, $\boldsymbol{b}=(b_1, b_2, \cdots, b_n)$ の間の距離

$$d(\boldsymbol{a}, \boldsymbol{b})=\sqrt{\sum_{i=1}^{n}(b_i-a_i)^2}$$

が定義され，これによって開集合の概念が定義されて標準位相が定まった（命題 3.4.10 および例 4.1.3 の 2)）．

ここではそれを一般化して抽象的な距離の概念を定義し，これから位相が定まることをみる．距離による位相空間は非常に扱いやすい位相空間である．

### 距離空間の定義

**4.5.1　定義**　$X$ を集合とする．積集合 $X\times X$ から $\boldsymbol{R}^+=\{x\in\boldsymbol{R}\,;\,x\geqq 0\}$ への写像 $d$ がつぎの条件 $(\mathrm{D}_1)$〜$(\mathrm{D}_3)$ をみたすとき，$d$ を $X$ の**距離関数**と言い，$d(a, b)$ を $X$ の2点 $a, b$ の**距離**という．距離関数 $d$ をそなえた集合 $(X, d)$ を**距離空間**という．

$(\mathrm{D}_1)$　$d(x, x)=0$．$x\neq y$ なら $d(x, y)>0$．

$(\mathrm{D}_2)$　$d(x, y)=d(y, x)$．

$(\mathrm{D}_3)$　$d(x, z)\leqq d(x, y)+d(y, z)$（三角不等式）．

### 距離の定める位相

**4.5.2　定義**　$(X, d)$ を距離空間とする．$\boldsymbol{R}^n$ の用語を借用する．$X$ の点 $a$ および正の実数 $r$ に対し，集合 $\{x\in X\,;\,d(a, x)<r\}$ を，$a$ を中心とする半径 $r$ の**開球**と言い，$D(a, r)$ とかく．また，$\{x\in X\,;\,d(a, x)\leqq r\}$ を，$a$

を中心とする半径 $r$ の**閉球**と言い，$\bar{D}(a,r)$ とかく．

**4.5.3　命題**　$(X,d)$ を距離空間，$A$ を $X$ の部分集合とする．$A$ の任意の点 $a$ に対し，$a$ を中心とするある開球が $A$ に含まれるとき，$A$ を $(X,d)$ の**開集合**と呼び，その全体を $\mathcal{T}$ とする．$\mathcal{T}$ は開集合系の三条件 $(T_1)$～$(T_3)$（定義 4.1.1）をみたし，したがって $(x,\mathcal{T})$ は位相空間になる．位相 $\mathcal{T}$ を，距離 $d$ の定める位相という．

**証明**　$(T_1)$　$\{A_i\,;i\in I\}$ を開集合の族とし，$A=\bigcup_{i\in I}A_i$ とする．$A$ の任意の点 $a$ はある $A_i$ に属するから，$a$ を中心とするある開球が $A_i$ に，したがって $A$ に含まれる．

$(T_2)$　$A,B$ を開集合とし，$a\in A\cap B$ とする．ある正の実数 $r,s$ をとると $D(a,r)\subset A$ かつ $D(a,s)\subset B$．したがって $a$ を中心とする半径 $\min\{r,s\}$ の開球は $A\cap B$ に含まれる．

$(T_3)$　$\emptyset\in\mathcal{T}, X\in\mathcal{T}$ はあきらか．□

**ノート**　$\{D(a,r)\,;a\in X, r>0\}$ は $(X,\mathcal{T})$ の開集合基である．$\{D(a,r)\,;r>0\}$ は点 $a$ の近傍基である．

**4.5.4　命題**　距離空間 $(X,d)$ によって定まる位相空間 $(X,\mathcal{T})$ は局所可算型である．

**証明**　$X$ の点 $a$ に対し，$a$ を中心とする半径が有理数の開球の全体 $\mathcal{U}$ は $a$ の近傍基であり，可算である．□

**4.5.5　命題**　距離空間 $(X,d)$ によって定まる位相空間 $(X,\mathcal{T})$ はハウスドルフ空間（命題 4.4.6）である．

**証明**　$a,b$ を $X$ の相異なる点とする．$(D_1)$ によって $r=d(a,b)>0$．$U=D\left(a,\dfrac{r}{2}\right)$, $V=D\left(b,\dfrac{r}{2}\right)$ はそれぞれ $a,b$ の近傍で，$U\cap V=\emptyset$．実際，$c\in U\cap V$ なら $d(a,c)<\dfrac{r}{2}$, $d(c,b)<\dfrac{r}{2}$ だから，$(D_3)$ によって $d(a,b)<r$ となってしまう．□

**ノート** 距離空間と，それから定まる位相空間をいちいち区別するのは面倒なので，今後は原則として，距離空間ということばで，それの定める位相空間も意味させることにする．

## 距離空間の例

**4.5.6 例** 1) 周知の距離によって $\boldsymbol{R}^n$ は距離空間である．

2) 集合 $X$ の点 $x, y$ に対し，$x=y$ のとき $d(x, y)=0$, $x \neq y$ のとき $d(x, y)=1$ とすると，$(x, d)$ は距離空間である．これの定める位相は離散位相である．

**4.5.7 例** $G$ を可換な加法群（定義2.1.3のあとのノートおよび定義2.1.4）とする．$G$ から $\boldsymbol{R}^+=\{x \in \boldsymbol{R}\,;\, x \geqq 0\}$ への写像 $x \mapsto \|x\|$ があり，つぎの条件をみたすとする：

1) $\|0\|=0$（左側の0は $G$ の単位元）．$x \neq 0$ なら $\|x\|>0$.

2) $\|-x\|=\|x\|$.

3) $\|x+y\| \leqq \|x\|+\|y\|$.

これには名前がないと思う．ここではかりに**ノルムもどき**と言っておく．

$G$ のノルムもどき $\|\ \|$ に対し，$G \times G$ から $\boldsymbol{R}^+$ への写像 $d$ を，

$$d(x, y)=\|x-y\|$$

によって定義する．

写像 $d$ は $G$ の距離関数である．実際，$(D_1)$～$(D_3)$ を調べよう．

$(D_1)$ $d(x, x)=\|0\|=0$. $x \neq y$ なら $d(x, y)=\|x-y\|>0$.

$(D_2)$ $d(y, x)=\|y-x\|=\|x-y\|=d(x, y)$.

$(D_3)$ $d(x, z)=\|x-z\|=\|(x-y)+(y-z)\| \leqq \|x-y\|+\|y-z\|=d(x, y)+d(y, z)$.

こうして定まる距離空間 $(G, d)$ を，$G$ のノルムもどき $\|\ \|$ の定める距離空間という．

**ノート** $V$ が $\boldsymbol{C}$ または $\boldsymbol{R}$ 上の線型空間のとき，$V$ の**ノルム** $\|\ \|$ とは，つぎの条件をみたす写像 $V \to \boldsymbol{R}^+$ である：

1) $\|0\|=0$．$x \neq 0$ なら $\|x\|>0$．
2) $a \in \boldsymbol{C}$（または $a \in \boldsymbol{R}$）に対して $\|ax\|=|a|\|x\|$．
3) $\|x+y\| \leqq \|x\|+\|y\|$．

線型空間の定義をするのは面倒だし，いまの目的には加法群のノルムもどきで十分なので，あえてあまり使われない概念をつかうことにした．

**4.5.8 例** 集合 $X$ で定義され，$\boldsymbol{C}$（または $\boldsymbol{R}$）に値をもつ有界関数の全体を $B(X)$ とかく．関数の加法 $(f+g)(x)=f(x)+g(x)$ によって $B(X)$ は可換な加法群である．$B(X)$ のノルムもどき $\|\ \|$ を，$f \in B(X)$ に対して

$$\|f\|=\sup_{x \in X}|f(x)|$$

として定める．

$\|\ \|$ が $B(X)$ のノルムもどきであることを証明しよう．1) 2) はやさしいから 3) だけ示す．

任意の $x \in X$ に対し，$|(f+g)(x)|=|f(x)+g(x)| \leqq |f(x)|+|g(x)|$．よって $|(f+g)(x)| \leqq \|f\|+\|g\|$．$x$ は任意だから $\|f+g\| \leqq \|f\|+\|g\|$．

そこで $f, g \in B(X)$ に対して

$$d(f, g)=\|f-g\|=\sup_{x \in X}|f(x)-g(x)|$$

とおくと，$(B(X), d)$ は距離空間である．

**4.5.9 例** 解析学を援用する．$\boldsymbol{R}$ の有界閉区間 $I=[a, b]$ $(a<b)$ 上の連続な複素数値（実数値でもよい）関数の全体を $C(I)$ とする．$C(I)$ は関数の加法によって可換な加法群である．$C(I)$ に属する関数は $[a, b]$ で積分可能である．そこで，$f \in C(I)$ に対して

$$\|f\|=\int_a^b |f(x)|dx$$

とおく．写像 $f\mapsto\|f\|$ は $C(I)$ のノルムもどきである．

**証明**　1) あきらかに $\|0\|=0$．$f(c)\neq 0$ なる $c$ があると，$c$ の近くでは $|f(x)|\geqq\dfrac{|f(c)|}{2}$ となり（命題 3.3.2 の 1)），そこだけで積分値は正になる．すなわち，$f\neq 0$ なら $\|f\|>0$．2) はあきらか．3) 解析学の知識によれば

$$\int_a^b |f(x)+g(x)|dx\leqq\int_a^b |f(x)|dx+\int_a^b |g(x)|dx$$

だから $\|f+g\|\leqq\|f\|+\|g\|$．□

そこで，$f, g\in C(I)$ に対して

$$d(f, g)=\|f-g\|=\int_a^b |f(x)-g(x)|dx$$

とおくと，$(C(I), d)$ は距離空間になる．

**4.5.10　例**　1°　有理数体 $\boldsymbol{Q}$ に，普通の絶対値とは違う《絶対値》を定義する．

$p$ を素数とする．$\boldsymbol{Q}^*=\boldsymbol{Q}-\{0\}$ の任意の元 $x$ は $x=p^{\alpha}\dfrac{a}{b}$ の形にかける．ただし $\alpha$ は整数，$a, b$ は $p$ で割れない整数である．$\alpha$ は $x$ によって決まるので，

$$|x|_p=p^{-\alpha}$$

とおく．また，$|0|_p=0$ と決める．

2°　$\boldsymbol{Q}$ から $\boldsymbol{R}^+$ への写像 $x\mapsto|x|_p$ は，絶対値のみたすべきつぎの三条件をみたす．

1)　$|0|_p=0$．$x\neq 0$ なら $|x|_p>0$．

2) $|x+y|_p \leqq \max\{|x|_p, |y|_p\} \leqq |x|_p + |y|_p$.

3) $|xy|_p = |x|_p |y|_p$.

**証明** 1)はあきらか．さきに3)を示そう．$x \neq 0, y \neq 0$ とし，$x = p^\alpha \dfrac{a}{b}, y = p^\beta \dfrac{c}{d}$ とかくと，$xy = p^{\alpha+\beta}\dfrac{ac}{bd}$ であり，$ac$ も $bd$ も $p$ で割れない（$p$ が素数だから）．よって $|xy|_p = p^{-\alpha-\beta} = p^{-\alpha}p^{-\beta} = |x|_p|y|_p$.

最後に2)を示す．$\alpha < \beta$ とすると，

$$x + y = p^\alpha\left(\frac{a}{b} + p^{\beta-\alpha}\frac{c}{d}\right) = p^\alpha \frac{ad + p^{\beta-\alpha}bc}{bd}.$$

$bd$ は $p$ で割れない．$\beta - \alpha > 0$ だから，もし $ad + p^{\beta-\alpha}bc$ が $p$ で割れれば，$ad$ が $p$ で割れることになって矛盾する．よって $|x+y|_p = p^{-\alpha} = |x_p|$．$\alpha > \beta$ のときも同じ．

$\alpha = \beta$ のとき．$x + y = p^\alpha\left(\dfrac{a}{b} + \dfrac{c}{d}\right) = p^\alpha \dfrac{ad+bc}{bd}$．$bd$ は $p$ で割れない．いま $ad + bc$ が $p^\gamma$ $(\gamma \geqq 0)$ で割れ，$p^{\gamma+1}$ では割れないとすれば，

$$x + y = p^\alpha \frac{p^\gamma e}{bd} = p^{\alpha+\gamma}\frac{e}{bd}$$

とかけ，$e$ は $p$ で割れない．したがって $|x+y|_p = p^{-\alpha-\gamma} \leqq p^{-\alpha}$. □

以上で，$|x|_p$ が絶対値の名に値することがわかった．これを $\boldsymbol{Q}$ の $p$ **進絶対値**または $p$ **進付値**という．

3° そこで $\boldsymbol{Q} \times \boldsymbol{Q}$ から $\boldsymbol{R}^+$ への写像 $d_p$ を

$$d_p(x, y) = |x - y|_p$$

によって定義すると，$d_p$ は $\boldsymbol{Q}$ の距離関数である．証明は非常にやさしい．したがって $(\boldsymbol{Q}, d_p)$ は距離空間である．距離関数 $d_p$ を $\boldsymbol{Q}$ の $p$ **進距離**という．

4° この $p$ 進距離は普通の距離とは非常に違う．たとえば $x=5, y=2$ とする．普通の距離では $d(5, 2) = |5-2| = 3$．$p=3$ とすると，$d_3(5, 2) = |3|_3 = 3^{-1} = \dfrac{1}{3}$．$p$ が3以外の素数なら，$d_p(5, 2) = |3|_p = p^0 = 1$.

以上三つの例 $B(X), C(I), |\ \ |_p$ については，次章でもう一度扱う．

### 点列の収束

距離空間では点列の収束の概念（定義 4.4.1）が有効である．実際，距離空間は局所可算型かつハウスドルフなので，命題 4.4.3〜命題 4.4.6 が成りたつ（あるものは選択公理のもとで）．

定義 4.4.1 を距離空間の場合に特殊化すれば，つぎの定義が得られる．

**4.5.11　定義**　$(X, d)$ を距離空間，$\langle a_n\rangle_{n\in N}$ を $X$ の点列，$b$ を $X$ の点とする．点列 $\langle a_n\rangle$ が点 $b$ に**収束**するとはつぎのことである：任意の正の実数 $\varepsilon$ に対し，ある自然数 $L$ をとると，$L\leqq n$ なるすべての自然数 $n$ に対して $d(a_n, b)\leqq\varepsilon$ が成りたつ．

命題 4.5.5 および命題 4.4.6 により，点列の収束先はたかだかひとつしかない．だから，$\langle a_n\rangle$ が $b$ に収束するとき，$b$ を $\langle a_n\rangle$ の**極限**と言い，$\lim_{n\to\infty} a_n = b$ とかく．

### 同値な距離

**4.5.12　定義**　ひとつの集合 $X$ 上にふたつの距離関数 $d_1, d_2$ がある．これらの距離が $X$ に同じ位相を定めるとき，$d_1$ と $d_2$ は互いに**同値**であるという．

**4.5.13　命題**　集合 $X$ 上の距離関数 $d_1, d_2$ が互いに同値であるためには，つぎの条件がみたされることが必要十分である．

$X$ の任意の点 $a$ および任意の正の数 $\varepsilon$ に対し，ある正の数 $\delta$ をとると，

$$D_1(a, \delta)\subset D_2(a, \varepsilon).$$
$$D_2(a, \delta)\subset D_1(a, \varepsilon).$$

ただし，$D_i(a, \delta)$ は $d_i (i=1, 2)$ に関する開球である．

**証明**　距離による位相の定義からあきらか．□

**4.5.14　例**　$\boldsymbol{R}^n$ の2点 $\boldsymbol{x}, \boldsymbol{y}$ に対して

$$d'(\boldsymbol{x}, \boldsymbol{y})=\sum_{i=1}^{n}|x_i-y_i|$$

とおく．$d'$ は $\boldsymbol{R}^n$ の距離関数である．実際，$(D_1)$ と $(D_2)$ はあきらかだから $(D_3)$ をしらべる．$\boldsymbol{x}=\langle x_i\rangle, \boldsymbol{y}=\langle y_i\rangle, \boldsymbol{z}=\langle z_i\rangle$ とし，$x_i-y_i=a_i, y_i-z_i=b_i$ とすると $x_i-z_i=a_i+b_i$.

$$d'(\boldsymbol{x}, \boldsymbol{y})+d'(\boldsymbol{y}, \boldsymbol{z})=\sum|a_i|+\sum|b_i|,$$
$$d'(\boldsymbol{x}, \boldsymbol{z})=\sum|a_i+b_i|\leqq\sum|a_i|+\sum|b_i|.$$

さて，$d'$ は標準距離 $d$ と同値である．実際，

$$\begin{aligned}D'(\boldsymbol{a}, \varepsilon)&=\{\boldsymbol{x}\,;\sum|x_i-a_i|\leqq\varepsilon\}\\&\supset\left\{\boldsymbol{x}\,;\max_{1\leqq i\leqq n}|x_i-a_i|\leqq\frac{\varepsilon}{n}\right\}\\&\supset\left\{\boldsymbol{x}\,;\sqrt{\sum_{i=1}^{n}(x_i-a_i)^2}\leqq\frac{\varepsilon}{n}\right\}\\&=D\left(\boldsymbol{a}, \frac{\varepsilon}{n}\right).\end{aligned}$$

$$\begin{aligned}D(\boldsymbol{a}, \varepsilon)&=\{\boldsymbol{x}\,;\sqrt{\sum|x_i-a_i|^2}\leqq\varepsilon\}\\&\supset\left\{\boldsymbol{x}\,;\max_{1\leqq i\leqq n}|x_i-a_i|\leqq\frac{\varepsilon}{\sqrt{n}}\right\}\\&\supset\left\{\boldsymbol{x}\,;\sum_{i=1}^{n}|x_i-a_i|\leqq\frac{\varepsilon}{\sqrt{n}}\right\}\\&=D'\left(\boldsymbol{a}, \frac{\varepsilon}{\sqrt{n}}\right).\quad\square\end{aligned}$$

上の証明の途中で，つぎのこともわかったことになる：$d''(\boldsymbol{x}, \boldsymbol{y})=\max_{1\leqq i\leqq n}|x_i-y_i|$ とおくと，$d''$ も $d, d'$ と同値な $\boldsymbol{R}^n$ の距離である．

**4.5.15　例**　$\boldsymbol{R}$ の開区間 $I=(\mathring{0}, \mathring{1})$ 上の距離を $d'(x, y)=\left|\frac{1}{x}-\frac{1}{y}\right|$ で定義

する．すぐわかるように，これは実際に距離である．

$d'$ は $I$ の標準距離 $d(x,y)=|x-y|$ と同値である．実際，$a\in I$ とし，$0<\varepsilon<\dfrac{a}{2}$ なる $\varepsilon$ をとる．$|x-a|<\varepsilon$ なら $x>\dfrac{a}{2}$，よって $\left|\dfrac{1}{x}-\dfrac{1}{a}\right|<\dfrac{2|x-a|}{a^2}$．$y=\dfrac{1}{x}$, $b=\dfrac{1}{a}$ とすれば $|y-b|<\dfrac{2}{a^2}\left|\dfrac{1}{y}-\dfrac{1}{b}\right|$．□

関数 $d$ は有界なのに，$d'$ は有界でないことに注意．

## 問　題

**1**　稠密可算型（§1の問題7）の距離空間は大域可算型（定義 4.1.9）である．

したがって，§1の問題7により，選択公理のもとで，距離空間が大域可算型であることと，稠密可算型であることとは同値である．

**2**　距離の条件から，$(\mathrm{D}_1)$ のなかの《$x\neq y$ なら $d(x,y)>0$》を除いた関数 $d: X\times X\to \boldsymbol{R}^+$ を**擬距離**という．擬距離 $d$ に対し，$d(x,y)=0$ のとき $x\sim y$ と定めると，$\sim$ は $X$ 上の同値関係である．$x$ の属する同値類を $\tilde{x}$ とかく．$\tilde{X}=X/\sim$ を商集合とすると，$\tilde{X}\times\tilde{X}$ から $\boldsymbol{R}'$ への写像 $\tilde{d}$ を，$\tilde{d}(\tilde{x},\tilde{y})=d(x,y)$ によって定義することができる（well-defined）．これによって $(\tilde{X},\tilde{d})$ は距離空間になる．

**3**　$(X,d)$ を距離空間，$Y$ を $X$ の部分集合とする．写像 $d$ の定義域を $Y\times Y$ に制限した写像を $d'$ とすると，$(Y,d')$ は距離空間である．これを $(X,d)$ の**部分距離空間**という．$(Y,d')$ の定める位相は，$(X,d)$ の定める位相の部分位相（定義 4.1.18）である．

**4**　$(X,d),(Y,e)$ を距離空間とする．$Z=X\times Y$ とし，$Z\times Z$ から $\boldsymbol{R}^+$ への写像をつぎのように定める：$Z$ の元 $z=(x,y)$, $w=(u,v)$ に対して

$$f(z, w)=\sqrt{d(x, u)^2+e(y, v)^2}.$$

$f$ は $Z$ 上の距離である．$(Z, f)$ を $(X, d)$ と $(Y, e)$ の**積距離空間**という．$(Z, f)$ の定める位相は，$(X, d)$ と $(Y, e)$ がそれぞれ定める位相の積位相である．

**ノート**

$$f'(z, w)=d(x, u)+e(y, v),$$
$$f''(z, w)=\max\{d(x, u), e(y, v)\}$$

と定義しても，$f'$ や $f''$ は $f$ と同値な距離になる．2乗の和の平方根にしたのは，$\boldsymbol{R}^n, \boldsymbol{R}^m$ の標準距離の積距離が，$\boldsymbol{R}^{n+m}$ の標準距離になるようにしただけのことである．

**5** $\boldsymbol{R}$ の有界閉区間 $I=[a, b]\ (a<b)$ で定義された実数値連続関数の全体を $C(I)$ とする．$C(I)$ の元 $f$ に対して

$$\|f\|=\sqrt{\int_a^b |f(x)|^2 dx}$$

とおくと，$\|\ \ \|$ は $C(I)$ のノルムもどきになることを示せ．したがって，

$$d(f, g)=\|f-g\|=\sqrt{\int_a^b |f(x)-g(x)|^2 dx}$$

によって $C(I)$ は距離空間になる．

**6** $p$ 進絶対値によって有理数体 $\boldsymbol{Q}$ を $p$ 進距離空間とみなす（例 4.5.10）．

1) $\lim_{n\to\infty} p^n=0$ を示せ．
2) $a_n=1+p+p^2+\cdots+p^{n-1}$ とするとき，$\lim_{n\to\infty} a_n=\dfrac{1}{1-p}$ を示せ．
3) $\sum_{n=0}^{\infty}(p-1)p^n=-1$ を示せ．ただし，$\sum_{n=0}^{\infty} a_n=\lim_{k\to\infty}\sum_{n=0}^{k} a_n$．

# 第5章　位相空間（その2）

## §1　分離性

### $\mathbf{T}_1$ 空間

**5.1.1　定義**　位相空間 $X$ がつぎの条件をみたすとき，$X$ を **$\mathbf{T}_1$ 空間**という．

[$\mathrm{T}_1$]　$X$ の相異なる2点 $a, b$ に対し，$a$ の近傍 $U$ で $b$ を含まないものがある．

この空間を近接空間とかフレシェ空間とか呼ぶことがあるようだが，$\mathrm{T}_1$ 空間が一番流通している．

**5.1.2　命題**　位相空間 $X$ に対するつぎの三条件は互いに同値である．

a）　$X$ は $\mathrm{T}_1$ 空間である．

b）　$\bigcap \mathcal{V}(a)=\{a\}$，すなわち各点 $a$ の近傍全部の共通部分は $\{a\}$ である．

c）　1点集合は閉集合である．

**証明**　a)$\Leftrightarrow$b)　どっちを仮定しても，$a \neq b$ なら $a$ の近傍 $U$ で $b \notin U$ なるものがある．

a)$\Rightarrow$c)　$a \neq b, b \in \overline{\{a\}}$ とする．$b$ の近傍 $V$ で $a \notin V$ なるもの，すなわち $\{a\} \cap V=\emptyset$ なるものがある．これは閉包の定義に反する．

c)$\Rightarrow$a)　$a \neq b$ とする．$\{a\}$ は閉集合だから，$V=X-\{a\}$ は $b$ の開近傍で

ある．$a$ と $b$ を交換しても同じ．□

**5.1.3 例** 1) $X$ が少なくとも2点を含めば，$X$ の密着位相は $T_1$ でない．

2) 距離空間は $T_1$ である．

3) 有限部分集合を閉集合とする空間（例 4.1.3 の 3)）は $T_1$ である．

4) ザリスキ位相（例 4.1.8 の 2)）は $T_1$ である．

実際，$\boldsymbol{C}^n \ni \boldsymbol{a}, \boldsymbol{b}, \boldsymbol{a} \neq \boldsymbol{b}$ とする．$\boldsymbol{a}=(a_1, a_2, \cdots, a_n)$, $\boldsymbol{b}=(b_1, b_2, \cdots, b_n)$ と書き，記号を簡潔にするために $a_1 \neq b_1$ とする．$f(t_1, t_2, \cdots, t_n)=t_1-b_1$ とすると $f(\boldsymbol{b})=0$ だから $\boldsymbol{b} \in Z(f)$．一方 $f(\boldsymbol{a}) \neq 0$ だから $\boldsymbol{a} \notin Z(f)$．$U=\boldsymbol{C}^n-Z(f)$ とすると，$U$ は $\boldsymbol{a}$ の開近傍で $\boldsymbol{b} \notin U$．□

5) 順序集合 $X$ に対して例 4.1.3 の 4) で定義した位相を考える．$X$ が少なくとも2点をもつ全順序集合なら，この位相は $T_1$ でない．

実際，$a<b$ なら，$b$ を含む任意の開集合は $[b]$ を含み，したがって $a$ を含む．□

**5.1.4 命題** $T_1$ 空間の部分空間は $T_1$ である．

**証明** $X$ を $T_1$ 空間，$Y$ を $X$ の部分空間とする．$a, b \in Y, a \neq b$ なら $a, b \in X$ だから，$a$ を含む $X$ の開集合 $A$ で $b$ を含まないものがある．$A \cap Y$ は $a$ を含む $Y$ の開集合で，$b$ を含まない．□

**5.1.5 命題** 1) $X, Y$ が $T_1$ 空間なら，積空間 $X \times Y$ も $T_1$ 空間である．

2) $X \neq \emptyset, Y \neq \emptyset$ とする．$X \times Y$ が $T_1$ 空間なら，$X$ も $Y$ も $T_1$ 空間である．

**証明** 1) $(a, b) \neq (c, d)$ とする．$a \neq c$ としてよい．$a$ を含む開集合 $U$ で，$c$ を含まないものがある．$b$ を含む任意の開集合 $V$ をとると，$U \times V$ は $(a, b)$ を含む開集合で，$(c, d)$ を含まない．

2) $Y$ の点 $b$ を勝手にとり，$W=\{(x, b)\,;\, x \in X\}$ に $X \times Y$ の部分空間

としての位相を入れると，$X$ と $W$ は同相である．実際，$X$ から $W$ への写像 $f: x \mapsto (x, b)$ は双射である．$(x, b)$ の近傍 $U \times \{b\}$ に対し，$f^{-1}[U \times \{b\}] = U$ だから $f$ は連続．逆に $x$ の近傍 $U$ に対し，$f[U] = U \times \{b\}$ だから $f^{-1}$ も連続である．

もとの命題に戻る．$X \times Y$ が $T_1$ 空間なら，命題5.1.4によって $W$ も $T_1$ 空間，したがって $X$ も $T_1$ である．$Y$ も同様．□

**5.1.6　命題**　$X = \prod_{i \in I} X_i$ とする．

1)　$X_i$ がすべて $T_1$ なら $X$ も $T_1$ である．

2)　$X \neq \emptyset$ のとき，$X$ が $T_1$ なら $X_i$ はすべて $T_1$ である．

**証明**　1)　$a, b \in X, a \neq b$ とする．$a_{i_0} \neq b_{i_0}$ とすると，$a_{i_0}$ を含む開集合 $U_{i_0}$ で $b_{i_0}$ を含まないものがある．$i \neq i_0$ に対して $U_i = X_i$ とすれば，$U = \prod_{i \in I} U_i$ は $a$ を含む開集合で $b$ を含まない．

2)　$X$ の勝手な点 $\langle b_i \rangle_{i \in I}$ をとり，$i_0 \in I$ に対して

$$W_{i_0} = \{(x, \langle b_i \rangle_{i \neq i_0})\,;\, x \in X_{i_0}\}$$

とおく．$W_{i_0}$ に $X$ の部分空間の位相を入れると，前と同様に $X_{i_0}$ と $W_{i_0}$ は同相である（証明略）．したがって $X$ が $T_1$ なら $X_{i_0}$ も $T_1$ である．□

## ハウスドルフ空間

**5.1.7　定義**　位相空間 $X$ がつぎの条件をみたすとき，$X$ を**ハウスドルフ空間**という．

$[T_2]$　$X$ の相異なる2点 $a, b$ に対し，$a$ の近傍 $U$ および $b$ の近傍 $V$ で，$U \cap V = \emptyset$ なるものがある．

もちろん，《$a$ の近傍》《$b$ の近傍》のかわりに，《$a$ を含む開集合》《$b$ を含む開集合》としてもよい．

ハウスドルフ空間は $T_1$ 空間である．

**5.1.8 命題** 位相空間 $X$ に対するつぎの三条件は互いに同値である．

a） $X$ はハウスドルフ空間である．

b） 各点 $a$ の閉近傍全部の共通部分は $\{a\}$ である．

c） $X\times X$ の部分集合 $\Delta=\{(x,x)\,;\,x\in X\}$ を**対角集合**という．対角集合 $\Delta$ は積空間 $X\times X$ の閉集合である．

**証明** a)⇒b) 点 $a$ の閉近傍全部の共通部分に，$a$ 以外の点 $b$ があるとして矛盾をみちびく．点 $a$ の開近傍 $U$ および $b$ の開近傍 $V$ で，$U\cap V=\emptyset$ なるものがある．第4章§1の問題1によって $\bar{U}\cap V=\emptyset$．よって $\bar{U}$ は $b$ を含まない $a$ の閉近傍である．

b)⇒a) $a\neq b$ なら，$a$ の閉近傍 $W$ で $b$ を含まないものがあるから，$U=W^\circ$（開核），$V=X-W$ とおけば，$U,V$ はそれぞれ $a,b$ の開近傍で，$U\cap V=\emptyset$．

a)⇒c) $(a,b)\notin\Delta$ とする．$a\neq b$ だから，$a$ の開近傍 $U$ および $b$ の開近傍 $V$ で，$U\cap V=\emptyset$ なるものがある．$(U\times V)\cap\Delta=\emptyset$ だから $\Delta$ は閉集合である．

c)⇒a) $a\neq b$ なら $(a,b)\notin\Delta$．$\Delta$ は閉集合だから，積位相の定義により，$(a,b)$ の近傍 $U\times V$ で，$(U\times V)\cap\Delta=\emptyset$ なるものが存在する．当然 $U\cap V=\emptyset$．□

**5.1.9 例** 1） 距離空間はハウスドルフ空間である（命題 4.5.5）．

2） 有限集合を閉集合とする空間（例 4.1.3 の 3)）はハウスドルフでない．ただし，$X$ は無限集合とする．実際，この空間では $A,B$ が空でない開集合なら $A\cap B\neq\emptyset$ が成りたつ．なぜなら，$(A\cap B)^c=A^c\cup B^c$ で，$A^c,B^c$ は有限集合だから $A^c\cup B^c$ も有限であり，$X$ と異なる．□

3） $\boldsymbol{C}^n$ のザリスキ位相（例 4.1.8 の 2)）はハウスドルフでない．実際，ここでも前の例と同様，$A,B$ が空でない開集合なら，$A\cap B\neq\emptyset$ が成りたつ．これを示すためには，$A,B$ が $\boldsymbol{C}^n$ 以外の閉集合のとき，$A\cup B\neq\boldsymbol{C}^n$ が成りたつことを言えばよい．閉集合は $Z(f)$ たちの共通部分として書けるから，$\boldsymbol{C}^n[\boldsymbol{t}]$ のある元 $f,g$ に対して $A\subset Z(f)$，$B\subset Z(g)$ が成りたつ．$A\cup B$

$\subset Z(f) \cup Z(g) = Z(fg) \neq \boldsymbol{C}^n$．□

4)　全順序位相空間（例 4.1.8 の 1)）は，ハウスドルフである．

実際，$X$ を全順序集合とし，$X$ の元 $a, b$ が $a<b$ をみたすとする．$a, b$ の間に $X$ の元がなければ，$A=\{x \in X\,;\, x<b\}$, $B=\{x \in X\,;\, a<x\}$ はそれぞれ $a, b$ を含む開集合で $A \cap B = \emptyset$．$a<c<b$ なる $X$ の元 $c$ があれば，$A=\{x \in X\,;\, a<c\}$, $B=\{x \in X\,;\, c<x\}$ はそれぞれ $a, b$ を含む開集合で $A \cap B = \emptyset$．□

**5.1.10　命題**　ハウスドルフ空間の部分空間はハウスドルフである．

**証明**　$X$ をハウスドルフ空間，$Y$ を $X$ の部分空間とする．$a, b \in Y, a \neq b$ なら，$a, b \in X, a \neq b$ だから，$a, b$ の $X$ での近傍 $U, V$ で $U \cap V = \emptyset$ なるものがある．$(U \cap Y) \cap (V \cap Y) = \emptyset$．□

**5.1.11　命題**　1)　$X, Y$ がハウスドルフなら，積空間 $X \times Y$ もハウスドルフである．

2)　$X \neq \emptyset, Y \neq \emptyset$ で，$X \times Y$ がハウスドルフなら $X, Y$ もハウスドルフである．

**証明**　命題 5.1.5 と同様に証明できる．□

**5.1.12　命題**　$X = \prod_{i \in I} X_i$ とする．

1)　$X_i$ がすべてハウスドルフなら $X$ もハウスドルフである．

2)　$X \neq \emptyset$ とする．$X$ がハウスドルフなら $X_i$ はすべてハウスドルフである．

**証明**　命題 5.1.6 と同様．□

### 正則空間

**5.1.13　定義**　位相空間 $X$ がつぎの二条件をみたすとき，$X$ は**正則**であるという．

[$T_1'$] 1点集合は閉集合である．

[$T_3$] 閉集合 $A$ および $A$ に属さない点 $b$ に対し，$A$ を含む開集合 $U$ および $b$ を含む開集合 $V$ で，$U\cap V=\emptyset$ なるものが存在する．

正則空間はハウスドルフ空間である．

**5.1.14 命題** 位相空間 $X$ に対するつぎの三条件は互いに同値である．

a） $X$ は [$T_3$] をみたす．

b） 点 $a$ を含む開集合 $A$ に対し，$a$ を含む開集合 $U$ で，$\bar{U}\subset A$ なるものが存在する．

c） 各点 $a$ に対し，$a$ の閉近傍の全体は $a$ の近傍基である．

**証明** a)⇒b) $a\in A$，$A$ は開集合とする．$B=X-A$ は閉集合で $a\notin B$．仮定により，$a$ を含む開集合 $U$ および $B$ を含む開集合 $V$ で，$U\cap V=\emptyset$ なるものがある．第4章§1の問題1によって $\bar{U}\cap V=\emptyset$．よって $\bar{U}\cap B=\emptyset$, $\bar{U}\subset A$.

b)⇒a) $A$ を閉集合，$b\notin A$ とする．$B=A^c$ は開集合で $b\in B$ だから，仮定によって $a\in U$, $\bar{U}<B$ なる開集合 $U$ がある．$V=(\bar{U})^c$ は開集合で，$A=B^c\subset V$ かつ $U\cap V=\emptyset$.

b)⇒c) $U$ を $a$ の開近傍とする．仮定により，$a$ の開近傍 $V$ で，$a\in V$, $\bar{V}\subset U$ なるものが存在する．

c)⇒b) $a\in A$，$A$ は開集合とすると，仮定により，$a$ の閉近傍 $U$ で $U\subset A$ なるものがある．$B=U^\circ$（開核）とすれば，$B$ は $a$ を含む開集合で，$B\subset U$ だから $\bar{B}\subset\bar{U}=U\subset A$. □

## 正規空間

**5.1.15 定義** 位相空間 $X$ が [$T_1$] とつぎの条件をみたすとき，$X$ は**正規**であるという．

[$T_4$] 共通点のない閉集合 $A, B$ に対し，$A$ を含む開集合 $U$ および $B$ を含む開集合 $V$ で，$U\cap V=\emptyset$ なるものが存在する．

正規空間は正則である．

## 問　題

**1**　$X$ を位相空間とする．$X$ の相異なる 2 点 $a, b$ に対し，$a$ の近傍 $U$ で $b \notin U$ なるものが存在するか，または $b$ の近傍 $V$ で $a \notin V$ なるものが存在するとき，$X$ を $T_0$ 空間という．$T_1$ 空間は $T_0$ 空間である．例 4.1.3 の 4) の空間は $T_0$ であることを示せ．

**2**　$X$ を位相空間，$Y$ をハウスドルフ空間，$f, g$ を $X$ から $Y$ への連続写像とする．

1)　$\{x \in X \,;\, f(x) = g(x)\}$ は閉集合である．

2)　$\{x \in X \,;\, f(x) \neq g(x)\}$ は開集合である．

**3**　$X$ を位相空間，$Y$ をハウスドルフ空間，$f, g$ を $X$ から $Y$ への連続写像とする．$X$ のある稠密部分集合の上で $f, g$ が一致すれば $f = g$.

**4**　正則空間の部分空間は正則である．

**5**　全順序位相空間（例 4.1.8 の 1)）は正則である（例 5.1.9 の 4)をみよ）．

## §2　コンパクト性

位相空間論のなかで，もっとも重要な概念はコンパクト性である．位相空間論が重視されるのも，それがコンパクト性の概念を内包し，しかも適切な定式化が可能だ，ということによると考えられる．

コンパクト空間の定義は抽象的で，意味がわかりにくいかもしれない．しかし，$\boldsymbol{R}^n$ の部分空間の場合，それがコンパクトだということと，有界閉集合だということが同値だということを知れば(定理5.2.15),多少ともイメージをもつことができるだろう.

### コンパクト空間の定義

**5.2.1 定義** $X$を集合,$Y$を$X$の部分集合とする.$X$の部分集合の空でない族$\mathcal{U}=\langle U_i\,;i\in I\rangle$が$Y$の**被覆**であるとは,$\bigcup\mathcal{U}=\bigcup_{i\in I}U_i\supset Y$となることである.$\mathcal{U}$の部分族$\mathcal{V}=\langle U_i\,;i\in J\rangle$ $(J\subset I)$が$Y$の被覆のとき,$\mathcal{V}$を$\mathcal{U}$の**部分被覆**という.

とくに$X$が位相空間で,$\mathcal{U}$の元がすべて$X$の開集合のとき,$\mathcal{U}$を$Y$の**開被覆**という.

**5.2.2 定義** $X$を位相空間とする.$X$の任意の開被覆から有限部分被覆がえらべるとき,$X$は**コンパクト**であるという.

**5.2.3 定義** 位相空間$X$の部分集合$Y$がコンパクトであるとは,$X$の部分空間としての$Y$がコンパクトなことである.

**5.2.4 命題** 位相空間$X$の部分集合$Y$がコンパクトであるためには,$X$の開集合の族による$Y$の任意の被覆から,有限部分被覆が取りだせることが必要十分である.

**証明** 1°(必要性) $\mathcal{U}=\langle U_i\,;i\in I\rangle$を,$X$の開集合による$Y$の被覆とする.$U_i'=U_i\cap Y$とすると,$\mathcal{U}'=\langle U_i'\,;i\in I\rangle$は位相空間$Y$の開被覆である(定義4.1.18).$Y$はコンパクトだから,$\mathcal{U}'$の有限部分被覆$\mathcal{V}'=\langle U_i'\,;i\in J\rangle$ $(J\subset I)$が存在する.$\mathcal{V}=\langle U_i\,;i\in J\rangle$は$\mathcal{U}$の有限部分被覆である.

2°(十分性) $\mathcal{U}=\langle U_i\,;i\in I\rangle$を位相空間$Y$の開被覆とする.各$i$に対し,$X$の開集合$U_i'$で,$U_i'\cap Y=U_i$なるものが存在する*).族$\mathcal{U}'=\langle U_i'\,;i\in I\rangle$は$X$の開集合による$Y$の開被覆だから,仮定によって有限部分被覆

$\mathcal{V}_i'=\langle U_i' ; i\in J\rangle$ $(J\subset I)$ がある．$\mathcal{V}_i=\langle U_i ; i\in J\rangle$ は $\mathcal{U}$ の部分開被覆である．□

**5.2.5 定義** $X$ を集合，$\mathcal{F}=\langle A_i ; i\in I\rangle$ を $X$ の部分集合の空でない族とする．$\mathcal{F}$ の任意の有限部分族が共通元をもつとき，$\mathcal{F}$ は**有限交差的**であるという．

**5.2.6 命題** 位相空間 $X$ がコンパクトであることと，つぎの条件とは同値である：$X$ の閉集合の空でない族 $\mathcal{F}=\langle A_i ; i\in I\rangle$ が有限交差的なら $\bigcap\mathcal{F}=\bigcap_{i\in I}A_i\neq\emptyset$.

**証明** コンパクト性の定義で，$X$ の部分集合をその補集合に置きかえればよい．□

**5.2.7 例** 1) 密着位相空間はコンパクトである．

2) 離散位相空間は，それが有限集合のときにかぎってコンパクトである．

3) 標準位相をそなえた $\boldsymbol{Q}$ や $\boldsymbol{R}$ はコンパクトでない．実際，$U_n=\mathring{(}n-1, n+1\mathring{)}$ とおくと，$\mathcal{U}=\langle U_n ; n\in\boldsymbol{Z}\rangle$ は開被覆だが，有限部分被覆をもたない．

### コンパクト空間の性質

**5.2.8 命題** 位相空間 $X$ の部分集合 $A, B$ がコンパクトなら $A\cup B$ もコンパクトである．

証明略．

**5.2.9 命題** コンパクト空間の閉部分集合はコンパクトである．

**証明** $A$ がコンパクト空間 $X$ の閉集合だとし，$\mathcal{U}$ を $A$ の開被覆とする．補集合 $A^c$ は開集合だから，$\mathcal{U}'=\mathcal{U}\cup\{A^c\}$ は $X$ の開被覆である．したが

---

*) 選択公理を避けるには，$W\cap Y=U_i$ となる $X$ の開集合 $W$ 全部の合併集合を $U_i'$ とすればよい．

って有限部分被覆 $\mathcal{V}$ が存在する．$X=(\bigcup\mathcal{V})\cup A^c$ だから $A\subset\bigcup\mathcal{V}$，すなわち $\mathcal{V}$ は $\mathcal{U}$ の有限部分被覆である．□

**5.2.10　定理**　$X, Y$ を位相空間，$f$ を $X$ から $Y$ への連続写像とする．$X$ がコンパクトなら像 $f[X]$ もコンパクトである．

**証明**　$\mathcal{U}=\langle U_i\,;i\in I\rangle$ を $f[X]$ の開被覆とする．$U_i'=f^{-1}[U_i]$ は $X$ の開集合であり，$\mathcal{U}'=\langle U_i'\,;i\in I\rangle$ は $X$ の開被覆である．$X$ はコンパクトだから有限部分被覆 $\mathcal{V}'=\langle U_i'\,;i\in J\rangle$ が存在する．$\mathcal{V}=\langle U_i\,;i\in J\rangle$ は $\mathcal{U}$ の有限部分被覆である．□

**5.2.11　系**　$\mathcal{T}, \mathcal{S}$ を同じ集合 $X$ 上の位相とし，$\mathcal{T}$ は $\mathcal{S}$ より強いとする．$(X, \mathcal{T})$ がコンパクトなら $(X, \mathcal{S})$ もコンパクトである．

**証明**　命題 4.3.17 により，$(X, \mathcal{T})$ から $(X, \mathcal{S})$ への恒等写像は連続だから，前定理によって $(X, \mathcal{S})$ もコンパクトである．□

**5.2.12　定理**　$X, Y$ がコンパクトなら，積集合 $X\times Y$ もコンパクトである．

**証明**　$\mathcal{U}$ を $X\times Y$ の開被覆とする．

$$\mathcal{B}=\{A\times B\,;A \text{ は } X \text{ の開集合，} B \text{ は } Y \text{ の開集合}\}$$

は $X\times Y$ の開集合基だから，

$$\mathcal{U}'=\{R\in\mathcal{B}\,;\emptyset\neq R\subset U \text{ なる } U\in\mathcal{U} \text{ がある}\}$$

とおくと，$\mathcal{U}'$ も $X\times Y$ の開被覆である．$\mathcal{U}'$ の有限部分被覆 $\mathcal{U}_0'$ があるとする．各 $R\in\mathcal{U}_0'$ について $R\subset U$ なる $U\in\mathcal{U}$ をひとつずつ取ってくれば（$\mathcal{U}_0'$ は有限だから選択公理は不要），$\mathcal{U}$ の有限部分被覆が得られる．したがって，$\mathcal{U}'$ に有限部分被覆があることを示せばよい．

$X$ の開集合の集合 $\mathcal{V}$ を

$$\mathcal{V}=\{A\,;\,Y\text{ の有限開被覆 }\mathcal{W}\text{ があって,}\\ \text{任意の }B\in\mathcal{W}\text{ に対して }A\times B\in\mathcal{U}'\}$$

と定める．このとき $\mathcal{V}$ は $X$ の開被覆である．実際，任意の $x\in X$ に対して $\{x\}\times Y$ は $Y$ と同相でコンパクトだから，$\{x\}\times Y$ を被覆する $\mathcal{U}'$ の有限部分集合 $\{A_1\times B_1, \cdots, A_n\times B_n\}$ がある．$\{B_1, \cdots, B_n\}$ は $Y$ の有限開被覆であり，$A_0=\bigcap_{k=1}^{n} A_k$ とすれば $x\in A_0$ である．また，$A_0\times B_k\in\mathcal{U}'\ (1\leqq k\leqq n)$ だから $A_0\in\mathcal{V}$．すなわち，任意の $x\in X$ に対して $x_0\in A_0\in\mathcal{V}$ なる $A_0$ があるから，$\mathcal{V}$ は $X$ の開被覆である．

$X$ はコンパクトだから $\mathcal{V}$ の有限部分被覆 $\mathcal{V}_0$ がある．$\mathcal{V}$ のつくりかたにより，各 $A\in\mathcal{V}_0$ に対して，$Y$ の有限開被覆 $\mathcal{W}_A$ で，すべての $B\in\mathcal{W}_A$ に対して $A\times B\in\mathcal{U}'$ となるものをひとつとる（$\mathcal{V}_0$ は有限だから選択公理は不要）．このとき，$\{A\times B\,;\,A\in\mathcal{V}_0, B\in\mathcal{W}_A\}$ は $\mathcal{U}'$ の有限部分被覆である．□

**5. 2. 13　命題**　逆に $X\times Y$ がコンパクトなら，$X$ も $Y$ もコンパクトである．ただし，$X\neq\emptyset, Y\neq\emptyset$ とする．

**証明**　命題 4. 3. 23 により，$X\times Y$ から $X$ への射影 $p$ および $Y$ への射影 $q$ は連続である．定理 5. 2. 10 によって $X$ も $Y$ もコンパクトである．□

**5. 2. 14　定理**　$\boldsymbol{R}$ の有界閉区間はコンパクトである．

**証明**　この証明は第 2 章 §5 の問題 6 で実質的にはすんでいるのだが，大事なことだからもう一度証明しよう．

$[a, b]$ を $\boldsymbol{R}$ の有界閉区間とし，$\mathcal{U}=\langle U_i\,;\,i\in I\rangle$ を $\boldsymbol{R}$ の開集合による $[a, b]$ の被覆とする．$[a, b]$ の元 $x$ で，$[a, x]$ が $\mathcal{U}$ の有限部分被覆をもつようなものの全体を $A$ とする．$a\in A$ だから $A\neq\emptyset$．$A$ の上限を $c$ とし，$c=b$ が成りたつことを示す．

$c$ はある $U_i\,(i\in I)$ に属する．$U_i$ は開集合だから，$a\leqq u<c$ なる $U_i$ の元 $u$ で $[u, c]\subset U_i$ なるものがある．$u<d<c$ なる $d$ をとると，$[a, b]$ は $\mathcal{U}$ の有限部分被覆をもつ．

$c<b$ と仮定しよう．$U_i$ は開集合だから，$c<v\leqq b$ なる $U_i$ の元 $v$ で，$[c, v]\subset U_i$ なるものがある．$[a, v]\subset[a, d]\cup[u, c]\cup[c, v]$ だから，$[a, v]$ も $\mathcal{U}$ の有限部分被覆をもち，$c$ の上限性に反する．よって $c=b$.

$b$ はある $U_j\,(j\in I)$ に属する．$U_j$ は開集合だから，$U_j$ の元 $w$ で $w<b$ なるものがある．$[a, w]$ は $\mathcal{U}$ の有限部分被覆をもつから，$[a, b]$ も $\mathcal{U}$ の有限部分被覆をもつ．□

**5.2.15　定理**　$\boldsymbol{R}^n$ の部分集合がコンパクトなのは，それが有界閉集合のときである．

**証明**　1°　$A$ を $\boldsymbol{R}^n$ のコンパクト部分集合とする．もし $A$ が有界でなければ，$D(\boldsymbol{0}, p)\ (p\in\boldsymbol{N}^+)$ の全体は $A$ の開被覆であるが，そのうちの有限個では $A$ はおおえない．

つぎに $A$ が閉集合でなければ，$\bar{A}-A$ の1点 $\boldsymbol{a}$ をとり，$U_p=\boldsymbol{R}^n-\bar{D}\left(\boldsymbol{a}, \frac{1}{p}\right)\,(p\in\boldsymbol{N}^+)$ とする．$\langle U_p\,;\,p\in\boldsymbol{N}^+\rangle$ は $A$ の開被覆である．実際，$\boldsymbol{x}\in A$ なら $d=d(\boldsymbol{a}, \boldsymbol{x})>0$ だから，$d>\frac{1}{p}$ なる $p\in\boldsymbol{N}$ をとれば $\boldsymbol{x}\in U_p$ となる．しかし，このうちの有限個では $A$ はおおえない．実際，その有限個の最大の $p$ をとると，$A$ の元 $\boldsymbol{x}$ で $d(\boldsymbol{a}, \boldsymbol{x})<\frac{1}{p}$ なるものが存在する．

2°　$A$ を $\boldsymbol{R}^n$ の有界閉集合とする．十分大きな $a\in\boldsymbol{R}$ をとって $I=[-a, a]$ とすると，$A\subset I^n$ が成りたつ．定理5.2.14によって $I$ はコンパクト，定理5.2.12によって $I^n$ もコンパクト，$A$ は $I^n$ の閉集合だから命題5.2.9によって $A$ もコンパクトである．□

**5.2.16　例**　$\boldsymbol{C}^n$ にザリスキ位相を入れた空間はコンパクトである．

これを証明するのには代数の知識が必要である．ここでは解説にとどめる．

$\mathcal{F}$ を $\boldsymbol{C}^n$ のザリスキ閉集合から成る有限交差的な族とする．$\mathcal{F}$ の任意の元 $A$ は，$A=\bigcap_{i\in I} Z(f_i)$ の形である．$A$ を $Z(f_i)\,(i\in I)$ の全部でおきかえて得られる族を $\mathcal{G}$ とすれば，$\mathcal{G}$ も有限交差的で $\bigcap\mathcal{F}=\bigcap\mathcal{G}$．したがって $\bigcap\mathcal{G}\neq\emptyset$ を示せばよい．

$\bigcap\mathcal{G}=\emptyset$ と仮定する．$\mathcal{G}$ から勝手に $Z(f_1)$ をとる．この形の集合には

《次元》というものがある．どんな $Z(f)\in\mathcal{G}$ をとっても $Z(f_1)\cap Z(f)$ の次元がさがらなければ $\bigcap\mathcal{G}=\emptyset$ にはならないから，ある $f_2$ に対して $Z(f_1)\cap Z(f_2)$ の次元は $Z(f_1)$ の次元より小さい．$\boldsymbol{C}^n$ の次元は $n$ だから，この操作を多くても $n$ 回くりかえせば，$Z(f_1)\cap Z(f_2)\cap\cdots\cap Z(f_n)$ はゼロ次元になる．代数をつかうと，これが有限集合であることがわかるから，あと有限回の手続きで $Z(f_1)\cap Z(f_2)\cap\cdots\cap Z(f_{n'})=\emptyset$ となり，$\mathcal{G}$ の有限交差性に反する．

## ハウスドルフ性との関連

**5.2.17 命題** 選択公理のもとで，ハウスドルフ空間のコンパクト部分集合は閉集合である．

**証明** $X$ をハウスドルフ空間，$A$ を $X$ のコンパクト部分集合とする．補集合 $A^C$ が開集合であることを示す．そのためには，$A^C$ の任意の点 $a$ に対し，$a$ の開近傍 $U$ で，$U\cap A=\emptyset$ なるものがあることを示せばよい．

$A$ の任意の点 $x$ に対して $a\neq x$ だから，ハウスドルフ性の仮定により，$a$ の開近傍 $U$ および $x$ の開近傍 $V$ で $U\cap V=\emptyset$ なるものがある．各 $x$ に対してこのようなひと組をえらんで $U_x, V_x$ とする（選択公理）：$U_x\cap V_x=\emptyset$．

族 $\langle V_x\,;x\in A\rangle$ は $A$ の開被覆だから，仮定によって有限個の点 $x_1, x_2, \cdots, x_n$ をとると，

$$A\subset V_{x_1}\cup V_{x_2}\cup\cdots\cup V_{x_n}$$

が成りたつ．$U=U_{x_1}\cap U_{x_2}\cap\cdots\cap U_{x_n}$ は $a$ の開近傍で，$U\subset U_{x_i}\,(1\leqq i\leqq n)$．$U_{x_i}\cap V_{x_i}=\emptyset$ だから $U\cap V_{x_i}=\emptyset$．

$$U\cap A\subset U\cup\left(\bigcup_{i=1}^{n} V_{x_i}\right)=\bigcup_{i=1}^{n}(U\cap V_{x_i})=\emptyset. \quad \square$$

**5.2.18 系** $A, B$ がハウスドルフ空間 $X$ のコンパクト部分集合なら，$A\cap B$ もコンパクトである．

**証明** 定理5.2.12によって$A\times B$はコンパクト，命題5.1.8によって対角集合$\Delta=\{(x,x);x\in X\}$は$X\times X$の閉集合である．命題5.2.9によって$(A\times B)\cap\Delta$はコンパクトである．$(A\times B)\cap\Delta$から$A\cap B$への写像$f:(x,x)\mapsto x$は両連続な双射，すなわち同相写像だから，$A\cap B$はコンパクトである．□

**5.2.19 定理** $X$をコンパクト空間，$Y$をハウスドルフ空間，$f$を$X$から$Y$への連続な双射とする．選択公理のもとで，$f$の逆写像$f^{-1}:Y\to X$も連続であり，したがって$f$は$X$から$Y$への同相写像である．

**証明** $X$の部分集合$A$が閉集合なら，命題5.2.9によって$A$はコンパクトだから，定理5.2.10によって像$f[A]$もコンパクトである．命題5.2.17によって$f[A]$は$Y$の閉集合である．すなわち，$X$の任意の閉集合$A$の写像$f^{-1}$による逆像$f[A]$が閉集合だから，命題4.3.9によって$f^{-1}$は連続である．□

**5.2.20 命題** 選択公理のもと，コンパクトなハウスドルフ空間は正規である．

**証明** $[\mathrm{T}_4]$だけ示せばよい．$X$をコンパクトなハウスドルフ空間，$A,B$を共通点のない閉集合とする．命題5.2.9によって$A$も$B$もコンパクトである．$A$の任意の点$a$および$B$の任意の点$b$に対し，$a$の開近傍$U$および$b$の開近傍$V$で$U\cap V=\varnothing$なるものが存在する．選択公理によってこのようなひと組をえらんで$U(a,b), V(a,b)$とする：$U(a,b)\cap V(a,b)=\varnothing$.

$A$の任意の元$a$を一旦固定して考える．$\{V(a,b);b\in B\}$は$B$の開被覆だから，$B$の有限個の点$b_1,b_2,\cdots,b_n$をえらぶと，$B=\bigcup_{i=1}^{n}V(a,b_i)$となる．

$$U(a)=\bigcap_{i=1}^{n}U(a,b_i),\qquad V(a)=\bigcup_{i=1}^{n}V(a,b_i)$$

とおく．$U(a), V(a)$は開集合で$a\in U(a), B\subset V(a)$, $U(a)\cap V(a)=\varnothing$で

ある（やさしい）.

つぎに $a$ を動かすと, $\{U(a)\,;\,a\in A\}$ は $A$ の開被覆だから, $A$ の有限個の点 $a_1, a_2, \cdots, a_m$ をえらぶと, $A\subset U=\bigcup_{i=1}^{m} U(a_i)$ となる. $V=\bigcap_{i=1}^{m} V(a_i)$ とすると, $U, V$ は開集合, $A\subset U, B\subset V, U\cap V=\emptyset$ となる. □

## 一般の積空間のコンパクト性

有限個の積空間の場合の定理 5.2.12 を, 一般の積空間の場合に一般化する. 証明は非常に難かしい.

**5.2.21 補題** 集合 $X$ のべき集合 $\mathcal{P}(X)$ の部分集合で, 有限交差的なものの全体を $\boldsymbol{M}$ とする. 選択公理のもと, $\boldsymbol{M}$ の任意の元は（包含関係を順序として）$\boldsymbol{M}$ のある極大元に含まれる.

**証明** $\mathcal{F}_0\in\boldsymbol{M}$ に対し, $\boldsymbol{M}_0=\{\mathcal{F}\in\boldsymbol{M}\,;\,\mathcal{F}_0\subset\mathcal{F}\}$ とする. $\boldsymbol{M}_0$ がツォルンのレンマ（定理 1.3.27）の条件をみたすことを示す.

$\boldsymbol{N}$ を $\boldsymbol{M}_0$ の（包含関係に関する）全順序部分集合とする. $\mathcal{F}=\bigcup\boldsymbol{N}$ とおいて, $\mathcal{F}\in\boldsymbol{M}_0$ を示せばよい. そのためには, $\mathcal{F}$ が有限交差的であることを言えばよい. $\mathcal{G}=\{A_1, A_2, \cdots, A_n\}$ を $\mathcal{F}$ の任意の有限部分集合とする. 各 $A_i$ は $\boldsymbol{N}$ のある元 $\mathcal{H}_i$ に属する. $\boldsymbol{N}$ は全順序だから, $\mathcal{H}=\max\{\mathcal{H}_1, \mathcal{H}_2, \cdots, \mathcal{H}_n\}$ がある. $\mathcal{G}\subset\mathcal{H}$, $\mathcal{H}$ は有限交差的だから $\bigcap\mathcal{G}\neq\emptyset$. したがって $\mathcal{F}$ は有限交差的で $\mathcal{F}\in\boldsymbol{M}_0$. したがって $\boldsymbol{N}$ は $\boldsymbol{M}_0$ で有界であり, ツォルンのレンマによって $\boldsymbol{M}_0$ での極大元 $\mathcal{F}_1$ がある. もし $\mathcal{F}_1$ が $\boldsymbol{M}$ で極大でなければ, $\mathcal{F}_1\subsetneq\mathcal{F}_2$ なる $\boldsymbol{M}$ の元 $\mathcal{F}_2$ があるが, $\mathcal{F}_0\subset\mathcal{F}_1\subset\mathcal{F}_2$ だから $\mathcal{F}_2\in\boldsymbol{M}_0$ となり, $\mathcal{F}_1$ の $\boldsymbol{M}_0$ での極大性に反する. ゆえに $\mathcal{F}_1$ は $\mathcal{F}_0$ を含む $\boldsymbol{M}$ の極大元である. □

**5.2.22 定理（チホノフ）** $\langle X_i\,;\,i\in I\rangle$ をコンパクト空間の族とする. 選択公理のもと, 積空間 $X=\prod_{i\in I} X_i$ もコンパクトである.

**証明** ある $i$ について $X_i=\emptyset$ なら $X$ も空だから, $X_i\neq\emptyset\ (i\in I)$ とする. 選択公理によって $X$ も空でない（命題 1.2.17）.

1° べき集合 $\mathcal{P}(X)$ の有限交差的部分集合の全体を $\boldsymbol{M}$ とする．$\boldsymbol{M}$ の任意の元 $\mathcal{F}_0$ に対し，$D(\mathcal{F}_0)=\bigcap_{A\in\mathcal{F}_0}\bar{A}$ （$\bar{A}$ は $A$ の閉包）とおいて，$D(\mathcal{F}_0)\neq\emptyset$ が成りたつことを示せばよい（命題5.2.6）．補題5.2.21により，$\mathcal{F}_0$ は $\boldsymbol{M}$ のある極大元 $\mathcal{F}$ に含まれる．$D(\mathcal{F}_0)\supset D(\mathcal{F}_1)$ だから，$D(\mathcal{F})\neq\emptyset$ を示せばよい．

極大性により，$\mathcal{F}$ はつぎの二性質をもつ：

1) $A_1, A_2, \cdots, A_n\in\mathcal{F}$ なら $A_1\cap A_2\cap\cdots\cap A_n\in\mathcal{F}$.

2) $B\in\mathcal{P}(X)$ が，すべての $A\in\mathcal{F}$ に対して $B\cap A\neq\emptyset$ をみたせば $B\in\mathcal{F}$.

証明はきわめてやさしい．

2° $I$ の元 $i$ に対し，第 $i$ 成分への射影 $X\to X_i$ を $p_i$ とかく：$x=\langle x_i\rangle_{i\in I}\in X$ に対して $p_i(x)=x_i$.

$\mathcal{F}_i=\{p_i[A]\,;A\in\mathcal{F}\}$ とおくと，$\mathcal{F}_i$ は $\mathcal{P}(X_i)$ の元として有限交差的である．実際，$A_1, A_2, \cdots, A_n\in\mathcal{F}$ なら，$\mathcal{F}$ は有限交差的だから $A_1\cap A_2\cap\cdots\cap A_n$ の元 $x$ が存在し，$p_i(x)\in p_i(A_1)\cap p_i(A_2)\cap\cdots\cap p_i(A_n)$ となる．

$X_i$ はコンパクトだから $\bigcap_{A\in\mathcal{F}}\overline{p_i[A]}\neq\emptyset$. 選択公理によって $E=\prod_{i\in I}\left(\bigcap_{A\in\mathcal{F}}\overline{p_i[A]}\right)\neq\emptyset$. $E\subset D(\mathcal{F})$ を示せばよい．

3° $x=\langle x_i\rangle_{i\in I}$ を $E$ の元とする．各 $i$ に対し，$x_i\in\bigcap_{A\in\mathcal{F}}\overline{p_i[A]}$ だから，閉包の性質により，$\mathcal{F}$ の任意の元 $A$ と，$x_i$ の（$X_i$ での）任意の近傍 $V_i$ に対して $V_i\cap p_i[A]\neq\emptyset$. したがって $p_i^{-1}[V_i]\cap A\neq\emptyset$. $A$ は任意だから，$\mathcal{F}$ の性質2)によって $p_i^{-1}[V_i]\in\mathcal{F}$ となる（ここで $V_i$ の任意性に注意）．

さて，$J$ を $I$ の任意の有限部分集合とする．各 $i\in J$ および $x_i$ の任意の近傍 $V_i$ に対し，上記によって $p_i^{-1}[V_i]\in\mathcal{F}$ だから，$\mathcal{F}$ の性質1）によって $\bigcap_{i\in J}p_i^{-1}[V_i]\in\mathcal{F}$. $\mathcal{F}$ は有限交差的だから，$\mathcal{F}$ の任意の元 $A$ に対して

$$\left(\bigcap_{i\in J}p_i^{-1}[V_i]\right)\cap A\neq\emptyset.$$

ところが，$\bigcap_{i\in J}p_i^{-1}[V_i]$ の形の集合の全体（$J$ は $I$ の有限部分集合を動き，$V_i$ は $x_i$ の近傍を動く）は $x=\langle x_i\rangle_{i\in I}$ の $X$ でのひとつの近傍基である．よって $x\in\bar{A}$. $A$ は任意だから

$$x \in \bigcap_{A \in \mathcal{F}} \bar{A} = D(\mathcal{F})$$

となり，$D(\mathcal{F}) \neq \emptyset$ が示された．□

**5.2.23　定理**　(逆定理)　$\langle X_i\,;\, i \in I \rangle$ を空でない位相空間の族とする．選択公理のもと，積空間 $X = \prod_{i \in I} X_i$ がコンパクトなら，各 $X_i$ もコンパクトである．

**証明**　選択公理のもと，射影 $p_i : X \to X_i$ は上射である（定義1.2.4の最後）．したがって，定理5.2.10によって $X_i$ はコンパクトである．□

### 可算コンパクト性と点列コンパクト性

**5.2.24　定義**　$X$ を位相空間とする．$X$ の任意の可算開被覆から有限部分被覆がえらべるとき，$X$ は**可算コンパクト**であるという．

コンパクトなら可算コンパクトである．

$X$ が可算コンパクトであることと，つぎの条件とは同値である：$X$ の閉集合の可算族 $\mathcal{F}$ が有限交差的なら $\bigcap \mathcal{F} \neq \emptyset$.

**5.2.25　命題**　可算コンパクト空間の閉部分集合は可算コンパクトである．

**証明**　命題5.2.9の証明をなぞればよい．□

**5.2.26　命題**　大域可算型の位相空間 $X$ が可算コンパクトならコンパクトである．

**証明**　$\mathcal{U}_0$ を $X$ の可算開集合基，$\mathcal{A}$ を $X$ の開被覆とする．$\mathcal{U}_0$ の元 $U$ で，ある $A \in \mathcal{A}$ に対して $U \subset A$ となるものの全体を $\mathcal{U}$ とすると，$\mathcal{U}$ は $X$ の可算開被覆である．$X$ は可算コンパクトだから，$\mathcal{U}$ は有限部分被覆 $\{U_1, U_2, \cdots, U_n\}$ をもつ．各 $U_i$ を含む $A \in \mathcal{A}$ をひとつずつとれば，$\mathcal{A}$ の有限部

分被覆が得られる．□

**5.2.27　定義**　$X$ を位相空間，$A$ を $X$ の部分集合，$b$ を $X$ の点とする．$b$ の任意の近傍に $b$ 以外の $A$ の点があるとき，$b$ を $A$ の**集積点**という．$A$ の集積点は $\bar{A}$ に属する．$\bar{A}-A$ の点は $A$ の集積点である．

**5.2.28　命題**　選択公理のもと，ハウスドルフ空間 $X$ に対するつぎの二条件は同値である：

a）　$X$ は可算コンパクトである．

b）　$X$ の任意の可算無限部分集合は集積点をもつ．

**証明**　a)⇒b)　$A$ を $X$ の可算無限部分集合とし，$A$ が集積点をもたないと仮定する．$\bar{A}-A$ の点は $A$ の集積点だから，$A$ は閉集合であり，命題5.2.25によって $A$ は可算コンパクトである．$A$ の各点 $x$ の開近傍 $V$ で $V\cap A=\{x\}$ なるものがある．そのひとつをえらんで $V(x)$ とする（選択公理）．$A\subset\bigcup_{x\in A}V(x)$ は $A$ の可算開被覆だから，$A$ の有限個の点 $x_1, x_2, \cdots, x_n$ をとると $A\subset\bigcup_{i=1}^{n}V(x_i)$ となる．

$$A=\left(\bigcup_{i=1}^{n}V(x_i)\right)\cap A=\bigcup_{i=1}^{n}(V(x_i)\cap A)=\{x_1, x_2, \cdots, x_n\}$$

となり，$A$ の無限性に反する．

b)⇒a)　背理法による．$\mathcal{F}=\{F_n\,;\,n\in\boldsymbol{N}\}$ を閉集合の有限交差的な可算族で $\bigcap\mathcal{F}=\emptyset$ なるものとする．$G_n=F_0\cap F_1\cap\cdots\cap F_n$ とすれば $\mathcal{G}=\{G_n\,;\,n\in\boldsymbol{N}\}$ も閉集合の有限交差的な可算族で $\bigcap\mathcal{G}=\emptyset$．$G_n\supset G_{n+1}$ であるが，$G_n=G_{n+1}$ のときは番号をつめて $G_n\supsetneqq G_{n+1}$ としてよい．$G_n-G_{n+1}$ の元をひとつずつとって $A=\{x_n\,;\,n\in\boldsymbol{N}\}$ とおく（選択公理）と $A$ は可算無限集合だから，集積点 $b$ が存在する．

任意の $n$ を固定する．$G_n{}^c\cap A=\{x_0, x_1, \cdots, x_{n-1}\}$ $(G_n{}^c=X-G_n)$ だから，ハウスドルフ性の仮定により，$b$ の近傍 $V$ で $x_0, x_1, \cdots, x_{n-1}$ のどれも含まないものがある．$b$ は $A$ の集積点だから，ある $m\geqq n$ に対して $x_m\in V$ と

なる．すなわち $b$ は $G_n\cap A$ の集積点でもある．$b\in\overline{G_n\cap A}\subset G_n$．$n$ は任意だから $b\in\bigcap\mathscr{G}$ となり矛盾．□

**ノート** 選択公理を仮定しているから，任意の無限集合は可算無限部分集合を含む（定理 1.3.26）．したがって，$X$ が可算コンパクトなら，$X$ の任意の無限部分集合が集積点をもつことも証明されたことになる．

**5.2.29 定義** 位相空間 $X$ の任意の点列が収束部分列を含むとき，$X$ は**点列コンパクト**であるという．

**ノート** 歴史的にはコンパクト性より点列コンパクト性が先にあらわれたが，いまでは点列コンパクト性は中間的な役割しか演じない．

**5.2.30 命題** 選択公理のもと，$X$ をハウスドルフ空間とする．

1) $X$ が点列コンパクトなら可算コンパクトである．

2) $X$ が局所可算型と仮定すると，$X$ が可算コンパクトなら点列コンパクトである．

**証明** 1) $A=\{a_n\,;n\in\boldsymbol{N}\}$ を可算無限集合とする．$m\neq n$ なら $a_m\neq a_n$ である．点列 $\langle a_n\rangle_{n\in\boldsymbol{N}}$ の収束部分列 $\langle a_{\varphi(n)}\rangle_{n\in\boldsymbol{N}}$ をとってその極限を $b$ とする．$b$ の任意の近傍 $V$ に対し，ある番号 $L$ をとると，$L\leqq n$ なるすべての $n$ に対して $a_{\varphi(n)}\in V$ となる．少なくともひとつの $n$ に対して $a_{\varphi(n)}\neq b$ だから，$b$ は $A$ の集積点であり，命題 5.2.28 によって $X$ は可算コンパクトである．

2) $\langle a_n\rangle_{n\in N}$ を $X$ の点列とする．$\{a_n\,;n\in\boldsymbol{N}\}$ が有限集合なら，その少なくともひとつの点と無限個の $n$ に対する $a_n$ が一致するから，このような $n$ をあつめれば，対する $a_n$ はすべて等しく，その数列は収束する．

もし $\{a_n\,;n\in\boldsymbol{N}\}$ が無限なら，仮定によって集積点 $b$ がある．$X$ は局所可算型だから，$b$ の近傍基 $\{V_n\,;n\in\boldsymbol{N}\}$ で $V_n\supset V_{n+1}$ なるものがある（第 4 章 §2 の問題 3）．$V_0$ に属する $a_n\neq b$ のうち，番号の最小のものを $\varphi(0)$ とする．$b$ は $\{a_n\,;n>\varphi(0)\}$ の集積点でもあるから，$V_1$ に属する $a_n\neq b$ のうち，$n>$

$\varphi(0)$ なる最小の $n$ を $\varphi(1)$ とする．この操作を続ければ，部分列 $\langle a_{\varphi(n)}\rangle_{n\in N}$ ができ，$a_{\varphi(n)}\in V_n$ だからこれは $b$ に収束する．□

## 局所コンパクト空間

**5.2.31 定義** 位相空間 $X$ の各点がコンパクトな近傍をもつとき，$X$ は**局所コンパクト**であるという．コンパクト空間はもちろん局所コンパクト空間である．

**5.2.32 命題** 局所コンパクト空間の閉部分空間は局所コンパクトである．

**証明** $X$ を局所コンパクト空間，$Y$ を $X$ の閉部分空間とする．$Y$ の点 $a$ に対し，$a$ の $X$ でのコンパクト近傍 $U$ が存在する．$U\cap Y$ は $a$ の $Y$ での近傍であり，命題 5.2.9 によってコンパクトである．□

**5.2.33 命題** 標準位相をそなえた空間 $\boldsymbol{R}^n$ は局所コンパクトである．$\boldsymbol{R}^n$ の閉部分空間も開部分空間も局所コンパクトである．

**証明** 1° $\boldsymbol{R}^n$ の点 $\boldsymbol{a}$，および正実数 $r$ に対し，$\bar{D}(\boldsymbol{a}, r)=\{\boldsymbol{x}\in\boldsymbol{R}^n ; d(\boldsymbol{a}, \boldsymbol{x})\leqq r\}$ は $a$ のコンパクト近傍である（定理 5.2.15）．

2° $\boldsymbol{R}^n$ の閉部分空間は前命題 5.2.32 によって局所コンパクトである．

3° $Y$ を $\boldsymbol{R}^n$ の開部分空間とする．$Y$ の任意の点 $\boldsymbol{a}$ に対し，ある正実数 $r$ をとると $D(\boldsymbol{a}, r)\subset Y$ だから，$\bar{D}\left(\boldsymbol{a}, \frac{r}{2}\right)$ は $\boldsymbol{a}$ の $Y$ でのコンパクト近傍である．□

**コメント** この命題により，たくさんの重要な空間が局所コンパクトであることがわかる．$n$ 次複素行列の全体 $\boldsymbol{M}(n, \boldsymbol{C})$ は $\boldsymbol{R}^{2n^2}$ と同相だから局所コンパクトである．$\boldsymbol{M}(n, \boldsymbol{C})$ の元で行列式が 0 でないものの全体を $GL(n, \boldsymbol{C})$ とかくと，これは $\boldsymbol{M}(n, \boldsymbol{C})$ の開部分空間だから局所コンパクトである．$GL(n, \boldsymbol{C})$ は行列の掛け算に関して群でもあり，群演算 $(A, B)\mapsto AB$ およ

び $A\mapsto A^{-1}$ は連続である．こういう群を連続群という．重要な連続群はほとんどすべてある $n$ に対する $GL(n, \boldsymbol{C})$ の閉部分空間であり，局所コンパクトである．$GL(n, \boldsymbol{C})$ を一般線型群という．

**5.2.34　命題**　$X, Y$ を位相空間とする．

1)　$X, Y$ が局所コンパクトなら，積空間 $X\times Y$ も局所コンパクトである．

2)　逆に，$X, Y$ とも空でないとき，$X\times Y$ が局所コンパクトなら，$X$ も $Y$ も局所コンパクトである．

**証明**　1)　$(a, b)$ を $X\times Y$ の点とし，$A$ を $a$ の $X$ でのコンパクト近傍，$B$ を $b$ の $Y$ でのコンパクト近傍とする．このとき $A\times B$ は $(a, b)$ の $X\times Y$ でのコンパクト近傍である（命題 5.2.13)．

2)　点 $(a, b)$ の $X\times Y$ でのコンパクト近傍 $U$ をとる．積位相の定義により，$A\times B\subset U$ なる $A, B$ が存在する．ただし，$A$ は $a$ の $X$ での近傍，$B$ は $b$ の $Y$ での近傍である．$X\times Y$ から $X$ への射影を $p$ とし，$V=p(U)$ とすると $A\subset V$ だから，$V$ は $a$ の $X$ での近傍である．$p$ は連続な上射だから，定理 5.2.10 によって $V$ は $a$ の $X$ でのコンパクト近傍である．□

**ノート**　一般の積空間の場合，上の命題の 1) は成りたたない．

**5.2.35　命題**　選択公理のもと，局所コンパクトなハウスドルフ空間は正則である．

**証明**　$X$ を局所コンパクトなハウスドルフ空間とする．命題 5.1.14 により，$X$ の点 $a$ の閉近傍の全体が $a$ の近傍基であることを示せばよい．

$Y$ を $a$ のコンパクト近傍とする．命題 5.2.20 により，位相空間 $Y$ は正規，したがって正則であり，命題 5.1.14 によって $a$ の $Y$ での閉近傍の全体 $\mathcal{U}$ は近傍基である．$U$ を $a$ の $X$ での任意の開近傍とする．$Y$ の内点の全体 $Y^\circ$ は $a$ の $X$ での開近傍だから，$V=U\cap Y^\circ$ も $a$ の $X$ での開近傍，

したがって $Y^\circ$ での開近傍である．$\mathcal{U}$ は近傍基だから，$a$ の $Y^\circ$ での開近傍 $W$ で $W \subset V$ なるものが存在する．$W$ は $a$ の $X$ での開近傍で $W \subset U$ だから，$\mathcal{U}$ は $a$ の $X$ での近傍基である．□

**5.2.36　命題**　選択公理のもと，ハウスドルフな局所コンパクト空間の開部分空間は局所コンパクトである．

**証明**　$X$ を局所コンパクトなハウスドルフ空間，$Y$ を $X$ の開部分空間とする．$Y$ の点 $a$ の $X$ でのコンパクト近傍 $U$ をとる．$U^\circ \cap Y$（$U^\circ$ は $U$ の内部）は $a$ の $U$ での開近傍である．前命題5.2.35により，$a$ の $U$ での開近傍 $V$ で，$V \subset \bar{V} \subset U^\circ \cap Y$ なるものが存在する．$\bar{V}$ は $a$ の $Y$ でのコンパクト近傍である．□

### 1点コンパクト化

**5.2.37　定理（アレクサンドロフの1点コンパクト化）**　ハウスドルフ・局所コンパクト空間 $(X, \mathcal{O})$ に対し，$X$ に属さない1点（たとえば $X$）を付け加えた集合を $\tilde{X} = X \cup \{X\}$ とする．選択公理のもと，$\tilde{X}$ の位相 $\tilde{\mathcal{O}}$ で，つぎの二条件をみたすものが存在する：

1)　$(\tilde{X}, \tilde{\mathcal{O}})$ はハウスドルフ・コンパクト空間である．

2)　$\tilde{\mathcal{O}}$ を $X$ に制限した部分位相はもとの $\mathcal{O}$ に一致する．

**証明**　0°　付け加える点を $X$ とかくのはわかりにくいので，それを $\infty$ とかく：$\tilde{X} = X \cup \{\infty\}, \infty \notin X$.

$X$ のコンパクト部分集合の $X$ での補集合を**補コンパクト集合**ということにする．$A$ が補コンパクト，$A \subset B \subset X$ で $B$ が開集合なら，$B$ も補コンパクトである．実際，$B^c \subset A^c$ で，$B^c$ は $A^c$ の閉部分集合だから，命題5.2.9によって $B^c$ はコンパクトである．

1°　つぎの二種類の集合（$\tilde{X}$ の部分集合）の全体を $\tilde{\mathcal{O}}$ とする：

1)　$X$ の開集合．

2)　$X$ の補コンパクト集合と $\{\infty\}$ との合併．

すると，$\tilde{\mathfrak{O}}$ は $\tilde{X}$ の開集合系の条件 $(T_1)$～$(T_3)$（定義 4.1.1）をみたす．三条件をしらべる．

$(T_1)$　$A_i \in \tilde{\mathfrak{O}}\ (i \in I)$ とする．$A_i \subset X$ なる $i$ の全体を $I_1$, $A_i \not\subset X$ なる $i$ の全体を $I_2$ とする．$I_2 = \emptyset$ ならあきらかに $A = \bigcup_{i \in I} A_i \in \mathfrak{O} \subset \tilde{\mathfrak{O}}$ だから $I_2 \neq \emptyset$ とし，$i_0 \in I_2$ とする．$i \in I_2$ に対し，$A_i = (X - C_i) \cup \{\infty\}$ とかく．$C_i$ はコンパクト，したがって命題 5.2.17 によって $X$ の閉集合である．$\bigcap_{i \in I_2} C_i$ はコンパクト閉集合 $C_{i_0}$ の閉部分集合だから，命題 5.2.9 によってコンパクトである．したがって $\bigcup_{i \in I_2} (X - C_i) = X - \bigcap_{i \in I_2} C_i$ は補コンパクトである．証明の 0° で示したように，$\left[\bigcup_{i \in I_1} A_i\right] \cup \left[\bigcup_{i \in I_2} (X - C_i)\right]$ も補コンパクトであり，

$$A = \left[\bigcup_{i \in I_1} A_i\right] \cup \left[\bigcup_{i \in I_2} A_i\right] = \left[\bigcup_{i \in I_1} A_i\right] \cup \left[\bigcup_{i \in I_2} (X - C_i)\right] \cup \{\infty\}$$

となり，これは $\tilde{\mathfrak{O}}$ に属する．

$(T_2)$　$A, B \in \tilde{\mathfrak{O}}$ とする．$A, B \subset X$ なら当然 $A \cap B \in \mathfrak{O} \subset \tilde{\mathfrak{O}}$．$A = (X - C) \cup \{\infty\}$, $B \subset X$ なら $A \cap B = (X - C) \cap B \in \mathfrak{O} \subset \tilde{\mathfrak{O}}$．$A = (X - C) \cup \{\infty\}$, $B = (X - D) \cup \{\infty\}$（$C, D$ はコンパクト）なら $A \cap B = [X - (C \cup D)] \cup \{\infty\}$．命題 5.2.8 によって $C \cup D$ はコンパクトだから $A \cap B \in \tilde{\mathfrak{O}}$．

$(T_3)$　$\emptyset = \mathfrak{O} \subset \tilde{\mathfrak{O}}$．$\emptyset$ はコンパクトだから $\tilde{X} = (X - \emptyset) \cup \{\infty\} \in \tilde{\mathfrak{O}}$．

2°　$(\tilde{X}, \tilde{\mathfrak{O}})$ はハウスドルフである．実際，$a, b \in X$ のときはあきらか．$b = \infty$ のとき，$a$ のコンパクト近傍 $U$ をとると，$V = (X - U) \cup \{\infty\}$ は $\infty$ の開近傍で，$U \cap V = \emptyset$．

3°　$(\tilde{X}, \tilde{\mathfrak{O}})$ はコンパクトである．なぜなら，$\mathcal{U}$ を $\tilde{X}$ の開被覆とする．少なくともひとつの $\mathcal{U}$ の元 $U_0$ について，$U_0 = (X - C) \cup \{\infty\}$ の形である（$C$ はコンパクト）．$\mathcal{U}$ はコンパクト集合 $C$ の被覆だから，$\mathcal{U}$ のある有限個の元 $U_1, U_2, \cdots, U_n$ をとると $C \subset U_1 \cup U_2 \cup \cdots \cup U_n$ となる．$\{U_0, U_1, \cdots, U_n\}$ は $\tilde{X}$ の被覆である．

4°　まず $\mathfrak{O}$ の元 $A$ は $\tilde{\mathfrak{O}}$ の元であり，$A = A \cap X$．逆に $A \in \tilde{\mathfrak{O}}$ とする．$A \subset X$ なら $A \cap X = A \in \mathfrak{O}$．$A \not\subset X$ なら $A = (X - C) \cup \{\infty\}$ の形（$C$ はコンパクト）であり，$A \cap X = X - C$．命題 5.2.17 によって $C$ は閉集合だから

$A \cap X \in \mathfrak{O}$. □

**ノート**　1)　$X$ がもともとコンパクトなら，命題5.2.17によって $X$ は $\tilde{X}$ の閉集合だから，$\{\infty\}$ は $\tilde{X}$ の開集合，すなわち $\infty$ は孤立点である．

2)　$X$ がコンパクトでないとき，付け加えた点 $\infty$ を普通**無限遠点**という．

**5.2.38　定理（1点コンパクト化の一意性）**　選択公理のもと，$(X, \mathfrak{O})$ をハウスドルフ・局所コンパクト空間，$(\tilde{X}, \tilde{\mathfrak{O}})$ を前定理の1点コンパクト化とする．もし位相空間 $(X', \mathfrak{O}')$ が前定理の条件1) 2) をみたせば，$\tilde{X}$ から $X'$ への同相写像 $f$ で $f \upharpoonright X = I_X$（恒等写像）なるものがある．

**証明**　$X' - X = \{\infty'\}$ とする．$x \in X$ に対して $f(x) = x$, $f(\infty) = \infty'$ とおくと，$f$ は $\tilde{X}$ から $X'$ への双射である．$f^{-1}$ が連続であることを示せば，定理5.2.19によって $f$ は同相写像になる．これを示すには，命題4.3.3により，$\tilde{X}$ の任意の点 $a$ の任意の近傍 $U$ に対し，$f(U)$ が $f(a)$ の近傍であることを示せばよい．$a \in X$ ならあきらかだから，$a = \infty$ とする．$\infty$ の $\tilde{X}$ での任意の近傍 $U$ は $(X - C) \cup \{\infty\}$ の形の開集合を含む．$f(U) \supset (X - C) \cup \{\infty'\} = X' - C$．$C$ はコンパクトだから命題5.2.17によって $X'$ の閉集合，したがって $X' - C$ は開集合であり，$f(U)$ は $\infty'$ の近傍である．□

**5.2.39　例**　1)　$\boldsymbol{R}$ を1点コンパクト化すると，単位円周 $S_1 = \{(x, y) \in \boldsymbol{R}^2 ; x^2 + y^2 = 1\}$ が得られる．実際 $\boldsymbol{R}$（$x$ 軸）の点 $(a, 0)$ に，$(a, 0)$ と $(0, 1)$ をむすぶ直線がもう一度円周とまじわる点を $(u, v)$ とし，$f(a, 0) = (u, v)$ とする．無限遠点 $\infty$ に対しては $f(\infty) = (0, 1)$ とおくと，$f$ は $\boldsymbol{R} \cup \{\infty\}$ から $S_1$ への同相写像である．計算すると，

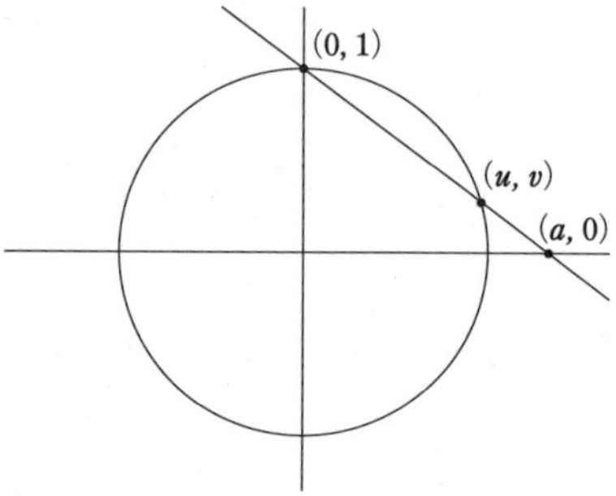

$$(u, v)=\left(\frac{2a}{a^2+1}, \frac{a^2-1}{a^2+1}\right).$$

2)　$\boldsymbol{R}^2$ を1点コンパクト化すると，単位球面 $S_2=\{(x, y, z)\in\boldsymbol{R}^3\,;\,x^2+y^2+z^2=1\}$ が得られる．実際，$xy$ 平面の点 $(a, b, 0)$ に，$(a, b, 0)$ と $(0, 0, 1)$ をむすぶ直線がもう一度球面と交わる点を $(u, v, w)$ とし，$f(a, b, 0)=(u, v, w)$ とする．無限遠点 $\infty$ に対しては $f(\infty)=(0, 0, 1)$ とおくと，$f$ は $\boldsymbol{R}^2\cup\{\infty\}$ から $S_2$ への同相写像である．計算すると，

$$u=\frac{2a}{a^2+b^2+1},\qquad v=\frac{2b}{a^2+b^2+1},\qquad w=\frac{a^2+b^2-1}{a^2+b^2+1}.$$

## 問　題

**1**　位相空間がコンパクトかつ離散なら有限である．

**2**　同じ集合 $X$ 上にふたつの位相 $\mathcal{T}, \mathcal{S}$ があって $\mathcal{T}$ が $\mathcal{S}$ より強いとする(定義 4.3.16)．選択公理のもと，$(X, \mathcal{T})$ がコンパクト，$(X, \mathcal{S})$ がハウスドルフなら $\mathcal{T}=\mathcal{S}$ であることを示せ．

**3**　$Z=X\times Y$，$X$ はコンパクトとする．選択公理のもと，$Z$ から $Y$ への射影 $q:(x, y)\mapsto y$ は閉写像である．すなわち，$Z$ の任意の閉集合 $A$ に対し，像 $q[A]$ は $Y$ の閉集合である．

**4**　$X$ をハウスドルフ空間，$B$ を $X$ の開集合，$\langle A_i\,;\,i\in I\rangle$ を $X$ のコンパクト部分集合の族で，$\bigcap_{i\in I}A_i\neq\varnothing$ なるものとする．選択公理のもとで，$\bigcap_{i\in I}A_i\subset B$ なら，$I$ の有限部分集合 $J$ で，$\bigcap_{i\in J}A_i\subset B$ なるものが存在する．

**5**　選択公理のもと，$X$ が大域可算型の位相空間なら，$X$ の任意の開被覆から可算部分被覆がえらべる．

**6** 選択公理のもとで，位相空間 $X$ が大域可算型なら，$X$ の任意の非可算無限部分集合は集積点をもつことを示せ．

**7** 全順序位相空間 $X$（例 4.1.8 の 1)）がコンパクトであるためには，$X$ が完備で，最小元，最大元が存在することが必要十分である．

**8** 大域可算型の可算コンパクト空間はコンパクトである．

## §3 連結性

### 連結位相空間

**5.3.1 定義** $X$ を位相空間とする．$\emptyset$ と $X$ 以外に開かつ閉な部分集合が存在しないとき，$X$ は**連結**であるという．

もちろん，つぎのように言ってもよい．

a） $X$ の開集合 $A, B$ で，$A \neq \emptyset, B \neq \emptyset, A \cup B = X, A \cap B = \emptyset$ なるものはない．

b） $X$ の閉集合 $A, B$ で，$A \neq \emptyset, B \neq \emptyset, A \cup B = X, A \cap B = \emptyset$ なるものはない．

**5.3.2 定義** $X$ を位相空間，$Y$ を $X$ の部分集合とする．$Y$ が $X$ の部分位相空間として連結のとき，$Y$ を $X$ の**連結部分集合**という．

**5.3.3 命題** $X$ を位相空間，$Y$ を $X$ の部分集合とする．$Y$ が連結であるためには，つぎの条件をみたす $X$ の開集合 $A, B$ が存在しないことが必要十分である：$Y \subset A \cup B, A \cap B \cap Y = \emptyset, A \cap Y \neq \emptyset, B \cap Y \neq \emptyset$．

**証明** 上の条件をみたす $A, B$ が存在したとすると，$A' = A \cap Y, B' = B \cap Y$ は $Y$ の開集合で，$A' \neq \emptyset, B' \neq \emptyset, A' \cup B' = Y, A' \cap B' = \emptyset$ だから，

定義5.3.1のa)によって $Y$ は連結でない.

逆に $Y$ が連結でなければ, $Y$ の開集合 $A', B'$ で, $A' \neq \emptyset, B' \neq \emptyset, A' \cup B' = Y, A' \cap B' = \emptyset$ なるものが存在する. 部分位相空間の定義4.1.18により, $X$ の開集合 $A, B$ が存在して $A' = A \cap Y, B' = B \cap Y$ とかける. この $A, B$ は $Y \subset A \cup B, A \cap B \cap Y = \emptyset, A \cap Y \neq \emptyset, B \cap Y \neq \emptyset$ をみたす. □

**5.3.4　定理**　$X, Y$ を位相空間, $f$ を $X$ から $Y$ への写像とする. $X$ が連結で $f$ が連続なら, 像空間 $f[X]$ も連結である.

**証明**　$A$ を $f[X]$ の開かつ閉な部分集合で $A \neq \emptyset, A \neq Y$ なるものとすると, 命題4.3.9により, $f^{-1}[A]$ は $X$ の開かつ閉な部分集合で, $f^{-1}[A] \neq \emptyset, f^{-1}[A] \neq X$ である. □

**5.3.5　系**　$\mathcal{T}, \mathcal{S}$ を同じ集合 $X$ 上の位相とし, $\mathcal{T}$ が $\mathcal{S}$ より強いとする. もし $(X, \mathcal{T})$ が連結なら $(X, \mathcal{S})$ も連結である.

**5.3.6　命題**　位相空間 $X$ の部分集合 $Y$ が連結なら, $Y \subset Z \subset \bar{Y}$ なる $Z$ はすべて連結である.

**証明**　$Z$ が連結でないとすれば, 命題5.3.3により, $X$ の開集合 $A, B$ で, $Z \subset A \cup B, A \cap B \cap Z = \emptyset, A \cap Z \neq \emptyset, B \cap Z \neq \emptyset$ なるものが存在する. ただちに $Y \subset A \cup B, A \cap B \cap Y = \emptyset$. もし $A \cap Y = \emptyset$ なら, 第4章§1の問題1の1) によって $A \cap \bar{Y} = \emptyset$, したがって $A \cap Z = \emptyset$ となり矛盾. したがって $A \cap Y \neq \emptyset$. 同時に $B \cap Y \neq \emptyset$ となり, これは $Y$ の連結性に反する. □

### 連結成分

**5.3.7　命題**　$X$ を位相空間, $\{Y_i ; i \in I\}$ を $X$ の連結部分集合の族とする. もしすべての $Y_i$ に共通な点 $a$ があれば, 合併集合 $Y = \bigcup_{i \in I} Y_i$ も連結である.

**証明**　$Y$ が連結でないとすると，命題5.3.3により，$X$ の開集合 $A, B$ でつぎの条件をみたすものが存在する：$A\cap Y\neq\emptyset$, $B\cap Y\neq\emptyset$, $Y\subset A\cup B$, $Y\cap A\cap B=\emptyset$．さて，$\bigcap_{i\in I} Y_i$ の点 $a$ は $A$ または $B$ に属する．$a\in A$ とする．$B\cap Y\neq\emptyset$ だから，ある $i\in I$ に対して $B\cap Y_i\neq\emptyset$．したがって $Y_i\subset A\cup B$, $Y_i\cap A\cap B=\emptyset$, $A\cap Y_i\neq\emptyset$, $B\cap Y_i\neq\emptyset$ となり，$Y_i$ の連結性に反する．□

**5.3.8　定義と命題**　$X$ を位相空間，$a$ を $X$ の点とする．点 $a$ を含む $X$ の連結部分集合全部の合併 $C$ を点 $a$ の**連結成分**という．

連結成分は連結な閉集合である．したがって連結成分は $a$ を含む最大の連結集合である．

**証明**　命題5.3.7によって $C$ は連結，命題5.3.6によって $C$ は閉集合である．□

**5.3.9　定義**　位相空間 $X$ の各点の連結成分（相異なるものだけ）の全体を $\{C_i\,;\,i\in I\}$ とする．各 $C_i$ は連結な閉集合で，$\bigcup_{i\in I} C_i=X$, $i\neq j$ なら $C_i\cap C_j=\emptyset$ が成りたつ．すなわち，$\{C_i\,;\,i\in I\}$ は $X$ のひとつの類別である．

$X$ の各点 $a$ の連結成分が $\{a\}$ のとき，$X$ は**全不連結**であるという．完全不連結ということもある．離散空間は全不連結である．

**5.3.10　例**　標準位相（＝順序位相）をそなえた有理数体 $\boldsymbol{Q}$ は連結でない．もっと強く，$\boldsymbol{Q}$ は全不連結である．

**証明**　$\boldsymbol{Q}$ の点 $a$ の（$\boldsymbol{Q}$ での）連結成分 $C$ が $a$ 以外の点 $b$ を含むとする．$a<b$ としてよい．系3.1.9の3)により，$a<c<b$ なる無理数 $c$ が存在する．$A=\{x\in\boldsymbol{Q}\,;\,x<c\}$, $B=\{x\in\boldsymbol{Q}\,;\,c<x\}$ とすると，$A, B$ は $C$ に対して命題5.3.3の条件をみたし，$C$ の連結性に反する．□

### 積空間の連結性

**5.3.11　命題**　$X, Y$ が連結空間なら，積空間 $X\times Y$ も連結である．

**証明**　$Z=X\times Y$ の点 $(a, b)$ を固定する．$Z$ の任意の点 $(x, y)$ に対し，2 点 $(a, b), (x, y)$ を含む連結集合が存在する．実際，$M=X\times\{y\}, N=\{a\}\times Y$ とすると，$M, N$ はそれぞれ $X, Y$ と同相（やさしい）だから連結である．$M, N$ とも点 $(a, y)$ を含むから，命題 5.3.7 によって $L(x, y)=M\cup N$ も連結である．どんな $(x, y)$ に対しても $(a, b)\in L(x, y)$．$(x, y)$ は任意だったから，ふたたび命題 5.3.7 によって $Z=\bigcup_{(x,y)\in Z}L(x, y)$ も連結である．□

**5.3.12　定理**　$\langle X_i\,;\,i\in I\rangle$ を連結空間の族，$X=\prod_{i\in I}X_i$ を積空間とする．選択公理のもとで $X$ も連結である．

**証明**　$X_i$ はどれも空でないとしてよい．

1°　$X$ の点 $a=\langle a_i\rangle_{i\in I}$ を固定する．$I$ の有限部分集合の全体を $\mathcal{J}$ とする．$\mathcal{J}$ の元 $J$（すなわち $I$ の有限部分集合）に対し，

$$M(J)=\prod_{i\in J}X_i\times\prod_{i\in I-J}\{a_i\}$$

とおく．$M(J)$ は $\prod_{i\in J}X_i$ と同相（やさしい）だから，前命題によって連結である．すべての $M(J)$ $(J\in\mathcal{J})$ は $a$ を含むから，命題 5.3.7 によって $M=\bigcup_{J\in\mathcal{J}}M(J)$ も連結である．

2°　$\bar{M}=X$ を示す．そうすれば，命題 5.3.6 によって $X$ が連結であることがわかる．

$x=\langle x_i\rangle_{i\in I}$ を $X$ の任意の点とする．$\mathcal{J}$ の元 $J$ および $i\in J$ に対する $x_i$ の（$X_i$ での）近傍 $V_i$ に対し，

$$\prod_{i\in J}V_i\times\prod_{i\in I-J}X_i$$

は $x$ の近傍であり，この形の近傍の全体 $\mathcal{U}$ は $x$ の（$X$ での）ひとつの近

傍基である．

$$\left(\prod_{i\in J} V_i \times \prod_{i\in I-J} X_i\right) \cap M(J) = \prod_{i\in J} V_i \times \prod_{i\in I-J} \{a_i\}$$

は選択公理によって空でない．すなわち，$\mathcal{U}$ の元はすべて $M$ と共通点をもつから $x\in\bar{M}$．したがって $X=\bar{M}$．□

### $\boldsymbol{R}$, $\boldsymbol{R}$ の区間および $\boldsymbol{R}^n$ の連結性

**5.3.13 定理** 標準位相（＝順序位相）をそなえた実数体 $\boldsymbol{R}$ は連結である．

**証明** $\boldsymbol{R}$ が連結でないとすると，$\boldsymbol{R}=A\cup B$, $A\cap B=\emptyset$ なる開かつ閉の部分集合 $A, B$ が存在する．$a\in A$, $b\in B$, $a<b$ とする（$a>b$ でも同じ）．$C=A\cap\{x\in\boldsymbol{R}\,;\,x<b\}$ とおくと，$a\in C$ であり，$C$ は上に有界だから上限 $c$ がある：$c\leqq b$，任意の正の数 $\varepsilon$ に対し，$C$ の元 $x$ で $c-\varepsilon<x\leqq c$ なるものがあるから，$(c-\varepsilon, c+\varepsilon)\cap A\neq\emptyset$．したがって $c\in\bar{A}$ だが，$A$ は閉集合だから $c\in A$ であり，$c<b$．

一方 $c<x\leqq b$ なら $x\in B$ だから，$(c-\varepsilon, c+\varepsilon)\cap B\neq\emptyset$．したがって $c\in\bar{B}$ であり，$B$ は閉集合だから $c\in B$．以上によって $c\in A\cap B$ となって矛盾である．□

**5.3.14 系** $\boldsymbol{R}$ の区間はすべて連結である．

**証明** 開区間 $(a, b)$, $(a, +\infty)$, $(-\infty, b)$ のときは第3章§1の問題7による．閉区間 $[a, b]$ $[a, +\infty)$, $(-\infty, b]$ および $(a, b]$, $[a, b)$ のときは命題5.3.6による．□

**5.3.15 系** 標準位相をそなえた $\boldsymbol{R}^n$ は連結である．

**証明** 命題5.3.11による．□

**5.3.16　命題**　$\boldsymbol{R}$ の連結部分集合は区間である．

**証明**　$Y$ を $\boldsymbol{R}$ の区間でない連結部分集合とする．$Y$ は少なくとも 2 点を含むとしてよい．2 点集合は区間でないから，$a, b \in Y, c \notin Y, a < c < b$ なる 3 点が存在する．$A = \{x \in Y ; x < c\}, B = \{x \in Y ; c < x\}$ とすると，$A, B$ は $Y$ の開集合で $A \cup B = Y, A \cap B = \varnothing$．□

### 弧状連結性

**5.3.17　定義**　$X$ を位相空間とする．$\boldsymbol{R}$ の有界閉区間 $[a, b]\ (a < b)$ から $X$ への連続写像 $\varphi$ を，$X$ の**連続曲線**または**弧**という．像集合 $\{\varphi(t) ; a \leqq t \leqq b\}$ のことも $X$ の連続曲線ないし弧という．$[a, b]$ としては $[0, 1]$ をとることが多い．実際，$\varphi(x) = \dfrac{x-a}{b-a}$ は $[a, b]$ を $[0, 1]$ に移す．

**5.3.18　定義**　位相空間 $X$ の任意の 2 点をむすぶ連続曲線が存在するとき，$X$ は**弧状連結**であるという．

$X = \boldsymbol{R}^n$ のとき，$\boldsymbol{R}^n$ の任意の 2 点 $\boldsymbol{a}, \boldsymbol{b}$ に対し，$\boldsymbol{a}, \boldsymbol{b}$ をむすぶ線分が存在し，線分は $[0, 1]$ の連続像だから，$\boldsymbol{R}^n$ は弧状連結である．

**5.3.19　命題**　位相空間 $X$ が弧状連結なら連結である．

**証明**　$X$ が弧状連結と仮定し，$X$ の 1 点 $a$ を固定する．$X$ の任意の点 $x$ に対し，$a$ と $x$ をむすぶ連続曲線 $C(x)$ が存在する．$C(x)$ は $[0, 1]$ の連続像だから連結である（定理 5.3.4）．すべての $C(x)$ は $a$ を含むから，命題 5.3.7 によって $X = \bigcup_{x \in X} C(x)$ は連結である．□

**ノート**　逆命題は成りたたない（下の例 5.3.20）．

**5.3.20　例**　$\boldsymbol{R}^2$ の部分集合 $A, B$ を

$$A=\{(0, y)\,;\,0<y\leqq 1\},$$
$$B=\{(x, 0)\,;\,0<x\leqq 1\}\cup\bigcup_{n=1}^{\infty}\left\{\left(\frac{1}{n}, y\right);\,0\leqq y\leqq 1\right\}$$

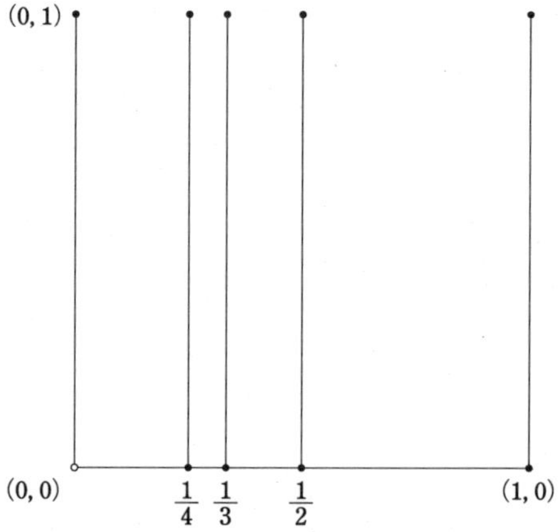


とおく．左の図からわかるように，$A\cup B$ には原点 $(0, 0)$ が含まれないので，$A\cup B$ の点 $(0, 1)$ とたとえば $(1, 0)$ を結ぶ連続曲線は存在せず，$A\cup B$ は弧状連結でない．

一方，図からもわかるように $A\subset\bar{B}$ が成りたつ．したがって $B\subset A\cup B\subset\bar{B}$ となり，命題 5.3.6 によって $A\cup B$ は連結である．□

**5.3.21　命題**　$\boldsymbol{R}^n$ の開集合に対しては命題 5.3.19 の逆が成りたつ．すなわち，$\boldsymbol{R}^n$ の連結な開集合は弧状連結である．

**証明**　$\boldsymbol{R}^n$ の開集合 $X$ が弧状連結でないとする．$X$ の 2 点 $x, y$ が $X$ 内の連続曲線でむすばれることを $x\sim y$ とかこう（この関係は同値関係である）．$X$ の 1 点 $a$ を固定し，

$$A=\{x\in X\,;\,a\sim x\},\qquad B=\{x\in X\,;\,a\not\sim x\}$$

とおくと $A\cup B=X, A\cap B=\emptyset$．$a\in A$ だから $A\neq\emptyset$．仮定によって $B\neq\emptyset$．

$X$ は開集合だから，$A$ の任意の点 $b$ に対し，ある正の数 $\varepsilon$ をとると，開球 $D(b, \varepsilon)\subset X$．$D(b, \varepsilon)$ の任意の点 $x$ は中心 $b$ と線分でむすべる．したがって $a\sim x$ となり，$x\in A$．すなわち $D(b, \varepsilon)\subset A$．$b$ は任意だから $A$ は開集合である．

一方，$B$ の任意の点 $b$ に対しても，ある正の数 $\varepsilon$ をとると $D(b, \varepsilon)\subset X$．

$D(b, \varepsilon)$ の任意の点 $x$ は $b$ とむすべる．もし $a \sim x$ なら $a \sim b$ となって矛盾だから $a \not\sim x$，すなわち $x \in B$．$x$ は任意だから $D(b, \varepsilon) \subset B$ となって $B$ も開集合である．よって $X$ は連結でない．□

## 問　題

**1**　$\boldsymbol{Q}^2 \subset \boldsymbol{R}^2$ とみなすと，$X = \boldsymbol{R}^2 - \boldsymbol{Q}^2$ は弧状連結である．

**2**　$X$ を位相空間，$A_n\ (n \in \boldsymbol{N})$ を $X$ の連結部分集合とする．$A_n \cap A_{n+1} \neq \emptyset\ (n \in \boldsymbol{N})$ なら $\bigcup_{n=0}^{\infty} A_n$ は連結である．

**3**　$X, Y$ を位相空間とし，$X$ の点 $a$ を含む $X$ の連結成分を $A$，$Y$ の点 $b$ を含む $Y$ の連結成分を $B$ とする．$(a, b)$ を含む $X \times Y$ の連結成分は $A \times B$ である．

**4**　全順序位相空間（例 4.1.8 の 1)）が連結であるためには，それが完備かつ自己稠密であることが必要十分である．

## §4　距離空間（その2）

### 一様連続写像

距離空間では写像の一様連続性の概念が定義される．

**5.4.1　定義**　$(X, d), (Y, e)$ を距離空間，$f$ を $X$ から $Y$ への写像とする．つぎの条件がみたされるとき，$f$ は**一様連続**であるという：任意の正実数 $\varepsilon$ に対してある正実数 $\delta$ をとると，$X$ の元 $x, y$ が $d(x, y) \leqq \delta$ をみたせば $e(f(x), f(y)) \leqq \varepsilon$ が成りたつ．

**ノート**　実数体の場合の定義 3.3.7 および定理 3.3.8 を参照せよ．一様連続なら連続である（やさしい）が，逆は成りたたない．しかしつぎの定理が成りたつ．

**5.4.2　定理**　$(X, d), (Y, e)$を距離空間，$f$ を $X$ から $Y$ への連続写像とする．$X$ がコンパクトなら $f$ は一様連続である．

**証明**　正実数 $\varepsilon$ が与えられたとする．$f$ は $X$ の各点で連続だから，$X$ の任意の点 $a$ に対し，$0<\delta\leqq 1$ なる実数 $\delta$ で，$x\in X, d(a, x)\leqq\delta$ なら $e(f(a), f(x))<\varepsilon$ となるものがある．このような $\delta$ の全体を $\Delta$ とし，その上限を $\delta(a)$ とする．$d(a, x)<\delta(a)$ なら，$\Delta$ の元 $\delta$ で $d(a, x)<\delta$ なるものがあるから，$e(f(a), f(x))<\varepsilon$ となる．

$\mathcal{U}=\left\{D\left(a, \dfrac{\delta(a)}{2}\right);\ a\in X\right\}$ とおくと，$\mathcal{U}$ は $X$ の開被覆である．仮定により，$X$ の有限個の点 $a_1, a_2, \cdots, a_n$ をとると $X=\bigcup_{k=1}^{n} D\left(a_k, \dfrac{\delta(a_k)}{2}\right)$ が成りたつ．$\delta=\min\left\{\dfrac{\delta(a_1)}{2}, \dfrac{\delta(a_2)}{2}, \cdots, \dfrac{\delta(a_n)}{2}\right\}$ とおくと $\delta>0$．$x, y\in X, d(x, y)<\delta$ とする．ある $k\ (1\leqq k\leqq n)$ に対して $x$ は $D\left(a_k, \dfrac{\delta(a_k)}{2}\right)$ に属する．

$$d(a_k, y)\leqq d(a_k, x)+d(x, y)<\frac{\delta(a_k)}{2}+\delta\leqq\delta(a_k).$$

したがって $e(f(a_k), f(y))<\varepsilon$．一方 $e(f(x), f(a_k))<\varepsilon$ だから，

$$e(f(x), f(y))\leqq e(f(x), f(a_k))+e(f(a_k), f(y))<2\varepsilon.\ \square$$

## 完備性

**5.4.3　定義**　$(X, d)$ を距離空間，$\langle a_n\rangle_{n\in\boldsymbol{N}}$ を $X$ の点列とする．つぎの条件がみたされるとき，点列 $\langle a_n\rangle_{n\in\boldsymbol{N}}$ を**コーシー列**という：任意の正実数 $\varepsilon$ に対してある自然数 $L$ をとると，$L\leqq n, m$ なるすべての自然数 $n, m$ に対して $d(a_n, a_m)\leqq\varepsilon$ が成りたつ．

収束列はコーシー列である（やさしい）が，コーシー列がいつも収束するとは限らない．

**5.4.4　定義**　$(X, d)$ を距離空間とする．$X$ の任意のコーシー列が収束するとき，$(X, d)$ は**完備**であるという．

**5.4.5　例**　1)　$\boldsymbol{R}^n$ は標準距離に関して完備である（定理 3.4.7）．

2)　$\boldsymbol{Q}^n$ は標準距離に関して完備でない．実際，$n=1$ のとき，$\sqrt{2}$ に収束する有理数列を考えればよい．

**5.4.6　定理（一様連続写像の延長）**　選択公理のもと，$(X, d)$ を距離空間，$Y$ を $X$ の稠密な部分空間，$(Z, e)$ を完備な距離空間とする．このとき，$Y$ から $Z$ への一様連続写像は $X$ から $Z$ への一様連続写像に一意的に延長される．すなわち，$Y$ から $Z$ への一様連続写像 $f$ に対し，$X$ から $Z$ への一様連続写像 $\tilde{f}$ で，$\tilde{f}\upharpoonright Y=f$ となるものがただひとつ存在する．

**証明**　1°　$X-Y$ の点 $a$ に対し，$D\left(a, \dfrac{1}{n}\right)\cap Y$ は空でないから，その1点 $a_n$ をとる（選択公理）．当然 $\lim_{n\to\infty} a_n=a$ であり，$Y$ の点列 $\langle a_n\rangle_{n\in\boldsymbol{N}}$ はコーシー列である．$f$ の一様連続性により，任意の正実数 $\varepsilon$ に対してある $\delta$ をとると，$d(a_n, a_m)\leqq\delta$ なら $e(f(a_n), f(a_m))\leqq\varepsilon$ となる．ある自然数 $L$ をとると，$L\leqq n, m$ なら $d(a_n, a_m)\leqq\delta$ だから $e(f(a_n), f(a_m))\leqq\varepsilon$，すなわち $\langle f(a_n)\rangle_{n\in\boldsymbol{N}}$ は $Z$ のコーシー列である．仮定によってこれは収束するから，その極限を $\tilde{f}(a)$ と定義する．$Y$ の点 $x$ に対しては $\tilde{f}(x)=f(x)$ とおく．こうして $X$ から $Z$ への写像 $\tilde{f}$ が定義された．

2°　$\tilde{f}$ が一様連続であることを示す．正実数 $\varepsilon$ が与えられたとする．ある正実数 $\delta$ をとると，$x, y\in Y, d(x, y)\leqq\delta$ なら $e(f(x), f(y))\leqq\varepsilon$ が成りたつ．いま $a, b\in X, d(a, b)\leqq\dfrac{\delta}{3}$ とする．1° でつくった点列を $\langle a_n\rangle, \langle b_n\rangle$ $(a_n, b_n\in Y)$ とすると $a=\lim a_n, b=\lim b_n$ だから，ある番号 $L_1$ をとると，$L_1\leqq n$ なら $d(a, a_n)\leqq\dfrac{\delta}{3}, d(b, b_n)\leqq\dfrac{\delta}{3}$ となる．一方 $\tilde{f}(a)$ の定義により，ある番号 $L_2$ をとると，$L\leqq n$ なら $e(\tilde{f}(a), f(a_n))\leqq\varepsilon, e(\tilde{f}(b), f(b_n))\leqq\varepsilon$ が成りたつ．

$$d(a_n, b_n)\leqq d(a_n, a)+d(a, b)+d(b, b_n)\leqq\delta$$

だから $e(f(a_n), f(b_n))\leqq\varepsilon$ となる．

$$e(\tilde{f}(a), \tilde{f}(b)) \leqq e(\tilde{f}(a), f(a_n)) + e(f(a_n), f(b_n)) + e(f(b_n), \tilde{f}(b))$$
$$\leqq 3\varepsilon$$

となり，$\tilde{f}$ は一様連続である．

延長の一意性はやさしい．□

### 全有界性

**5.4.7　定義**　$(X, d)$ を距離空間とする．

1)　$X$ の部分集合 $A$ に対し，$A\times A$ から $\boldsymbol{R}$ への写像 $(x, y)\mapsto d(x, y)$ が有界のとき，$A$ は**有界**であるという．

2)　$X$ の部分集合 $A$ が有界のとき，

$$\sup\{d(x, y); (x, y)\in A\times A\}$$

を $A$ の**直径**と言い，$\delta(A)$ とかく．

3)　$A$ を $X$ の空でない部分集合，$x$ を $X$ の点とする．$\inf\{d(x, y); y\in A\}$ を $x$ と $A$ との**距離**と言い，$d(x, A)$ とかく．$d(x, A)=0$ となるのは，$x$ が $A$ の閉包に属するときである（やさしい）．

**5.4.8　定義**　$(X, d)$ を距離空間とする．

1)　$\mathcal{U}$ を $X$ の被覆，$\varepsilon$ を正実数とする．$\mathcal{U}$ のすべての元 $A$ に対して $\delta(A)<\varepsilon$ が成りたつとき，$\mathcal{U}$ を $X$ の **$\boldsymbol{\varepsilon}$ 被覆**という．

2)　任意の正実数 $\varepsilon$ に対して $X$ の有限な $\varepsilon$ 被覆が存在するとき，$(X, d)$ は**全有界**であるという．

**5.4.9　命題**　1)　$(X, d)$ が全有界なら有界である．

2)　逆は成りたたない．

3)　しかし，$\boldsymbol{R}^n$ の部分集合が有界なら全有界である．

**証明**　1)　$X$ が全有界とする．$\varepsilon=1$ に対する $X$ の有限 $\varepsilon$ 被覆 $\mathcal{U}=\{A_1,$

$A_2, \cdots, A_n\}$ をとる．各 $A_i$ から1点 $a_i$ をとって $e=\max_{1\leqq i,j\leqq n} d(a_i, a_j)$ とすると，$x\in A_i$, $y\in A_j$ に対し，

$$d(x, y)\leqq d(x, a_i)+d(a_i, a_j)+d(a_j, y)\leqq e+2.$$

2)　反例．無限集合 $X$ の距離 $d$ を，$d(x, x)=0$, $x\neq y$ なら $d(x, y)=1$ と定義すると，$(X, d)$ は距離空間である（例4.5.6の2)）．$X$ はもちろん有界だが，1より小さい $\varepsilon$ に対する有限 $\varepsilon$ 被覆は存在しない．

3)　$A$ を $\boldsymbol{R}^n$ の有界な部分集合とする．閉包 $\bar{A}$ も有界である．実際，$a$, $b\in\bar{A}$ に対して，$A$ の元 $x, y$ で $d(a, x)\leqq 1$, $d(b, y)\leqq 1$ なるものをとれば，$d(a, b)\leqq d(a, x)+d(x, y)+d(y, b)\leqq\delta(A)+2$ となる．任意の正実数 $\varepsilon$ に対し，$\mathcal{U}=\{D(a, \varepsilon)\,;\,a\in\bar{A}\}$ は $\bar{A}$ の開被覆である．$\bar{A}$ は有界閉集合だから，定理5.2.15によってコンパクト，したがって $\mathcal{U}$ の有限部分被覆 $\mathcal{U}'$ が存在し，$\mathcal{U}'$ は $A$ の有限 $\varepsilon$ 被覆である．□

**5.4.10　補題**　距離空間 $(X, d)$ が全有界であるとする．このとき，

1)　$X$ の任意の部分距離空間は全有界である．

2)　任意の $\varepsilon>0$ に対し，$X$ の有限部分集合 $F$ で，$\{D(a, \varepsilon)\,;\,a\in F\}$ が $X$ の被覆となるものが存在する．

3)　$X$ が無限集合なら，任意の $\varepsilon>0$ に対し，少なくともひとつの $a\in X$ に対して $D(a, \varepsilon)$ は無限集合である．

**証明**　1)　$\mathcal{U}$ を $X$ の有限 $\varepsilon$ 被覆とすれば，$\{A\cap Y\,;\,Y\in\mathcal{U}\}$ は $Y$ の有限 $\varepsilon$ 被覆である．

2)　$X$ の有限 $\varepsilon$ 被覆 $\mathcal{U}$ をとる．$\emptyset\notin\mathcal{U}$ としてよい．$\mathcal{U}$ の各元 $A$ から1点 $a=a(A)$ をえらぶ（$\mathcal{U}$ は有限だから選択公理は不要）．$\delta(A)<\varepsilon$ だから $A\subset\bar{D}(a, \delta(A))\subset D(a, \varepsilon)$．$F=\{a(A)\,;\,A\in\mathcal{U}\}$ とすればよい．

3)　2)によって $X=\bigcup_{a\in F} D(a, \varepsilon)$ となる $X$ の有限部分集合 $F$ がある．もしすべての $a\in F$ に対して $D(a, \varepsilon)$ が有限なら，$X$ も有限となって仮定に反する．□

**5.4.11　命題**　全有界距離空間 $(X, d)$ の任意の点列は，部分列としてコーシー列を含む．

**証明**　1°　$\langle a_n \rangle_{n\in\boldsymbol{N}}$ を $X$ の点列とする．もし集合 $A=\{a_n\,;\,n\in\boldsymbol{N}\}$ が有限なら，ある $a\in A$ に対し，$a_n=a$ となる $n$ が無限にあり，これらはコーシー列をつくる．

以下，$A$ は無限集合であると仮定する．帰納法による写像の定義（定理2.2.8）により，$A$ の無限部分集合の減小列 $\langle A_n \rangle_{n\in\boldsymbol{N}}$ および $\boldsymbol{N}$ から $\boldsymbol{N}$ への写像 $\varphi$ で，$a_{\varphi(n)}\in A_n$ なるものをつくる．まず $A_0=A, \varphi(0)=0$ とし，$A_n$ と $\varphi(n-1)$ までできたとする．

2°　$A_n$ は無限集合だから，前補題の3)により，$A_n$ のある元 $x$ をとると，$D\left(x, \dfrac{1}{n+1}\right)\cap A_n$ は無限集合になる．$x\in A$ だから，ある $k\in\boldsymbol{N}$ に対して $x=a_k$．このような最小の $k$ を $\varphi(n)$ とおく．$a_{\varphi(n)}\in A_n$ で，$D\left(a_{\varphi(n)}, \dfrac{1}{n+1}\right)\cap A_n$ は無限集合である．そこで，$D\left(a_{\varphi(n)}, \dfrac{1}{n+1}\right)\cap A_n$ から有限集合 $\{a_k\,;\,k\leqq\varphi(n)\}$ を取りさった部分を $A_{n+1}$ とおく．$A_{n+1}$ は無限集合である．以上で帰納法による定義が完了した．

3°　もし $\varphi(n)\geqq\varphi(n+1)$ なら，$A_{n+1}\cap\{a_k\,;\,k\leqq\varphi(n)\}=\emptyset$ だから $a_{\varphi(n+1)}\in A_{n+1}$ に反する．したがって $\varphi(n)<\varphi(n+1)$．よって $b_n=a_{\varphi(n)}$ とすると，$\langle b_n \rangle_{n\in\boldsymbol{N}}$ は $\langle a_n \rangle_{n\in\boldsymbol{N}}$ の部分列である．

4°　$\varepsilon>0$ が与えられたとする．$L>\dfrac{2}{\varepsilon}$ なる $L\in\boldsymbol{N}$ をとり，$L\leqq n, m$ とする．

$$b_n\in A_n\subset A_L\subset D\left(b_{L-1}, \frac{1}{L}\right)\subset D\left(b_{L-1}, \frac{\varepsilon}{2}\right).$$

同様に $b_m\in D\left(b_{L-1}, \dfrac{\varepsilon}{2}\right)$ だから，$d(b_n, b_m)<\varepsilon$ となり，$\langle b_n \rangle_{n\in\boldsymbol{N}}$ はコーシー列である．□

**5.4.12　命題**　選択公理のもと，全有界な距離空間は稠密可算型である．

**証明**　正実数 $\varepsilon$ が与えられたとする．補題5.4.10の2)により，$X$ のある有限部分集合 $A$ をとると，$X$ のすべての点 $x$ に対して $d(x, A)<\varepsilon$ とな

る．各自然数 $n>0$ に対し，$\varepsilon=\dfrac{1}{n}$ に対する上の $A$ をひとつ決めて $A_n$ とする（選択公理）．$Y=\bigcup_{n=1}^{\infty}A_n$ とおくと，命題 1.2.24（ここにも選択公理がつかわれている）によって $Y$ は可算である．

$X$ の任意の点 $x$ と任意の自然数 $n>0$ に対し，$A_n\subset Y$ だから $d(x, Y)\leqq d(x, A_n)<\dfrac{1}{n}$．$n$ は任意だから $d(x, Y)=0$，すなわち $x\in\bar{Y}$ となり，$Y$ は $X$ で稠密である．□

**5.4.13　系**　選択公理のもと，全有界な距離空間は大域可算型である．

**証明**　前命題と第 4 章§5 の問題 1 による．□

## コンパクト性

距離空間がコンパクトであることと，それが完備かつ全有界であることとは同値である．これをいくつかの命題にわけて述べる．

**5.4.14　命題**　コンパクトな距離空間は全有界である．

**証明**　$X$ をコンパクトな距離空間とする．任意の正実数 $\varepsilon$ に対し，$\left\{D\left(a, \dfrac{\varepsilon}{3}\right); a\in X\right\}$ は $X$ の開被覆だから，$X$ の有限個の点 $a_1, a_2, \cdots, a_n$ をえらべば，$\left\{D\left(a_k, \dfrac{\varepsilon}{3}\right); 1\leqq k\leqq n\right\}$ は $X$ の有限 $\varepsilon$ 被覆である．□

**5.4.15　命題**　可算コンパクトな距離空間は完備である．

**証明**　$(X, d)$ を可算コンパクトな距離空間とし，$X$ の任意のコーシー列 $\langle a_n\rangle_{n\in \boldsymbol{N}}$ が収束することを示せばよい．

任意の自然数 $k>0$ に対してある $L\in\boldsymbol{N}$ をとると，$L\leqq n, m$ なら $d(a_n, a_m)<\dfrac{1}{k}$ が成りたつ．とくに $m=L$ とすると，$L\leqq n$ なら $a_n\in\bar{D}\left(a_L, \dfrac{1}{k}\right)$．このような $L$ の最小のものを $L(k)$ とする．すなわち，

$$L(k)=\min\left\{L\in\boldsymbol{N}\,;\,L\leqq n \text{ なら } a_n\in\bar{D}\left(a_L,\frac{1}{k}\right)\right\}.$$

集合 $\left\{\bar{D}\left(a_{L(k)},\dfrac{1}{k}\right); k\in\boldsymbol{N}^+\right\}$ は $X$ の閉集合の可算族であり，有限交差的である．実際，任意の $l\in\boldsymbol{N}^+$ に対し，$n\geqq\max\{L_k\,;1\leqq k\leqq l\}$ なら $a_n\in\bigcap_{1\leqq k\leqq l}\bar{D}\left(a_{L(k)},\dfrac{1}{k}\right)$ となる．$X$ は可算コンパクトだから $\bigcap_{k\in\boldsymbol{N}^+}\bar{D}\left(a_{L(k)},\dfrac{1}{k}\right)$ は空でない．そのひとつの元 $b$ をとる．

$\langle a_n\rangle_{n\in\boldsymbol{N}}$ は $b$ に収束する．実際，任意の $\varepsilon>0$ に対し，$M>\dfrac{2}{\varepsilon}$ なる $M\in\boldsymbol{N}^+$ をとって $L=L_M$ とする．$L\leqq n$ なら $a_n\in\bar{D}\left(a_L,\dfrac{1}{M}\right)$ だから，$d(b,a_n)\leqq\dfrac{M}{2}<\varepsilon$. □

**5.4.16　系**　コンパクトな距離空間は完備である．

**証明**　コンパクトなら可算コンパクトである．□

**5.4.17　定理**　選択公理なしで，全有界かつ完備な距離空間 $(X,d)$ が稠密可算型ならば，$(X,d)$ はコンパクトである．

**証明**　$Y=\{a_k\,;k\in\boldsymbol{N}\}$ を $X$ で稠密な可算部分集合とする．第4章§5の問題1によって $X$ は大域可算型だから，§2の問題8により，$X$ が可算コンパクトであることを示せばよい．

$X$ の閉集合から成る有限交差的な可算族 $\mathcal{F}=\{A_n\,;n\in\boldsymbol{N}^+\}$ が共通元をもつことを示す．$A_n\supset A_{n+1}$ としてよい．$B_n=\bigcup\left\{D\left(x,\dfrac{1}{n}\right); x\in A_n\right\}$ とおく．$B_n$ は $X$ の開集合だから $B_n\cap Y\neq\emptyset$．あきらかに $B_n\supset B_{n+1}$．$a_k\in B_n$ となる最小の $k$ に対する $a_k$ を $b_n$ とおいて，$Y$ の点列 $\langle b_n\rangle_{n\in\boldsymbol{N}^+}$ を定める．$\langle b_n\rangle_{n\in\boldsymbol{N}^+}$ は $X$ の点列でもあり，$X$ は全有界かつ完備だから，収束部分列 $\langle b_{\varphi(n)}\rangle_{n\in\boldsymbol{N}^+}$ とその極限 $b$ がある．

任意の $n\in\boldsymbol{N}^+$ を固定して $b\in A_n$ を示す．任意の $\varepsilon>0$ に対してある $L$ をとると，$L\leqq m$ なら $d(b,b_{\varphi(m)})\leqq\dfrac{\varepsilon}{2}$ が成りたつ．$\max\left\{L,n,\dfrac{2}{\varepsilon}\right\}\leqq m$ なる任意の $m$ に対して $n\leqq m\leqq\varphi(m)$ だから，

$$d(b_{\varphi(m)}, A_n) \leqq d(b_{\varphi(m)}, A_{\varphi(m)}) \leqq \frac{1}{\varphi(m)} \leqq \frac{1}{m} \leqq \frac{\varepsilon}{2}.$$

よって $d(b, A_n) \leqq d(b_n, b_{\varphi(m)}) + d(b_{\varphi(m)}, A_n) \leqq \varepsilon$ となり，$\varepsilon$ は任意だから $d(b, A_n)=0$．$A_n$ は閉集合だから $b \in A_n$．$n$ は任意だったから $b \in \bigcap_{n \in \boldsymbol{N}^+} A_n$ となる．□

**5.4.18 系** 選択公理のもと，全有界かつ完備な距離空間はコンパクトである．

**証明** 命題 5.4.12 によってこの空間は稠密可算型である．□

### 完備化

必ずしも完備でない距離空間を拡大して完備な距離空間をつくる．

**5.4.19 定義** $(X, d)$ を距離空間，$(\tilde{X}, \tilde{d})$ を完備距離空間とする．$X$ から $\tilde{X}$ への入射 $j$ があってつぎの条件をみたすとき，$(\tilde{X}, \tilde{d})$ を $(X, d)$ の**完備化**という．

1) $j[X]$ は $\tilde{X}$ のなかで稠密である．

2) $j$ は距離をたもつ．すなわち，$X$ の任意の元 $x, y$ に対して $\tilde{d}(j(x), j(y))=d(x, y)$．

**5.4.20 命題** 距離空間 $(X, d)$ に対し，$X$ のコーシー列の全体を $C$ とかく．$X$ の元 $a$ とコーシー列 $\langle a, a, a, \cdots\rangle$ とを同一視して $X \subset C$ とみなす．$C$ の元 $\alpha=\langle a_n\rangle$ および $\beta=\langle b_n\rangle$ に対して $c_n=d(a_n, b_n)$ とおくと，$\langle c_n\rangle$ は $\boldsymbol{R}$ のコーシー列である．

**証明** 任意の $\varepsilon>0$ に対してある番号 $L$ をとると，$L \leqq n, m$ なら $d(a_n, a_m) \leqq \varepsilon$, $d(b_n, b_m) \leqq \varepsilon$．

$$|c_n - c_m| = |d(a_n, b_n) - d(a_m, b_m)|$$

$$\leqq |d(a_n, b_n)-d(a_m, b_n)|+|d(a_m, b_n)-d(a_m, b_m)|$$
$$\leqq d(a_n, a_m)+d(b_n, b_m)\leqq 2\varepsilon. \ \square$$

**5.4.21 定義** 前命題で，実数のコーシー列 $\langle c_n\rangle$ は収束するから，その極限を $d^*(\alpha, \beta)$ と定義する．

**5.4.22 命題** 写像 $d^*: C\times C\to \boldsymbol{R}$ は擬距離である（第4章§5の問題2をみよ）．すなわちつぎの三条件がみたされる．

($D_1'$) $d^*(\alpha, \beta)\geqq 0$. $d^*(\alpha, \alpha)=0$.

($D_2$) $d^*(\alpha, \beta)=d^*(\beta, \alpha)$.

($D_3$) $d^*(\alpha, \gamma)\leqq d^*(\alpha, \beta)+d^*(\beta, \gamma)$.

**証明** ($D_1'$) と ($D_2$) はあきらか．$\alpha=\langle a_n\rangle, \beta=\langle b_n\rangle, \gamma=\langle c_n\rangle$ なら，すべての $n\in \boldsymbol{N}$ に対して $d(a_n, c_n)\leqq d(a_n, b_n)+d(b_n, c_n)$ だから，$n\to\infty$ として ($D_3$) を得る．$\square$

**5.4.23 定義** 第4章§5の問題2により，$d^*(\alpha, \beta)=0$ のとき $\alpha\sim\beta$ とおくと，$\sim$ は $C$ 上の同値関係だから，商集合 $C/\sim$ を $\tilde{X}$ とおく．$C$ の元 $\langle a_n\rangle$ の属する類（$\tilde{X}$ の元）を $[a_n]$ と略記すると，$\tilde{X}\times\tilde{X}$ から $\boldsymbol{R}$ への写像 $\tilde{d}$ が，$\tilde{d}([a_n], [b_n])=d^*(\langle a_n\rangle, \langle b_n\rangle)$ によって矛盾なく定義され（well-defined），これによって $(\tilde{X}, \tilde{d})$ は距離空間になる．以下，これが求める完備化であることを示す．このとき，$a, b\in X, a\sim b$ なら $a=b$ だから，$X\subset\tilde{X}$ とみなす．

**5.4.24 命題** $\alpha=\langle a_n\rangle, \beta=\langle b_n\rangle$ $(\alpha, \beta\in \mathcal{C})$ に対し，$\alpha\sim\beta$ はつぎのことと同値である：任意の $\varepsilon>0$ に対してある番号 $L$ をとると，$L\leqq n, m$ なら $d(a_n, b_m)\leqq\varepsilon$.

**証明** $\alpha\sim\beta$ なら $\lim_{n\to\infty} d(a_n, b_n)=0$. 任意の $\varepsilon>0$ に対してある $L$ をとると，$L\leqq n$ なら $d(a_n, b_n)\leqq\varepsilon$. $L\leqq n, m$ なら $d(a_n, a_m)\leqq\varepsilon$. よって $d(a_n, b_m)\leqq d(a_n, a_m)+d(a_m, b_m)\leqq 2\varepsilon$.

逆に条件がみたされていれば，任意の $\varepsilon>0$ に対してある $L$ をとると，$L\leqq n$ なら $d(a_n, b_n)\leqq\varepsilon$．すなわち $d^*(\alpha, \beta)=\lim_{n\to\infty} d(a_n, b_n)=0$．□

**5.4.25 命題** $\tilde{X}$ の元 $\alpha=[a_n]$ に対し，$a_n$ を $\tilde{X}$ の元と考えると，$\alpha=\lim_{n\to\infty} a_n$．

**証明** 任意の $\varepsilon>0$ に対してある $L_0$ をとると，$L_0\leqq n, m$ なら $d(a_n, a_m)<\frac{\varepsilon}{2}$．もし $\tilde{X}$ の点列 $\langle a_n\rangle$ が $\alpha$ に収束しないとすると，ある正実数 $\varepsilon_0$ をとると，$L_0\leqq n$ なる $n$ で $d(\alpha, a_n)>\varepsilon_0$ なるものが存在する．$d(\alpha, a_n)=\lim_{m\to\infty} d(a_m, a_n)$ だから，ある $L_1$ より先のすべての $m$ に対して $d(a_m, a_n)>\frac{\varepsilon_0}{2}$ となって矛盾する．□

**5.4.26 定理** 選択公理のもと，距離空間 $(\tilde{X}, \tilde{d})$ は完備である．もし $X$ が稠密可算型なら，選択公理はいらない．

**証明** 1° 選択公理を仮定する．$\langle\alpha_p\rangle_{p\in\boldsymbol{N}}$ を $\tilde{X}$ のコーシー列とし，選択公理によって $\alpha_p=[a_{p,n}]_{n\in\boldsymbol{N}}$ とかく．命題 5.4.25 によって $\alpha_p=\lim_{n\to\infty} a_{p,n}$．各 $p\in\boldsymbol{N}^+$ に対してある $L\in\boldsymbol{N}^+$ をとると，$L\leqq n$ なら $d(a_{p,n}, \alpha_p)<\frac{1}{p}$ となる．このような最小の $L$ をとって $b_p=a_{p,L}$ とおく：$d(b_p, \alpha_p)<\frac{1}{p}$．ここで一旦中断する．

2° 選択公理を仮定しない．$X$ が稠密可算型のとき，$Y$ を $X$ で稠密な可算部分集合とし，$Y$ に整列順序を入れておく．各 $p$ に対し，命題 5.4.25 によって $A_p=\left\{x\in X;\ \tilde{d}(x, \alpha_p)<\frac{1}{p}\right\}$ は空でない．$A_p$ が $X$ の開集合であることを示す．実際，任意の $x\in A_p$ に対し，$\tilde{d}(x, \alpha_p)=d<\frac{1}{p}$．$d<e<\frac{1}{p}$ なる $e$ をとると，開球 $D(x, e-d)$ の任意の元 $y$ に対して $d(y, x)<e-d$ だから，

$$\tilde{d}(y, \alpha_p)\leqq d(y, x)+\tilde{d}(x, \alpha_p)<e-d+d=e<\frac{1}{p}.$$

よって $y\in A_p, D(x, e-d)\subset A_p$ となり，$A_p$ は開集合である．

したがって $B_p=Y\cap A_p$ は空でないから，$Y$ の整列順序に関する $B_p$ の

最小元を $b_p$ とする：$\tilde{d}(b_p, a_p) < \dfrac{1}{p}$.

3°　以後はふたつの場合に共通である．$\langle b_p \rangle_{p\in N}$ は $X$ のコーシー列である．実際，任意の $\varepsilon>0$ に対して $\dfrac{1}{\varepsilon} \leqq L$ なる自然数 $L$ をとると，$L \leqq p, q$ なら $\tilde{d}(a_p, a_q) < \varepsilon$ が成りたつから，

$$d(b_p, b_q) \leqq \tilde{d}(b_p, a_p) + \tilde{d}(a_p, a_q) + \tilde{d}(a_q, b_p)$$
$$< \frac{1}{p} + \varepsilon + \frac{1}{q} \leqq 3\varepsilon.$$

4°　$\beta = [b_p] \in \tilde{X}$ とおいて $\lim_{p\to\infty} a_p = \beta$ を示す．命題5.4.25によって $\beta = \lim_{p\to\infty} b_p$. 任意の $\varepsilon>0$ に対して $\dfrac{1}{\varepsilon} \leqq L$ なる $L$ をとると，$L \leqq p$ なら $\tilde{d}(b_p, \beta) \leqq \varepsilon$ が成りたつから，

$$\tilde{d}(a_p, \beta) \leqq \tilde{d}(a_p, b_p) + \tilde{d}(b_p, \beta) < \frac{1}{p} + \varepsilon \leqq 2\varepsilon. \quad \Box$$

**5.4.27　系**　1)　$X$ は $\tilde{X}$ で稠密である．

2)　$X$ が完備なら $\tilde{X} = X$.

**証明**　1)　$\tilde{X}$ の任意の元 $\alpha$ を $\alpha = [a_p]$ とかくと，$\alpha = \lim_{p\to\infty} a_p$.

2)　$X$ が完備ならコーシー列は収束するから，$\tilde{X}$ の元 $\alpha = [a_p]$ に対し，$\alpha = \lim_{p\to\infty} a_p \in X$ となる．□

**5.4.28　コメント**　命題5.4.20から定義5.4.23までにつくった距離空間 $(\tilde{X}, \tilde{d})$ は，定義5.4.19の完備化の条件をみたすことがわかった．これを**標準完備化**ということにしよう．

距離空間 $(X, d)$ にはほかの完備化 $(Y, e)$ があるかもしれない．選択公理のもと，$(\tilde{X}, \tilde{d})$ と $(Y, e)$ は距離同型であることが証明できるが，ここでは省略する．

**5.4.29　定理**　$(X, d)$ を距離空間，$(\tilde{X}, \tilde{d})$ をその完備化とする．$X$ が全有界なら $\tilde{X}$ も全有界である．したがって，選択公理のもと，系5.4.18によって $(\tilde{X}, \tilde{d})$ はコンパクトである．

**証明**　任意の正実数 $\varepsilon$ に対し，$X$ の有限 $\varepsilon$ 被覆 $\{A_1, A_2, \cdots, A_n\}$ をとる．$A_i$ の $\tilde{X}$ での閉包を $\bar{A}_i$ とすると，問題 4 によって $\delta(\bar{A}_i)=\delta(A_i)<\varepsilon$．$\tilde{X}=\bar{X}=\bar{A}_1\cup\bar{A}_2\cup\cdots\cup\bar{A}_n$ だから，$\{\bar{A}_1, \bar{A}_2, \cdots, \bar{A}_n\}$ は $\tilde{X}$ の有限 $\varepsilon$ 被覆である．□

**5.4.30　例**　例 4.5.8 に戻る．集合 $X$ から $\boldsymbol{C}$（または $\boldsymbol{R}$）への有界写像の全体を $B(X)$ とし，$B(X)$ の元 $f, g$ に対して

$$\|f\|=\sup_{x\in X}|f(x)|, \qquad d(f, g)=\|f-g\|$$

とおくと，$(B(X), d)$ は距離空間になった．$(B(X), d)$ は完備である．

**証明**　1°　$\langle f_n\rangle_{n\in\boldsymbol{N}}$ を $B(X)$ のコーシー列とする：任意の $\varepsilon>0$ に対してある $L\in\boldsymbol{N}$ をとると，$L\leqq n, m$ なら $d(f_n, f_m)=\|f_n-f_m\|<\varepsilon$．$X$ の任意の元 $x$ に対し，$|f_n(x)-f_m(x)|\leqq\|f_n-f_m\|<\varepsilon$ だから，数列 $\langle f_n(x)\rangle_{n\in\boldsymbol{N}}$ はコーシー列であり，ある複素数（実数）$y$ に収束する．$f(x)=y$ として関数 $f$ を定める．

2°　$f$ は有界である．まず数列 $\langle\|f_n\|\rangle_{n\in\boldsymbol{N}}$ は有界である．実際，$\varepsilon=1$ に対してある $L$ をとると，$L\leqq n$ なら $\|f_n-f_L\|<1$．よって $\|f_n\|=\|f_L+(f_n-f_L)\|\leqq\|f_L\|+\|f_m-f_L\|<\|f_L\|+1$．すべての $x\in X$ に対して $|f_n(x)|<\|f_L\|+1$ であり，$f(x)=\lim_{n\to\infty}f_n(x)$ だから $|f(x)|\leqq\|f_L\|+1$，すなわち $\|f\|\leqq\|f_L\|+1$．

3°　$B(X)$ の点列 $\langle f_n\rangle_{n\in\boldsymbol{N}}$ は，われわれの距離に関して $f$ に収束する．実際，$\langle f_n\rangle$ が $f$ に収束しないとする．ある $\varepsilon>0$ をとると，$\|f-f_n\|>\varepsilon$ となる $n$ が無限個ある．一方，この $\varepsilon$ に対し，$\|f-f_L\|>\varepsilon$ なるある $L$ をとると，$L\leqq m$ なら $\|f_L-f_m\|<\dfrac{\varepsilon}{4}$ が成りたつ．$\|f-f_L\|>\varepsilon$ だから，ある $x\in X$ に対して $|f(x)-f_L(x)|>\dfrac{\varepsilon}{2}$ が成りたつ．$L\leqq m$ なるすべての $m$ に対して

$$\begin{aligned}|f(x)-f_m(x)|&\geqq|f(x)-f_L(x)|-|f_L(x)-f_m(x)|\\&>\frac{\varepsilon}{2}-\frac{\varepsilon}{4}=\frac{\varepsilon}{4}\end{aligned}$$

となり，$\lim_{m\to\infty} f_m(x)=f(x)$ に反する．□

**5.4.31　例**　例 4.5.9 に戻る．$\boldsymbol{R}$ の有界閉区間 $I=[a,b]$ $(a<b)$ 上の複素数値（または実数値）連続関数の全体を $C(I)$ とし，$C(I)$ の元 $f,g$ に対して

$$\|f\|=\int_a^b |f(x)|dx, \qquad d(f,g)=\|f-g\|$$

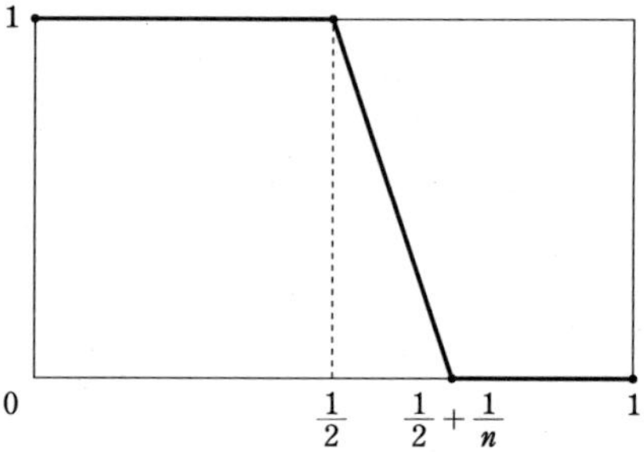


とおくと，$(C(I),d)$ は距離空間になった．

1）$(C(I),d)$ は完備でない．これを示すには，収束しないコーシー列をつくればよい．$I=[0,1]$ としてよい．左図の太い線のような関数を $f_n$ $(n\geqq 1)$ とする．すなわち，

$$f_n(x)=\begin{cases} 1 & \left(0\leqq x\leqq \dfrac{1}{2}\right) \\ 1-n\left(x-\dfrac{1}{2}\right) & \left(\dfrac{1}{2}\leqq x\leqq \dfrac{1}{2}+\dfrac{1}{n}\right) \\ 0 & \left(\dfrac{1}{2}+\dfrac{1}{n}\leqq x\leqq 1\right) \end{cases}$$

とする．$m>n$ なら

$$d(f_n,f_m)=\int_0^1 |f_n(x)-f_m(x)|dx=\frac{1}{2n}-\frac{1}{2m}\leqq\frac{1}{n}.$$

任意の $\varepsilon>0$ に対して $L\geqq\dfrac{1}{\varepsilon}$ にとると，$L\leqq n<m$ なら $d(f_n,f_m)\leqq\dfrac{1}{n}\leqq\dfrac{1}{L}\leqq\varepsilon$ が成りたつから，$\langle f_n\rangle_{n\in \boldsymbol{N}}$ はコーシー列である．

これが連続関数 $f$ に収束すると仮定して矛盾をみちびく．

$a<\dfrac{1}{2}$ で $f(a)\neq 1$（たとえば $f(a)<1$）とすると，ある $\delta>0$ をとると，$a$

$-\delta \leqq x \leqq a+\delta$ なるすべての $x$ に対して $f(x)<1-\dfrac{1-f(a)}{2}$ となる（命題3.3.2の1)）．すべての $n$ に対し，

$$\|f_n-f\|=\int_0^1|f_n(x)-f(x)|dx \geqq \int_{a-\delta}^{a+\delta}\left[1-\left(1-\frac{1-f(a)}{2}\right)\right]dx$$
$$=\delta[1-f(a)]$$

となり，$f_n \to f$ に反する．したがって $a<\dfrac{1}{2}$ なら $f(a)=1$．

つぎに $a>\dfrac{1}{2}$ で $f(a) \neq 0$（たとえば $f(a)>0$）とすると，$0<\delta<a-\dfrac{1}{2}$ なるある $\delta$ をとると，$a-\delta \leqq x \leqq a+\delta$ で $f(x) \geqq \dfrac{f(a)}{2}$ となる．$\dfrac{1}{2}+\dfrac{1}{n} \leqq a-\delta$ なるすべての $n$ に対し，

$$\|f_n-f\|=\int_0^1|f_n(x)-f(x)|dx \geqq \int_{a-\delta}^{a+\delta}\left[\frac{f(a)}{2}-0\right]dx=\delta f(a)$$

となり，$f_n \to f$ に反する．したがって $a>\dfrac{1}{2}$ では $f(a)=0$ であり，$f$ は $\dfrac{1}{2}$ で不連続である．

2)　$C(I)$ の完備化がどういうものになるかをここで正確に述べることはできない．不連続関数が入る以上，1点での値を変えても積分の値はかわらないから，$I$ 上の複素数値関数から成る集合が $C(I)$ の完備化になることはありえない．

ルベーグ積分という概念があり，微積分の授業でならう積分（リーマン積分）より広い範囲の関数に対して積分が可能になる．区間 $I$ 上のルベーグ積分可能な関数の全体を $L$ とする．$L$ の元 $f, g$ に対し，$\int_a^b|f(x)-g(x)|dx=0$ のとき $f \sim g$ と定めると，$\sim$ は $L$ 上の同値関係であり，商集合 $L/\sim$ が $C(I)$ の完備化である．

### $\boldsymbol{p}$ 進数体 $\boldsymbol{Q}_p$

**5.4.32　復習**　例4.5.10に戻る．$p$ を素数とし，有理数体 $\boldsymbol{Q}$ に $p$ 進絶対値 $|\ |_p$ を定義した．$\boldsymbol{Q}^*=\boldsymbol{Q}-\{0\}$ の元 $x$ を $x=p^\alpha\dfrac{a}{b}$ とかく（$\alpha$ は整数，$a, b$

は $p$ で割れない整数）と，$\alpha$ は $x$ によって決まるので，$|x|_p=p^{-\alpha}$ とした．また，$|0|_p=0$ とした．写像 $x\mapsto|x|_p$ は絶対値の三条件をみたす：

1)　$|0|_p=0$．$x\neq 0$ なら $|x|_p>0$．

2)　$|x+y|_p\leqq \max\{|x|_p, |y|_p\}\leqq|x|_p+|y|_p$．

3)　$|xy|_p=|x|_p|y|_p$．

条件2)は通常の三角不等式より強いことに注意．$d_p(x, y)=|x-y|_p$ とすると，$(\boldsymbol{Q}, d_p)$ は距離空間である．

以下，$(\boldsymbol{Q}, d_p)$ が完備でないことを示し，完備化 $\boldsymbol{Q}_p$ をつくり，$\boldsymbol{Q}_p$ が可換体になることを示す．さらに $\boldsymbol{Q}_p$ のいくつかの性質をしらべる．ただし，証明のこまかいところは省略することがある．

**5.4.33　命題**　距離空間 $(\boldsymbol{Q}, d_p)$ は完備でない．

**証明**　$n\in\boldsymbol{Z}$ に対し，あまくだりに

$$\alpha_n=\sum_{k=0}^{n}p^{k^2}=1+p+p^4+\cdots+p^{n^2}$$

とおく．数列 $\langle\alpha_n\rangle_{n\in\boldsymbol{N}}$ はコーシー列である．実際，$n<m$ なら

$$\alpha_m-\alpha_n=\sum_{k=n+1}^{m}p^{k^2}=p^{(n+1)^2}+\cdots+p^{m^2}$$

だから $|\alpha_n-\alpha_m|_p=p^{-(n+1)^2}$ が成りたつ．列 $\langle\alpha_n\rangle$ が有理数 $\dfrac{a}{b}$ $(b\neq 0)$ に収束すると仮定して矛盾をみちびく．

整数 $a, b$ を $p$ 進記数法（十進法の類似物）で展開してかく．$L\geqq 2$ なる自然数を適当にえらぶと，

$$a=a_0+a_1p+\cdots+a_Lp^L$$
$$b=b_0+b_1p+\cdots+b_Lp^L$$

とかける．ただし，$a_i, b_j$ は整数で，$-(p-1)\leqq a_i, b_j\leqq p-1$．$b\neq 0$ だから，$b_0, b_1, \cdots, b_L$ のなかに0でないものがある．

$L \geqq 2$ から $L<(L-1)^2+L<L^2<L^2+L<(L+1)^2$ が成りたつことに注意する．$n \geqq L$ に対し，

$$b\alpha_n=(b_0+b_1p+\cdots+b_Lp^L)(1+p+p^4+\cdots+p^{L^2}+\cdots+p^{n^2})$$

を展開すると，$p^{L^2}$ の係数には $b_0$ だけ，$p^{L^2+1}$ の係数には $b_1$ だけ，…，$p^{L^2+L}$ の係数には $b_L$ だけしか出てこない．$b_0, b_1, \cdots, b_L$ のなかに 0 でないものがあるから，$|b\alpha_n-a|_p \geqq p^{-L^2-L}$，したがって $\left|\alpha_n-\frac{a}{b}\right|_p \geqq \frac{p^{-L^2-L}}{|b|_p}$ が成りたち，$\lim_{n\to\infty}\alpha_n=\frac{a}{b}$ に反する．□

有理数体 $\boldsymbol{Q}$ の，$p$ 進距離 $d_p$ に関する標準完備化を $\boldsymbol{Q}_p$ とかき，$\boldsymbol{Q} \subset \boldsymbol{Q}_p$ とみなす．定理 5.4.26 により，選択公理がなくても $\boldsymbol{Q}_p$ は完備である．$\boldsymbol{Q}$ は $\boldsymbol{Q}_p$ で稠密だから，$\boldsymbol{Q}_p$ の任意の元 $\alpha$ は，$\alpha=\lim_{n\to\infty} a_n\ (a_n \in \boldsymbol{Q})$ とかける．

**5.4.34 命題** つぎに定義する演算によって $\boldsymbol{Q}_p$ は可換体になる．

**証明** 演算の定義．$\boldsymbol{Q}_p$ の元 $\alpha=\lim a_n, \beta=\lim b_n\ (a_n, b_n \in \boldsymbol{Q})$ に対し，

$$\alpha+\beta=\lim(a_n+b_n), \qquad \alpha\beta=\lim a_nb_n$$

と定義する．この二式の右辺の収束性および定義の well-definedness の証明は省略する．

交換律，結合律，分配律はすぐに出る．$0=\lim 0, 1=\lim 1$ はそれぞれ加法，乗法の単位元である．また，$-\alpha=\lim(-a_n)$ は加法の逆元である．

$\alpha \neq 0, \alpha=\lim a_n$ とすると，ある番号より先では $a_n \neq 0$ だから，$\beta=\lim \frac{1}{a_n}$ とすれば $\alpha\beta=1$ となり，$\beta$ は乗法の逆元である．□

**5.4.35 定義** いまの命題でつくった可換体 $\boldsymbol{Q}_p$ を $p$ **進数体**または $p$ **進体**，その元を $p$ **進数**という．各素数 $p$ に対してひとつの $p$ 進数体 $\boldsymbol{Q}_p$ ができるのである．

**5.4.36 定義** 1) 級数 $\sum_{n=k}^{\infty} a_np^n\ (k \in \boldsymbol{Z}, a_n \in \boldsymbol{Z})$ は必ず $\boldsymbol{Q}_p$ のなかで収束

する．ただし，$\sum_{n=k}^{\infty} a_n p^n$ は，有理数列 $\left\langle \sum_{n=k}^{l} a_n p^n ; k<l \right\rangle$ の $\boldsymbol{Q}_p$ での極限である．この形の $\boldsymbol{Q}_p$ の元の全体を $S_p$ とかく（実は $\boldsymbol{Q}_p=S_p$ が成りたつ（定理5.4.40））．$\alpha, \beta \in S_p$ なら，$\alpha \pm \beta \in S_p, \alpha\beta \in S_p$ である（証明略）．今後級数といったら，この形の級数だけを意味する．$S_p$ の元を級数でかくやりかたは一意的でない．たとえば $-1=\sum_{n=0}^{\infty}(p-1)p^n$（第4章§5の問題6の3)）．

2)　級数 $\sum_{n=k}^{\infty} a_n p^n$ において $0 \leqq a_n \leqq p-1$ が成りたつとき，この級数は**正規形**であるという．

**5.4.37　命題**　任意の級数は正規形に書きなおすことができる．

**証明**　1°　$\alpha=\sum_{n=k}^{\infty} a_n p^n\ (k \in \boldsymbol{Z}, a_n \in \boldsymbol{Z})$ とする．$\alpha=p^k \sum_{n=0}^{\infty} a_{n+k} p^n$ だから，はじめから $k=0$ としても一般性を失わない：$\alpha=\sum_{n=0}^{\infty} a_n p^n$．

$s_m=\sum_{n=0}^{m} a_n p^n$ とおくと，$\alpha=\lim_{m\to\infty} s_m$．$s_m \in \boldsymbol{Z}$ だから，$s_m$ を $p^{m+1}$ で割って $s_m=q_m p^{m+1}+r_m$ とかく $(q_m, r_m \in \boldsymbol{Z}, 0 \leqq r_m < p^{m+1})$．$r_m$ はただひととおりに $r_m=\sum_{n=0}^{m} b_m(n) p^n$ とかける．ただし，$0 \leqq b_m(n) < p$．$n>m$ に対しては $b_m(n)=0$ とおく．

2°　$n \leqq m < m'$ なら $b_m(n)=b_{m'}(n)$．実際，$s_{m'}-s_m=\sum_{m=n+1}^{m'} a_n p^n$ は $p^{m+1}$ で割りきれるから，

$$
\begin{aligned}
(s_{m'}-q_{m'}p^{m'+1})-(s_m-q_m p^{m+1}) &= r_{m'}-r_m \\
&= \sum_{n=0}^{m'}(b_{m'}(n)-b_m(n))p^n
\end{aligned}
$$

も $p^{m+1}$ で割りきれる．$b_{m'}(n)$ も $b_m(n)$ も 0 以上 $p-1$ 以下だから，$n=0,1,\cdots,m$ と順に係数 $b_{m'}(n)-b_m(n)$ を見ていくと，$b_{m'}(n)=b_m(n)$ がわかる．よって $r_m=\sum_{n=0}^{m} b_n(n) p^n$．

3°　$|s_m-r_m|_p=|qp^{m+1}|_p \leqq p^{-m-1}$ であり，$\lim_{m\to\infty} s_m=\alpha$ だから，$\alpha=\lim_{m\to\infty} r_m=\sum_{n=0}^{\infty} b_n(n) p^n$ であり，この右辺は正規形である．□

**ノート**　$S_p$ の元を正規形の級数として書くやりかたは一通りしかない．

**5.4.38　補題**　$p$ で割れない整数 $b$ に対し，ふたつの整数のペア $(\hat{b}, c)$ で，$1 \leqq \hat{b} \leqq p-1$, $b\hat{b}=1-cp$ となるものがある．

**証明**　$nb\,(1 \leqq n \leqq p-1)$ を $p$ で割った余りを $b_1, b_2, \cdots, b_{p-1}$ とする $(1 \leqq b_i \leqq p-1)$．もしこのなかに 1 がなければ，個数の関係から，$b_n=b_m$ となる $n$, $m\,(n \neq m)$ がある．$nb=b_n+xp$, $mb=b_m+yp$ とかくと，$(n-m)b=(x-y)p$．$(n-m)b$ は $p$ で割れないから $x=y$．よって $(n-m)b=0$, $n=m$ となって矛盾．したがって，ある $n$ に対して $bn=1-cp$ とかける．この $n$ を $\hat{b}$ とすればよい．□

**5.4.39　補題**　$a$ が 0 でない整数なら $\dfrac{1}{a} \in S_p$，すなわち $\dfrac{1}{a}$ は（正規形の）級数でかける．

**証明**　$a=bp^l$ とかく．ただし，$l \geqq 0$, $b$ は $p$ で割れない．前補題の $\hat{b}$ をとると，$b\hat{b}=1-cp\,(c \in \boldsymbol{Z})$．$a^{-1}=b^{-1}p^{-l}=p^{-l}\hat{b}(1-cp)^{-1}=p^{-l}\hat{b}\sum_{n=0}^{\infty} c^n p^n = \sum_{n=0}^{\infty}(\hat{b}c^n)p^{n-l}$．□

**5.4.40　定理**　任意の $p$ 進数は（正規形の）級数でかける．すなわち $S_p = \boldsymbol{Q}_p$.

**証明**　1°　$\boldsymbol{Z}$ の元はもちろんよい．$\boldsymbol{Q}$ の元 $\alpha$ を $\alpha=\dfrac{a}{b}p^{-l}$ とかく（$l \in \boldsymbol{Z}$, $a, b$ は $p$ で割れない整数）．前補題により，$\dfrac{1}{b} \in S$ だから，$\alpha=a\cdot\dfrac{1}{b}\cdot p^{-l} \in S$.

2°　$\boldsymbol{Q}_p$ の元 $\alpha$ は $\alpha=\lim \alpha_n\,(\alpha_n \in \boldsymbol{Q})$ とかける．任意の $l$ に対し，ある $L$ をとると，$L \leqq n$ なるすべての $n$ に対し，$|\alpha_n-\alpha_L|_p < p^{-l}$．$\alpha_n=\sum_{r=k_n}^{\infty} a_{n,r}p^r$, $\alpha_L = \sum_{r=k_L}^{\infty} a_{L,r}p^r$ とかけば，$r \leqq l$ に対して $a_{n,r}=a_{L,r}$．これを $b_r$ とかく．$\alpha = \sum_{r=k}^{\infty} b_r p^{-r}$ となり，$\alpha \in S_p$．□

**5.4.41　定義**　$\boldsymbol{Q}_p$ の 0 でない元 $\alpha$ を正規形の級数で $\sum_{n=k}^{\infty} a_n p^n$ $(k \in \boldsymbol{Z}, a_k \neq 0)$ とかく．このとき $p^{-k}$ を $\alpha$ の $p$ **進絶対値**または $p$ **進付値**といい，$|\alpha|_p$ とかく．$|0|_p=0$ とする．

**5.4.42　命題**　$|\ |_p$ は $p$ 進絶対値の三条件をみたす：

1) $|0|_p=0$. $\alpha \neq 0$ なら $|\alpha|_p>0$.

2) $|\alpha+\beta|_p \leqq \max\{|\alpha|_p, |\beta|_p\}$.

3) $|\alpha\beta|_p=|\alpha|_p \cdot |\beta|_p$.

また，これを $\boldsymbol{Q}$ に制限すれば，例 4.5.10 で定義した $\boldsymbol{Q}$ の $p$ 進絶対値に一致する．

証明略.

**5.4.43 定理** 位相空間 $\boldsymbol{Q}_p$ は全不連結（定義 5.3.9）である．

**証明** まず0を含む連結成分を $C$ とし，$C$ に0でない元 $\alpha$ が属するとする．$|\alpha|_p=p^{-l}$ のとき，$A=\{x \in C\,;|x|_p<p^{-l}\}$, $B=\{x \in C\,;|x_p| \geqq p^{-l}\}=\{x \in C\,;|x|_p>p^{-l-1}\}$ とおくと，$A, B$ は $C$ の空でない開集合で，$C$ をふたつにわける．よって $C=\{0\}$.

つぎに $\alpha$ を含む連結成分を $C$ とする．$\boldsymbol{Q}_p$ から $\boldsymbol{Q}_p$ への写像 $x \mapsto x-\alpha$ は同相写像だから，$C'=\{x-\alpha\,;x \in C\}$ は0の連結成分であり，$C'=\{0\}$，よって $C=\{\alpha\}$. □

### $p$ 進整数環 $\boldsymbol{Z}_p$ のコンパクト性

**5.4.44 定義** 1) $\alpha \in \boldsymbol{Q}_p, |\alpha|_p \leqq 1$ のとき，$\alpha$ を $p$ **進整数**，その全体 $\boldsymbol{Z}_p$ を $p$ **進整数環**という．$\boldsymbol{Z}_p$ は（乗法の）単位元をもつ可換環であり，$\boldsymbol{Q}_p$ のなかで開かつ閉である．$\boldsymbol{Z}_p$ の元は，正規形の級数によって $\sum_{n=0}^{\infty} a_n p^n$ $(0 \leqq a_n \leqq p-1)$ とかける．

2) $\boldsymbol{N}$ の元は，正規形の有限級数によって $\sum_{n=0}^{l} a_n p^n$ とかける（$p$ 進記数法）．逆にこの形の級数はすべて自然数をあらわす（あきらか）．

3) $l \in \boldsymbol{Z}$ に対し，$P_l=\{x \in \boldsymbol{Q}_p\,;|x|_p \leqq p^{-l}\}$ とかく．$P_0=\boldsymbol{Z}_p$. $l \leqq k$ なら $P_l \supset P_k$. $P_l$ は $\boldsymbol{Q}_p$ のなかで開かつ閉である．

4) 一般に $x \in \boldsymbol{Q}_p, A \subset \boldsymbol{Q}_p$ に対し，$x+A=\{x+y\,;y \in A\}$ とする．$\alpha \in \boldsymbol{Q}_p$ に対し，$\alpha+P_l$ は $\boldsymbol{Q}_p$ のなかで開かつ閉である．

**5.4.45　命題**　$\mathcal{B}=\{\alpha+P_l\,;\,\alpha\in\boldsymbol{N},\, l\in\boldsymbol{N}\}$ は，距離 $d_p$ の定める位相空間 $\boldsymbol{Z}_p$ の可算開集合基である．したがって $\boldsymbol{Z}_p$ は大域可算型である．

**証明**　可算性はあきらか．$A$ を $\boldsymbol{Z}_p$ の開集合，$\alpha$ を $A$ の点とする．ある正実数 $\varepsilon$ をとると，$D(\alpha, \varepsilon)\subset A$．$\varepsilon>p^{-l}$ なる $l$ をとる．$\alpha=\sum_{n=0}^{\infty} a_n p^n$（正規形）のとき，$\beta=\sum_{n=0}^{l} a_n p^n$ とすると，$\beta\in\boldsymbol{N}$, $d(\alpha, \beta)=|\alpha-\beta|_p<p^{-l}$ だから $\beta\in A$．$\alpha\in\beta+P_l\subset A$ を示す．$d(\alpha, \beta)<p^{-l}$ だから $\alpha\in\beta+P_l$．$\gamma\in\beta+P_l$ なら，$d(\alpha, \gamma)=|\alpha-\gamma|_p\leqq\max\{|\alpha-\beta|_p, |\beta-\gamma|_p\}\leqq p^{-l}<\varepsilon$．□

**5.4.46　定理**　$\boldsymbol{Z}_p$ はコンパクトである．

**証明**　まず $\boldsymbol{Z}_p$ は全有界である．実際，任意の $\varepsilon>0$ に対して $p^{-l}<\varepsilon$ なる自然数 $l$ をとると，$\left\{\sum_{n=0}^{l} a_n p^n+P_{l+1}\,;\,0\leqq a_n\leqq p^{-1}\right\}$ は $\boldsymbol{Z}_p$ の $\varepsilon$ 被覆である．

つぎに，$\boldsymbol{Z}_p$ は $\boldsymbol{Q}_p$ の閉集合だから完備である．また，$\boldsymbol{Q}\cap\boldsymbol{Z}_p$ は $\boldsymbol{Z}_p$ のなかで稠密な可算集合である．したがって，定理5.4.17によって $\boldsymbol{Z}_p$ はコンパクトである．□

## 問　題

**1**　$(X, d)$ を距離空間，$a$ を $X$ の点とする．$X$ から $\boldsymbol{R}$ への写像 $f_a: x\mapsto d(x, a)$ は一様連続である．もっと強く，$\varepsilon$ に対してとる $\delta$ は $a$ に無関係にえらべる．これを，「$\{f_a\,;\,a\in X\}$ は $a$ に関して平等に一様連続である」と表現する．

**2**　$(X, d)$ を距離空間とする．積距離空間 $X\times X$ から $\boldsymbol{R}$ への写像 $d:(x, y)\mapsto d(x, y)$ は一様連続である．

**3**　選択公理のもとで命題5.4.11の逆を証明せよ．すなわち，距離空間 $(X, d)$ の任意の点列がコーシー部分列を含めば，$X$ は全有界である．

**4** 距離空間$(X, d)$の有界な部分集合$A$に対し，$\bar{A}$も有界で$\delta(\bar{A})=\delta(A)$が成りたつことを示せ．ただし，$\bar{A}$は$A$の閉包，$\delta(A)$は$A$の直径である．

**5** 例5.4.30の距離空間$B(X)$は完備だった．とくに$X$が位相空間のとき，$B(X)$の元のうち，連続なもの全部のつくる部分距離空間を$BC(X)$とすると，$BC(X)$も完備である．

**6** 距離空間は正則である．

**7** $(X, d)$を距離空間，$A$を$X$の空でない部分集合とする．

1) $A$がコンパクトなら，$X$の任意の点$a$に対し，$A$の点$b$で$d(a, b)=d(a, A)$となるものが存在する（定義5.4.7の3)をみよ）．

2) $X$の任意の点$a$に対して$d(a, b)=d(a, A)$なる$b$の点が存在すれば，$A$は閉集合である．

3) とくに$X=\boldsymbol{R}^n$のとき，$A$が閉集合なら，$X$の任意の点$a$に対し，$d(a, b)=d(a, A)$なる$A$の点$b$が存在する．

# 付録　公理的集合論入門

## §1　論理式

集合論の記述に論理式は欠かせない（分出公理や置換公理をみよ）．集合論でつかう論理式は非常に簡単なものである．しかし，一応ここで論理式一般について解説することにする．

### 論理式

（A）　記号　何種類かの記号（素記号という）を用意する．

1)　論理記号　$\neg$　$\wedge$　$\vee$　$\rightarrow$　$\forall$　$\exists$

2)　等号　$=$

3)　変項記号

4)　角カッコ　[　]

以上はすべての数学的理論に共通である．以下のものは，数学的理論ごとに選択してつかう．

5)　定項記号

6)　$n$ 変項の関数記号 ($n=1, 2, \cdots$).

7)　$n$ 変項の述語記号 ($n=1, 2, \cdots$).

8)　丸カッコ　(　)　およびコンマ　,

二種類のカッコは状況に応じて省略する．

（B）　項の定義（帰納的に）

1）　変項記号と定項記号は項である．

2）　$f$ が $n$ 変項の関数記号で，$t_1, t_2, \cdots, t_n$ が項なら，$f(t_1, t_2, \cdots, t_n)$ は項である．

3）　以上の手続きでできるものだけが項である．

（C）　論理式の定義（帰納的に）

1）　$t, s$ が項なら，$[t]=[s]$ は論理式である．これを $t=s$ とかく．

2）　$\alpha$ が $n$ 変項の述語記号で，$t_1, t_2, \cdots, t_n$ が項なら，$\alpha(t_1, t_2, \cdots, t_n)$ は論理式である．とくに $n=2$ で $t, s$ が項のとき，$\alpha(t, s)$ のことを $t\ \alpha\ s$ とかくことが多い．

3）　$\phi, \psi$ が論理式なら，$\neg[\phi]$　$[\phi]\wedge[\psi]$　$[\phi]\vee[\psi]$　$[\phi]\rightarrow[\psi]$　は論理式である．

4）　$\phi$ が論理式で $x$ が変項記号のとき，$\forall x[\phi]$ および $\exists x[\phi]$ は論理式である．

5）　以上の手続きでできるものだけが論理式である．

## 束縛変項と自由変項

$\phi$ を論理式とする．変項記号 $x$ が $\phi$ のなかにあらわれ，その左側に $\forall x$ または $\exists x$ があらわれるとき，$x$ は $\phi$ のなかで**束縛変項**であるという．$x$ の左側に $\forall x$ も $\exists x$ もあらわれないとき，$x$ は $\phi$ のなかで**自由変項**であるという．自由変項の数が $n$ 以下である論理式を $n$ **変項論理式**という．自由変項のない論理式を**閉論理式**という．

$x_1, x_2, \cdots, x_n$ が $\phi$ のなかの自由変項の全部であるとき，$\phi$ を $\phi(x_1, x_2, \cdots, x_n)$ とかくことがある．$t_i$ が項であるとき，$\phi(x_1, \cdots, x_i, \cdots, x_n)$ のなかの $x_i$ を $t_i$ におきかえることを**代入**という．その場の議論で大事でない項にはベクトル記号をつかって簡略化することがある．たとえば $\phi(x, y, t_1, t_2, \cdots, t_n)$ を $\phi(x, y, \boldsymbol{t})$ とかく．

### 論理式の解釈

いままでの議論では，論理式は意味のない記号の列にすぎないが，普通それにつぎのような解釈を与える．

$\neg\phi$ は《$\phi$ の否定》，$\phi \wedge \psi$ は《$\phi$ かつ $\psi$》，$\phi \vee \psi$ は《$\phi$ または $\psi$》，$\phi \rightarrow \psi$ は《$\phi$ ならば $\psi$》を意味する．$t=s$ は $t$ と $s$ が等しいことを意味する．

$\forall$ を**全称記号**という．$\forall x[\phi(x, \boldsymbol{t})]$ は《すべての $x$ に対して $\phi(x, \boldsymbol{t})$》を意味する．$\exists$ を**存在記号**という．$\exists x[\phi(x, \boldsymbol{t})]$ は《ある $x$ に対して $\phi(x, \boldsymbol{t})$》を意味する．

### 略記法

1) $t \neq s$ は $\neg[t=s]$ のこと．
2) $\phi \leftrightarrow \psi$ は $[\phi \rightarrow \psi] \wedge [\psi \rightarrow \phi]$ のこと．
3) $\exists ! x[\phi(x, \boldsymbol{t})]$ は，

$$\exists x[\phi(x, \boldsymbol{t})] \wedge \forall x \forall y[\phi(x, \boldsymbol{t}) \wedge \phi(y, \boldsymbol{t}) \rightarrow x=y]$$

のこと．すなわち，$\exists !$ は唯一存在をあらわす記号である．

### 例　群論の論理式と公理

まず定項記号 $e$ を用意する．さらに2変項の関数記号 $f$ および1変項の関数記号 $g$ を用意する．$t, s$ が項のとき，$f(t, s)$ を $ts$ と略記し，$g(t)$ を $t^{-1}$ と略記する．

以上でできた群論の論理式につぎの公理を設定する．

1) $\forall x \forall y \forall z[(xy)z=x(yz)]$.
2) $\forall x[xe=x \wedge ex=x]$.
3) $\forall x[x \cdot x^{-1}=x^{-1} \cdot x=e]$.

以上が群論の記述である．群論といっても，これはすべての群に共通に成りたつことを形式化しただけだから，きわめて貧困である．

### 例　ペアノ算術の論理式と公理

変項記号として $n, m, l$ などを使う．定項記号 0 および 1 のほか，ふたつの 2 変項関数記号 $f, g$ を用意する．$t, s$ が項のとき，$f(t, s)$ を $t+s$, $g(t, s)$ を $t\cdot s$ または $ts$ とかく．

つぎの略記法を使う．2 変項論理式 $\exists l[n+l=m]$ を $n\leqq m$ とかき，$[n\leqq m]\wedge[n\neq m]$ を $n<m$ とかく．

ペアノ算術の公理

1) $\forall n\forall m\forall l[(n+m)+l=n+(m+l)]$.
2) $\forall n\forall m[n+m=m+n]$.
3) $\forall n[n+0=n]$.
4) $\forall n\forall m\forall l[(nm)l=n(ml)]$.
5) $\forall n\forall m[nm=mn]$.
6) $\forall n[n\cdot 1=n]$.
7) $\forall n\forall m\forall l[n(m+l)=nm+nl]$.
8) $0\neq 1$. $\neg[1<0]$.
9) $\forall n\forall m[m\neq 0\rightarrow n<n+m]$.
10) （帰納法の公理）　任意の 1 変項論理式 $\phi(n)$ に対し，

$$[\phi(0)\wedge\forall n[\phi(n)\rightarrow\phi(n+1)]]\rightarrow\forall n[\phi(n)].$$

帰納法の公理は 1 個の公理ではない．ひとつの 1 変項論理式ごとにひとつの公理がある．また，上の公理には無駄なものも含まれているが，わかりやすさを優先させた．

### 集合論の論理式

集合論の場合，定項記号も関数記号もない．ただひとつの 2 変項述語記号 $\in$ がある．$\in(x, y)$ を $x\in y$ とかく．

集合論の論理式は，論理式の定義 (A) (B) (C) により，帰納的につぎのように定義される．

1)　$x, y$ が変項記号のとき，$x=y$ および $x\in y$ は論理式である．

2)　$\phi, \psi$ が論理式なら，　$\neg\phi$　$\phi\wedge\psi$　$\phi\vee\psi$　$\phi\rightarrow\psi$ は論理式である．

3)　$\phi$ が論理式で $x$ が変項記号のとき，$\forall x[\phi]$ および $\exists x[\phi]$ は論理式である．

4)　以上の手続きでできるものだけが論理式である．

略記法　$\forall x\,[x\in y\rightarrow\phi(x, \boldsymbol{t})]$ を $\forall x\in y[\phi(x, \boldsymbol{t})]$ とかき，$\exists x[x\in y\wedge\phi(x, \boldsymbol{t})]$ を $\exists x\in y[\phi(x, \boldsymbol{t})]$ とかくことがある．

§2 で集合論の公理を記述する．

## 問　題

ペアノ算術の公理から，つぎのことがらを証明せよ．

**1**　$n\leqq m, m\leqq l$ なら $n\leqq l$.

**2**　$n\leqq m$ なら $n+l\leqq m+l$.

**3**　$\forall n[\neg[n<0]]$.

**4**　$n\neq 0$ なら $n\geqq 1$.

**5**　$n+m=0$ なら $n=m=0$.

**6**　$n\leqq m, m\leqq n$ なら $n=m$.

**ノート**　問題 1, 6 に $n\leqq n+0=n$ を合わせて，2 変項論理式 $n\leqq m$ が順序の条件をみたすことがわかった．

**7**　$\forall n \forall m[[n \leqq m] \vee [m \leqq n]]$.

**ノート**　これと前ノートにより，関係 $n \leqq m$ は全順序の条件をみたす．

**8**　$n \leqq m, m \leqq l$ で，少なくとも一方の不等式が狭義不等式なら $n < l$.

**9**　$n < m$ なら $n+l < m+l$.

**10**　$n+l = m+l$ なら $n = m$.

**11**　$n < k < n+1$ となる $k$ はない．

**12**　$\forall n[n \neq 0 \rightarrow \exists ! m[n = m+1]]$.

**13**　$n, m \neq 0$ なら $nm \neq 0$.

**14**　$n < m, l \neq 0$ なら $nl < ml$.

**15**　$\forall n \forall m[m > 0 \rightarrow \exists ! k \exists ! l[[0 \leqq l < m] \wedge [n = km + l]]$．すなわち，余りつきの割り算が可能である．

**16**　累積帰納法．任意の 1 変項論理式 $\phi(n)$ に対し，$[\phi(0) \wedge \forall n[\forall m[m \leqq n \rightarrow \phi(m)] \rightarrow \phi(n+1)]] \rightarrow \forall n[\phi(n)]$.

## §2　集合論の公理

**コメント**　集合論は 19 世紀末のカントルとデデキントにはじまる．とくにカントルは独自の思想のもとに集合論を展開し，順序数や濃度の理論をつくった．

ところがこの理論に矛盾が出てしまった．$A=\{x\,;x\notin x\}$ とする．もし $A\in A$ なら定義から $A\notin A$ となり，もし $A\notin A$ なら定義から $A\in A$ となり，矛盾である．これを**ラッセルの逆理**という．$A$ のようなのほうずな集合を排除するために，ツェルメロは集合論を公理化して矛盾を除いた．これが公理的集合論のはじまりである．ツェルメロの集合論は集合の生成力が弱く，集合の範囲がせますぎるので，フレンケルが置換公理を加えて，集合論をもっと強い理論にした．これに選択公理を加えたものが，以下に紹介する集合論 ZFC である．

公理的集合論では対象はすべて集合であり，第1章でふれた《集合一元論》がもっとも徹底した形で実現される．

この理論のなかで，（形式的）自然数や無限集合，したがって実数が定義され，本書でこれまでに扱った全数学が展開される．

集合論の公理の記述をはじめよう．

**A. 2. 1　公理（外延性公理）**

$$\forall x\forall y[\forall z[z\in x\leftrightarrow z\in y]\rightarrow x=y].$$

すなわち，ふたつの集合の元がまったく共通であれば，そのふたつの集合は等しい．

**A. 2. 2　定義**　集合 $a, b$ に対して

$$\forall x[x\in a\rightarrow x\in b]$$

が成りたつとき，$a$ は $b$ の**部分集合**であると言い，$a\subset b$ とかく．$a\subset b$ かつ $a\neq b$ のとき，$a\subsetneqq b$ とかく．

### A. 2. 3　公理（空集合の公理）

$$\exists x \forall y [y \notin x].$$

すなわち，まったく元をもたない集合が存在する．外延性公理により，このような集合はひとつしかない．これを**空集合**と言い，0 とかく（集合論では $\emptyset$ のかわりに 0 とかくことが多い）．

**ノート**　1)　この公理は，あとの無限公理と分出公理から証明できる．したがって論理的には不要なのだが，便宜上前に出した．それは少なくともひとつ集合があることが保証されるためでもあり，また 0 という記号を早く出しておきたいからでもある．

2)　純理論的には，集合論の言語に 0 という定項記号を追加し，$\forall y\,[y \notin 0]$ を公理として追加したことになる．

### A. 2. 4　公理（非順序対または 2 元集合の公理）

$$\forall x \forall y \exists z \forall w [w \in z \leftrightarrow w = x \vee w = y].$$

すなわち，集合 $a, b$ に対し，$a, b$ だけを元とする集合が存在する．外延性公理によってこのような集合はひとつしかないから，これを $a, b$ の**非順序対**と言い，$\{a, b\}$ とかく．当然，$\{a, b\} = \{b, a\}$．

**ノート**　1)　この公理もあとの置換公理から証明される．

2)　正確には，2 変項の関数記号 $\{,\}$ を導入し，$\forall x \forall y \forall z\,[z \in \{x, y\} \leftrightarrow z = x \vee z = y]$ を公理にする．以下，この種のコメントはいちいちかかず，自由に定項記号や関数記号を導入していく．

**A. 2. 5　定義**　集合 $a$ に対し，$\{a, a\}$ を $\{a\}$ とかく（1 元集合）．$\{a\}$ の元は $a$ だけである．

**A. 2. 6　定義**　集合 $a, b$ に対し，$\{\{a\}, \{a, b\}\}$ を $a$ と $b$ の**順序対**または**ペア**と言い，$\langle a, b \rangle$ とかく．

**A. 2. 7 命題** $\langle a, b\rangle=\langle a', b'\rangle$ となるのは，$a=a'$, $b=b'$ のときにかぎる．

**証明** 1° 準備 $\{a, b\}=\{a, c\}$ なら $b=c$．実際，$a=b$ なら $\{a, c\}=\{a\}$ だから $c=a=b$．$a\neq b$ なら $b\in\{a, c\}$ だから $b=c$．

2° 命題の証明 $\{a\}\in\{\{a'\}, \{a', b'\}\}$ だから，$\{a\}=\{a'\}$ または $\{a\}=\{a', b'\}$．

$\{a\}=\{a'\}$ のとき，$a=a'$ だから $\{\{a\}, \{a, b\}\}=\{\{a\}, \{a, b'\}\}$．1° によって $\{a, b\}=\{a, b'\}$．ふたたび 1° によって $b=b'$．

$\{a\}=\{a', b'\}$ のとき，$a=a'=b'$ だから，$\{\{a\}, \{a, b\}\}=\{\{a\}, \{a, a\}\}=\{\{a\}\}$．したがって $\{a, b\}=\{a\}$, $b=a$ だから $b'=a=b$．□

**ノート** ものごとのペアをつくることは，われわれの思考の原初的な手続きである．ここではそれを集合論のなかでつくったのである．なお，順序対の定義は，命題 A. 2. 7 をみたしさえすればどんなものでもよい．

**A. 2. 8 定義** 1) （三重対）$\langle a, b, c\rangle=\langle a, \langle b, c\rangle\rangle$．

2) $n$ 重対 $\langle a_1, \cdots, a_n\rangle$ が定義されたとき，$n+1$ 重対が $\langle a_1, a_2, \cdots, a_n, a_{n+1}\rangle=\langle a_1, \langle a_2, \cdots, a_{n+1}\rangle\rangle$ によって定義される．したがって任意の（直観的）自然数 $n$ に対して $n$ 重対 $\langle a_1, \cdots, a_n\rangle$ が定義される（定理 2. 2. 8）．

3) $\langle a_1, \cdots, a_n\rangle=\langle b_1, \cdots, b_n\rangle$ となるのは，$a_1=b_1, \cdots, a_n=b_n$ のときにかぎる（証明略）．

**A. 2. 9 公理（和集合の公理）**

$$\forall x \exists y \forall z[z\in y\leftrightarrow \exists w[z\in w \wedge w\in x]].$$

すなわち，任意の集合 $a$ に対し，$a$ の元の元の全体は集合である．外延性公理によってこのような集合はひとつしかないから，これを $a$ の**和集合**または**合併**と言い，$\bigcup a$ とかく．

**A. 2. 10 定義** 集合 $a, b$ に対して $\{a, b\}$ の和集合 $\bigcup\{a, b\}$ を，$a$ と $b$ の**合併（集合）**と言い，$a\cup b$ とかく．

$$\forall x[x\in a\cup b\leftrightarrow x\in a\vee x\in b].$$

**A. 2. 11　定義など**　1)　帰納的に，$\{a_1, \cdots, a_{n+1}\}=\{a_1\}\cup\{a_2, \cdots, a_n\}$ によって $\{a_1, \cdots, a_n\}$ が定義される．

2)　帰納的に，$a_1\cup\cdots\cup a_{n+1}=a_1\cup(a_2\cup\cdots\cup a_n)$ によって $a_1\cup\cdots\cup a_n$ が定義される．

3)　$a_1\cup\cdots\cup a_n=\bigcup\{a_1, \cdots, a_n\}$.

**A. 2. 12　公理**（**べき集合の公理**）

$$\forall x\exists y\forall z[z\in y\leftrightarrow z\subset x].$$

すなわち，任意の集合 $a$ に対し，$a$ の部分集合の全部から成る集合が存在する．このような集合はひとつしかないから，これを $a$ の**べき集合**と言い，$\mathcal{P}(a)$ とかく．

**A. 2. 13　公理**（ツェルメロの**分出公理**）

$x$ と $\boldsymbol{t}=(t_1, \cdots, t_n)$ を自由変項にもつ任意の論理式 $\phi(x, \boldsymbol{t})$ に対し，

$$\forall x\forall \boldsymbol{t}\exists y\forall z[z\in y\leftrightarrow z\in x\wedge\phi(z, \boldsymbol{t})].$$

すなわち，$\boldsymbol{t}$ に任意の $n$ 個の集合 $\boldsymbol{b}=(b_1, \cdots, b_n)$ を代入したとき，任意の集合 $a$ に対し，$a$ の元 $x$ で $\phi(x, \boldsymbol{b})$ が成りたつものの全体は集合である．普通，$\boldsymbol{t}$ や $\boldsymbol{b}$ を省略し，

$$\forall x\exists y\forall z[z\in y\leftrightarrow z\in x\wedge\phi(z)]$$

とかく．任意の $a$ に対し，このような集合はひとつしかないから，これを $\{z\in a\,;\,\phi(z)\}$ とかく．われわれの親しんできた記号である．

**ノート**　1)　この公理はひとつの公理ではなく，無限個の公理（各 $\phi$ に対してひとつの公理）である．こういうものを**公理型**という．変なことばだが，axiom scheme の訳語である．

2)　分出公理は，後出の置換公理から証明される．ツェルメロがはじめてつくった公理的集合論には，置換公理がなく，分出公理だけだった．これでは理論として弱すぎるというので，フレンケルが追加したのが置換公理である．

**A. 2. 14　命題**　集合 $a, b$ に対し，分出公理によって $\{x \in a\,;\, x \in b\} = \{x \in b\,;\, x \in a\}$ は集合である．これを $a, b$ の**共通部分**と言い，$a \cap b$ とかく．帰納的に $a_1 \cap a_2 \cap \cdots \cap a_n$ が定義される．

**A. 2. 15　命題**　$a, b$ が集合のとき，$a$ の元 $x$ と $b$ の元 $y$ のペア $\langle x, y\rangle$ を全部集めたものは集合である．

**証明**　$x \in a,\ y \in b$ なら $\langle x, y\rangle = \{\{x\}, \{x, y\}\}$ であり，$\{x\} \in \mathcal{P}(a) \subset \mathcal{P}(a \cup b), \{x, y\} \in \mathcal{P}(a \cup b)$ だから，$\langle x, y\rangle \in \mathcal{P}(\mathcal{P}(a \cup b))$．したがって

$$\{z \in \mathcal{P}(\mathcal{P}(a \cup b))\,;\, \exists x \exists y[z = \langle x, y\rangle \wedge x \in a \wedge y \in b]\}$$

は分出公理によって集合であり，$a$ の元と $b$ の元のペアの全体である．これを $a$ と $b$ の**積集合**と言い，$a \times b$ とかく：

$$\forall x[x \in a \times b \leftrightarrow \exists y \exists z[x = \langle y, z\rangle \wedge y \in a \wedge z \in b]]. \ \square$$

帰納的に $a_1 \times a_2 \times \cdots \times a_n$ が定義される．

**A. 2. 16　定義**　1)　$a, b, f$ が集合のとき，論理式

$$f \subset a \times b \wedge \forall x[x \in a \rightarrow \exists! y[\langle x, y\rangle \in f]]$$

を $\mathrm{Map}(f, a, b)$ と略記し，「$f$ は $a$ から $b$ への**写像**である」とよむ．このとき，$a$ の任意の元 $x$ に対し，$\langle x, y\rangle \in f$ となる $y$ がただひとつ存在するから，これを $f(x)$ とかく．$a$ から $b$ への写像の全体を $\mathrm{Map}(a, b)$ とかく．

2)　$f \in \mathrm{Map}(a, b), c \subset a$ のとき，$f \cap (c \times b)$ を $f$ の $c$ への**制限**と言い，$f \restriction c$ とかく：$f \restriction c \in \mathrm{Map}(c, b)$．

3)　$f \in \mathrm{Map}(a, b),\ c \subset a$ のとき，集合 $\{y \in b\,;\, \exists x[x \in c \wedge f(x) = y]\}$ を，写像 $f$ による $c$ の**像**と言い，$f[c]$ とかく．

4)　$f \in \mathrm{Map}(a, b), d \subset b$ のとき，集合 $\{x \in a\,; f(x) \in d\}$ を，写像 $f$ による $d$ の**逆像**と言い，$f^{-1}[d]$ とかく．

5)　$f \in \mathrm{Map}(a, b)$ かつ $g \in \mathrm{Map}(b, c)$ のとき，

$$h = \{\langle x, z\rangle \in a \times c\,; \exists y \in b[\langle x, y\rangle \in f \wedge \langle y, z\rangle \in g]\}$$

は $a$ から $c$ への写像である（やさしい）．これを $f$ と $g$ の**合成写像**と言い，$g \circ f$ とかく．$a$ の任意の元 $x$ に対し，$(g \circ f)(x) = g(f(x))$．

6)　$f$ を $a$ から $b$ への写像とする．

a）　$\forall x \forall y[x \in a \wedge y \in a \wedge f(x) = f(y) \to x = y]$

が成りたつとき，$f$ を $a$ から $b$ への**入射**という．

b）　$\forall y \in b \exists x \in a[f(x) = y]$

が成りたつとき，$f$ を $a$ から $b$ への**上射**という．

c）　入射かつ上射であるものを**双射**という．

d）　$f$ が $a$ から $b$ への双射のとき，

$$\{\langle y, x\rangle \in b \times a\,; \langle x, y\rangle \in f\}$$

は $b$ から $a$ への双射である．これを $f$ の**逆写像**と言い，$f^{-1}$ とかく．

7)　$a, b$ が集合のとき，集合 $\{f \in \mathcal{P}(a \times b)\,; \mathrm{Map}(f, a, b)\}$，すなわち $a$ から $b$ への写像の全体を**配置集合**と言い，$\mathrm{Map}(a, b)$ とかく（${}^a b$ とかくこともある）．

**A. 2. 17　定義**　論理式 $\phi(x, y, \boldsymbol{t})$ が（1 変項の）**関数論理式**であるとはつぎのことである：

$$\forall \boldsymbol{t}[\forall x[\forall y \forall z[\phi(x, y, \boldsymbol{t}) \wedge \phi(x, z, \boldsymbol{t})] \to y = z]].$$

すなわち，任意の集合 $x$ に対し，$\phi(x, y, \boldsymbol{t})$ となる集合 $y$ が，あってもひとつしかない，ということである．

**A. 2. 18　公理**（フレンケルの**置換公理**）

$\phi(x, y, \boldsymbol{t})$ が 1 変項の関数論理式のとき，

$$\forall \boldsymbol{t}[\forall x \exists y \forall z[z \in y \leftrightarrow \exists w[w \in x \wedge \phi(w, z, \boldsymbol{t})]]].$$

すなわち，$\boldsymbol{t}$ に $\boldsymbol{b}=(b_1, \cdots, b_n)$ を代入したとき，任意の集合 $a$ に対し，$a$ の元 $w$ の $\phi$ による《像》であるような $z$（すなわち $\phi(w, z, \boldsymbol{b})$ となる $z$）の全体は集合である．

**コメント**　1)　$\phi(x, y)$ が関数論理式のとき，任意の集合 $x$ に対して，$\phi(x, y)$ となる集合 $y$ はひとつしかない．そこで《関数》のイメージを借用し，$x$ に対して $\phi(x, y)$ なる $y$ があるときは $y=F(x)$ とかく．$F$ は集合から集合への写像ではないので，以後 $F$ を関数論理式 $\phi(x, y)$ によってきまる《関数》という．

2)　とくに集合 $A$ の各元 $x$ に対して $\phi(x, y)$ なる $y$ が存在するとき，$B=\{y\,;\exists x \in A[y=F(x)]\}=\{y\,;\exists x \in A[\phi(x, y)]\}$ は置換公理によって集合である．

$$f=\{\langle x, y\rangle\,;\langle x, y\rangle \in A \times B \wedge \phi(x, y)\}$$

とおくと，$f$ は $A$ から $B$ への写像である．

**A. 2. 19　定義**　1)　$I$ を集合，$\phi(i, y)$ を関数論理式とし，任意の $i \in I$ に対して $\phi(i, y)$ なる $y$ がただひとつあるとする．このとき，

$$B=\{y\,;\exists i \in I[\phi(i, y)]\}$$

は集合で，$\phi(i, y)$ は $I$ から $B$ への写像を定める．これを $i \mapsto a_i$ とかこう．$I$ から $B$ への写像 $i \mapsto a_i$ を $\langle a_i\,; i \in I\rangle$ とかき，$I$ を**添字域**とする**集合族**という．集合 $B=\{a_i\,; i \in I\}$ のことも（誤解のおそれがなければ）集合族という．

2)　和集合 $\bigcup\{a_i\,; i \in I\}$ を集合族 $\langle a_i\,; i \in I\rangle$ の**合併**と言う．これを $\bigcup_{i \in I} a_i$ ともかく．とくに $I=\{i, j\}$ なら，$\bigcup\{a_k\,; k \in I\}=a_i \cup a_j$．

3)　$I$ が空集合でないとき，

$$A=\{x\,;\,\forall i\in I[x\in a_i]\}$$

は集合である．実際，$i_0\in I$ をひとつきめると，$A=\{x\in a_{i_0}\,;\,\forall i\in I[x\in a_i]\}$ であり，これは分出公理によって集合である．これを集合族 $\langle a_i\,;\,i\in I\rangle$ の**共通部分**と言い，$\bigcap\{a_i\,;\,i\in I\}$ または $\bigcap_{i\in I} a_i$ とかく．

$I=0$ のとき，$A$ の条件 $\forall i\in I[x\in a_i]$ は空条件であり，$A$ は集合の全体 $\mathcal{U}$ となり，集合ではない．これを避けるために定義をかえ，$\bigcap\{a_i\in I\,;\,i\in I\}=\{x\in\bigcup\{a_i\in I\,;\,i\in I\}$ かつ $\forall i\in I[x\in a_i]\}$ とする流儀もあるが，ここでは採用しない．

**A. 2. 20　命題**　置換公理から分出公理が出る．

**証明**　論理式 $\phi(x,\boldsymbol{t})$ に対し，論理式 $\psi(x,y,\boldsymbol{t})\equiv\phi(x,\boldsymbol{t})\wedge x=y$ は関数論理式である．実際，$\psi(x,y,\boldsymbol{t})\wedge\psi(x,z,\boldsymbol{t})$ なら $x=y, x=z$ だから $y=z$ となる．置換公理により，

$$\begin{aligned}&\forall\boldsymbol{t}\forall x\exists y\forall z[z\in y\leftrightarrow\exists w[w\in x\wedge\psi(w,z,\boldsymbol{t})]]\\ &\equiv\forall\boldsymbol{t}\forall x\exists y\forall z[z\in y\leftrightarrow z\in x\wedge\phi(z,\boldsymbol{t})].\end{aligned}$$

これは分出公理にほかならない．□

**A. 2. 21　命題**　非順序対の公理は，空集合の公理，べき集合の公理および置換公理から導かれる．

**証明**　$\mathcal{P}(0)=\{0\}$ および $\mathcal{P}(\mathcal{P}(0))=\mathcal{P}(\{0\})$ は集合であり，その元は $0$ と $\{0\}$ だけである．この集合を $c$ とかく．任意の集合 $a,b$ に対し，

$$\phi(x,y)\equiv[x=0\wedge y=a]\vee[x=\{0\}\wedge y=b]$$

は関数論理式である．実際，$\phi(x,y)\wedge\ \phi(x,z)$ とする．$x=0\wedge y=a$ なら $z=a$ だから $y=z$．$x=\{0\}\wedge y=b$ なら $z=b$ だから $y=z$．

したがって置換公理により，

$$\exists z \forall w[w \in z \leftrightarrow w \in c \wedge \phi(w, z)]$$

が成りたつ．すなわち，この $z$ の元は $a$ と $b$ だけである．□

**A. 2. 22　公理（無限公理）**

$$\exists x[0 \in x \wedge \forall y[y \in x \rightarrow y \cup \{y\} \in x]].$$

すなわち，ある集合 $a$ が存在し，$a$ は $0$ を含み，$y \in a$ なら $y \cup \{y\} \in a$ である．これではなぜこれが《無限公理》なのかピンとこないかもしれないが，つぎの正則性公理を考えあわせると，感じがわかると思う．

**A. 2. 23　命題**　無限公理と分出公理から空集合の公理が出る．

**証明**　無限公理で存在の保証される集合 $a$ をとれば，$\{x \in a ; x \neq x\}$ は集合であり，元をもたない．□

**A. 2. 24　公理（正則性または基礎の公理）**

$$\forall x[x \neq 0 \rightarrow \exists y[y \in x \wedge y \cap x = 0]].$$

すなわち，空でないどの集合 $a$ にも，$a$ と共通元をもたない元 $y$ がある．この公理はノイマンによる．このおかげで集合論の理論展開がすっきり簡単になった．

**A. 2. 25　命題**　1)　$\forall x[x \notin x]$．すなわちどの集合も自分自身を元として含まない．実際，もし $a$ が集合で $a \in a$ なら，$a$ は $\{a\}$ のただひとつの元で，$a \in a \cap \{a\}$ となり，正則性公理に反する．

2)　$\forall x \forall y[\neg[x \in y \wedge y \in x]$．すなわち，$a \in b, b \in a$ となることはない．もしそうなら，$\{a, b\}$ は正則性の公理をみたさない．帰納法により，$a_1 \in a_2 \in \cdots \in a_n \in a_1$ となることはない．$n$ は直観的自然数である．

3)　$\forall x[x \subsetneq x \cup \{x\}]$．実際，もし $x = x \cup \{x\}$ なら $x \in x$ となる．

4)　集合の全体 $\mathcal{U}$ は集合ではない．実際，もし $\mathcal{U}$ が集合なら $\mathcal{U}\in\mathcal{U}$ となる．$\forall x[x\notin x]$ だから，$\mathcal{U}=\{x\,;x\notin x\}$ は集合でなく，したがってラッセルの逆理はおこらない．

**A. 2. 26　定義**　$\{0\}$ を 1 とかき，$\{0,1\}=\{0,\{0\}\}$ を 2 とかく．帰納的に，$n+1=n\cup\{n\}=\{0,\cdots,n\}$ と定義する．こうして直観的自然数 $0,1,2,\cdots$ を集合論のなかに組みこむことができた．任意の直観的自然数 $n,m$ に対し，$n=m, n\in m, m\in n$ のどれかひとつだけが成りたつ．また，前命題の 3) により，$0\subsetneq1\subsetneq2\subsetneq\cdots$ だから，《無限公理》という名前の感じがすこしわかるだろう．

**A. 2. 27　公理（選択公理）**

$$\forall x\,\exists f[f\in\mathrm{Map}\,(x,\bigcup x)\wedge\forall y[y\in x\wedge y\neq0\to f(y)\in y]].$$

または

$$\forall x[\forall y[y\in x\to y\neq0]\to\exists f[f\in\mathrm{Map}\,(x,\bigcup x)\wedge\forall y[y\in x\to f(y)\in y]].$$

すなわち，集合 $a$ の元がどれも空集合でなければ，$a$ から $\bigcup a$ への写像 $f$ で，$a$ の任意の元 $y$ に対して $f(y)\in y$ となるものがある．

これは第 1 章の公理 1. 2. 16 と同じものである．

**A. 2. 28　コメント**　以上で集合論の公理系の記述をおわる．以下，この公理系にもとづいて集合論を組みたてていく．上の公理全部を公理系とする理論を ZFC とかく（Zermelo-Fraenkel set theory with axiom of Choice)．これから選択公理を除いた理論を ZF とかく．

普通の数学は ZFC の上につくられる．そのあるものは ZF の上でもつくれる．

## §3 順序とくに整列順序

### 順序

**A. 3. 1 定義** $A, B$ が集合のとき，積集合 $A\times B$ の部分集合 $R$ を**関係**という．$x\in A, y\in B, \langle x, y\rangle\in R$ のとき，$xRy$ とかき，$x$ と $y$ の間に関係 $R$ があるというのである．$A$ から $B$ への写像は関係である．

$A=B$ のとき，関係 $R$ を $A$ 上の**二項関係**という．

**A. 3. 2 定義** $A$ を集合，$R$ を $A$ 上の二項関係とする．これがつぎの三条件をみたすとき，$R$ を $A$ 上の**広義順序**という：

1) $\forall x\in A[xRx]$.

2) $\forall x\in A\forall y\in A[xRy \wedge yRx \to x=y]$.

3) $\forall x\in A\forall y\in A\forall z\in A[xRy \wedge yRz \to xRz]$.

$xRy$ を普通 $x\leqq y$ とかく．三条件は，

1) $\forall x\in A[x\leqq x]$（反射律）.

2) $\forall x\in A\forall y\in A[x\leqq y \wedge y\leqq x \to x=y]$（反対称律）.

3) $\forall x\in A\forall y\in A\forall z\in A[x\leqq y \wedge y\leqq z \to x\leqq z]$（推移律）.

**A. 3. 3 定義** 1) 広義順序 $\leqq$ に対し，

$$x<y \equiv x\leqq y \wedge x\neq y$$

とおくと，これはつぎの三条件をみたす：

a) $\forall x\in A[\neg[x<x]]$.

b) $\forall x\in A\forall y\in A[\neg[x<y \wedge y<x]]$.

c) $\forall x\in A\forall y\in A\forall z\in A[x<y \wedge y<z \to x<z]$.

関係 $<$ を**狭義順序**という．b) は c) と a) から導かれる．

2) 集合 $A$ 上に狭義順序 $<$ があるとき，

$$x \leqq y \equiv [x < y] \vee [x = y]$$

とおくと，$\leqq$ は広義順序である．

3)　順序をそなえた集合 $\langle A, \leqq \rangle$ ないし $\langle A, < \rangle$ を**順序集合**という．$A$ が順序集合である，という言いかたもする．

4)　$A$ が順序集合，$B$ が $A$ の部分集合なら，$A$ の順序 $R$ の $B$ への制限 $R \cap (B \times B)$ は $B$ 上の順序である．

**A. 3. 4　定義**　集合 $A$ 上の順序 $\leqq$ が条件

$$\forall x \in A \forall y \in A [x \leqq y \vee y \leqq x]$$

をみたすとき，$\leqq$ を**全順序**，$(A, \leqq)$ を**全順序集合**という．狭義順序で条件をかけば，

$$\forall x \in A \forall y \in A [x < y \vee x = y \vee y < x].$$

**A. 3. 5　定義**　$A$ を順序集合，$B$ を $A$ の部分集合とする．

1)　$B$ の元 $a$ が $\forall x \in B [x \leqq a]$ をみたすとき，$a$ を $B$ の**最大元**と言い，$\max B$ とかく．最大元はあってもひとつしかない．双対的に，$\forall x \in B [a \leqq x]$ をみたすとき，$a$ を $B$ の**最小元**と言い，$\min B$ とかく．

2)　$A$ の元 $a$ が $\forall x \in B [x \leqq a]$ をみたすとき，$a$ を $B$ の（$A$ での）**上界**という．$B$ の $A$ での上界が存在するとき，$B$ は $A$ で**上に有界**であるという．$A$ の元 $a$ が $\forall x \in B [a \leqq x]$ をみたすとき，$a$ を $B$ の（$A$ での）**下界**という．$B$ の $A$ での下界が存在するとき，$B$ は $A$ で**下に有界**であるという．

$B$ が $A$ で上にも下にも有界のとき，単に $B$ は $A$ で**有界**であるという．

3)　$B$ の $A$ での上界の全体（これは $A$ の部分集合である）が最小元 $a$ をもつとき，$a$ を $B$ の $A$ での**上限**と言い，$a = \sup_A B$ とかく．誤解のおそれがなければ，$a = \sup B$ ともかく．$B$ が $A$ で上に有界であっても，上限が存在するとは限らない．

双対的に，$B$ の $A$ での下界の全体が最大元 $b$ をもつとき，$b$ を $B$ の $A$

での**下限**と言い，$b=\inf_A B$ ないし $b=\inf B$ とかく．

**A. 3. 6　定義**　$A, B$ を全順序集合，$f$ を $A$ から $B$ への写像とする．

1)　$x, y \in A, x \leqq y$ なら $f(x) \leqq f(y)$ が成りたつとき，$f$ は弱い意味で**順序を保つ**という．$x, y \in A, x < y$ なら $f(x) < f(y)$ が成りたつとき，$f$ は強い意味で**順序を保つ**という．$f$ が強い意味で順序を保てば，$f$ は入射である．

2)　$A$ から $B$ への双射 $f$ が順序をたもつとき（この場合，強弱は一致する）$f$ を $A$ から $B$ への**順序同型写像**という．そのとき，$f$ の逆写像 $f^{-1}$ は $B$ から $A$ への順序同型写像である．

順序集合 $A$ の**恒等写像** $I_A: x \mapsto x$ は $A$ から $A$ への順序同型写像である．

3)　$A$ から $B$ への順序同型写像が存在するとき，$A$ と $B$ とは互いに**順序同型**であると言い，$A \cong B$ とかく．

## 整列集合

**A. 3. 7　定義**　全順序集合 $A$ の，空でない任意の部分集合が最小元をもつとき，$A$ を**整列集合**，その順序を**整列順序**という．整列集合の部分集合は整列集合である．

**A. 3. 8　命題**　整列集合 $A$ から $A$ への写像 $f$ が強い意味で順序を保てば，$A$ のすべての元 $x$ に対して $x \leqq f(x)$ が成りたつ．

**証明**　$x > f(x)$ なる $x$ があったとする（$a > b$ は $b < a$ のこと），$B = \{x \in A ; x > f(x)\}$ は $A$ の空でない部分集合だから，最小元 $a$ がある．$b = f(a)$ とおくと，$b < a$ だから $f(b) < f(a) = b$ となり，$a$ の最小性に反する．□

**A. 3. 9　系**　整列集合 $A$ から $A$ 自身への順序同型写像は恒等写像だけである．

**証明**　$f$ が $A$ から $A$ への順序同型写像なら逆写像 $f^{-1}$ もそうである．$f$ も $f^{-1}$ も強い意味で順序を保つから，$A$ のすべての元 $x$ に対して $x \leqq f(x)$

$\leqq f^{-1}(f(x))=x$. よって $f(x)=x$. □

**A. 3. 10　系**　$A, B$ が整列集合のとき，$A$ から $B$ への順序同型写像は，あってもひとつしかない．

**証明**　$f, g$ が $A$ から $B$ への順序同型写像なら，$g^{-1}\circ f$ は $A$ から $A$ への順序同型写像だから $g^{-1}\circ f=I_A$. $A$ のすべての元 $x$ に対して $g^{-1}(f(x))=x$ だから $f(x)=g(x)$. □

**A. 3. 11　定義**　$A$ を全順序集合，$a, b$ を $A$ の元で $a<b$ なるものとする．$a<x<b$ なる $A$ の元 $x$ が存在しないとき，$a$ を $b$ の**直前の元**，$b$ を $a$ の**直後の元**という．直前の元や直後の元は存在してもひとつしかない．それが存在するとき，$a$ の直後の元を $a^+$，$b$ の直前の元を $b^-$ とかく．

$$a^+=\min\{x\in A\,;\,a<x\},\qquad b^-=\max\{x\in A\,;\,x<b\}$$

**A. 3. 12　命題**　$A$ を整列集合，$a$ を $A$ の元とする．$a$ が $A$ の最大元でなければ，$a$ の直後の元 $a^+$ が存在する．

**証明**　$B=\{x\in A\,;\,a<x\}$ は $A$ の空でない部分集合だから，最小元 $b$ があり，$b=a^+$. □

**ノート**　$a$ が $A$ の最小元でなくても，$a$ の直前の元があるとはかぎらない(定理 A. 4. 16)．

**A. 3. 13　定義**　$A$ を全順序集合，$a$ を $A$ の元とする．$A$ の部分集合 $\{x\in A\,;\,x<a\}$ を，$A$ のなかで $a$ の定める**切片**と言い，$S_A(a)$ とかく．誤解のおそれがなければ $S(a)$ とかく．

当然，$x\in S(a), y<x$ なら $y\in S(a)$.

また，$a, b$ が $A$ の元のとき，

$$S(a)\subset S(b)\Leftrightarrow a\leqq b,\ S(a)\subsetneqq S(b)\Leftrightarrow a<b.$$

**A. 3. 14　命題**　$A$ を全順序集合，$a$ を $A$ の元とする．

1)　$a$ が直前の元をもたなければ $a=\sup_A S(a)$．

2)　$a$ が直前の元 $a^-$ をもてば $a^-=\max S(a)$．

**証明**　1)　$S(a)$ のすべての元 $x$ に対して $x<a$ だから，$a$ は $S(a)$ の上界である．$b$ も上界で $b<a$ なら $b\in S(a)$ だから $b=\max S(a)$ であり，$b=a^-$ となり，矛盾．

2)　あきらか．□

**A. 3. 15　補題**　$A$ を整列集合，$B$ を $A$ の部分集合とする．条件 $\forall a\in A[S(a)\subset B\to a\in B]$ がみたされれば $B=A$．

**証明**　$B\neq A$ なら $A-B\neq 0$ だから，最小元 $a$ がある．$S(a)\cap(A-B)=0$ だから $S(a)\subset B$．条件によって $a\in B$ となり，矛盾．□

**A. 3. 16　定理（整列集合に関する超限帰納法）**　$A$ を整列集合，$\phi(x)$ を1変項論理式とする．このとき，

$$\forall x\in A[\forall y\in A[y<x\to\phi(y)]\to\phi(x)]\to\forall x\in A[\phi(x)]$$

が成りたつ．すなわち，条件《$A$ の任意の元 $x$ に対し，$x$ より小さいすべての元 $y$ に対して $\phi(y)$ ならば $\phi(x)$》が成りたてば，$A$ のすべての元 $x$ に対して $\phi(x)$ が成りたつ．

**証明**　$B=\{x\in A\,;\phi(x)\}$ とおくと，$B$ は補題の条件をみたす．実際，$A$ の元 $x$ に対して $S(x)\subset B$ なら，$y<x$ なるすべての元 $y\in A$ に対して $\phi(y)$ だから，定理の条件によって $\phi(x)$，すなわち $x\in B$ となる．補題によって $B=A$．□

**ノート**　条件式で $x=\min A$ のとき，$y<x$ なる $y$ はないから，条件は自動的にみたされ，したがって $\phi(\min A)$ となる．

**A. 3. 17　命題**　$A$ を整列集合，$B$ を $A$ の部分集合で，条件 $\forall x\in B\forall y$

$\in A[y<x \to y \in B]$ をみたすものとする．このとき，$B=A$ であるか，または $A$ のある元 $a$ に対して $B=S(a)$ となる．

**証明**　$B \neq A$ とする．$A-B$ の最小元を $a$ とする．$B=S(a)$ を示す．$x \in S(a)$ なら $x<a$ だから $x \notin A-B$，すなわち $x \in B$．逆に $x \in B$ とする．もし $a \leqq x$ なら条件によって $a \in B$ となり矛盾．したがって $x<a, x \in S(a)$．□

**A. 3. 18　命題**　$A$ を整列集合とする．

1)　$A$ は $A$ のいかなる切片とも順序同型でない．

2)　$a, b$ が $A$ の元で $a \neq b$ なら，$S(a)$ と $S(b)$ とは順序同型でない．

**証明**　1)　$a$ を $A$ の元，$f$ を $A$ から $S(a)$ への順序同型写像とする．$f(a) \in S(a)$ だから $f(a)<a$ となり，命題 A. 3. 8 に反する．

2)　$a<b$ とする．$S_A(a)=S_{S(b)}(a)$ だから，1) によって $S(a)$ と $S(b)$ は順序同型でない．□

**A. 3. 19　補題**　$A, A'$ が互いに順序同型な整列集合のとき，$A$ の任意の元 $a$ に対し，$A'$ のある元 $a'$ をとると，$S_A(a) \cong S_{A'}(a')$ となる．

**証明**　$f$ が $A$ から $A'$ への順序同型写像のとき，$a'=f(a)$ とすればよい．□

**A. 3. 20　定理（整列集合の比較定理）**　$A, A'$ が整列集合のとき，つぎの三つの場合のうちのひとつだけがおこる．

a)　$A$ と $A'$ は順序同型である．

b)　$A$ は $A'$ のあるただひとつの切片と順序同型である．

c)　$A'$ は $A$ のあるただひとつの切片と順序同型である．

**証明**　1°　三つのうちのふたつが同時におこることがないことを示す．命題 A. 3. 18 と補題 A. 3. 19 により，a) と b) および a) と c) は両立しない．b) と c) が同時におこったとすると，$A' \cong S_A(a), A \cong S_{A'}(a')(a \in A, a' \in A')$ とかける．補題 A. 3. 19 により，$S_A(a) \cong S_{S_{A'}(a')}(b')$ $(b' \in A')$ とかけ，$S_{S_{A'}(a')}(b') = S_{A'}(b')$ だから，$A' \cong S_A(a) \cong S_{A'}(b')$ となり，補題 A. 3. 18 の 1) に反する．

2°　$A \times A'$ の関係 $R$ $(R \subset A \times A')$ を，$R = \{(x, x') \in A \times A' ; S_A(x) \cong S_{A'}(x')\}$ によって定義する．

$$B = \{x \in A ; \exists x' \in A'[xRx']\},$$
$$B' = \{x' \in A' ; \exists x \in A[xRx']\}$$

とおく．$f = R \cap (B \times B')$ は $B$ から $B'$ への双射である．

実際，$x \in B, x', y' \in B', xRx', xRy'$ なら，$S_A(x) \cong S_{A'}(x'), S_A(x) \cong S_{A'}(y')$ だから $S_{A'}(x') \cong S_{A'}(y')$．命題 A. 3. 18 の 2) によって $x' = y'$，すなわち $f$ は $B$ から $B'$ への写像である．

つぎに $x, y \in B, f(x) = f(y)$ なら，上と同様に $x = y$ となり，$f$ は入射である．$B'$ の定義によって $f$ は上射，したがって双射である．

3°　$x \in B, y \in A, y < x$ なら $y \in B$ であること，および $f(y) < f(x)$，すなわち $f$ が $B$ から $B'$ への順序同型写像であることを同時に示す．実際，$f(x) = x'$ とかくと，$S_A(x) \cong S_{A'}(x')$．$S_A(y) = S_{S_A(x)}(y)$ だから，補題 A. 3. 19 により，$S_{A'}(x')$ のある元 $y'$ をとると，$S_{S_A(x)}(y) \cong S_{A'(x')}(y')$ となる．よって $y' \in B'$ かつ $f(y) = y'$．$y' \in S_{A'(x')}$ だから $y' < x'$ が成りたつ．

4°　3° により，$A$ と $B$ および $A'$ と $B'$ は命題 A. 3. 17 の条件をみたすから，つぎのことが成りたつ．

1)　$B = A$ または $A$ のある元 $a$ に対して $B = S_A(a)$.

2)　$B' = A'$ または $A'$ のある元 $a'$ に対して $B' = S_{A'}(a')$.

四つの組みあわせを調べよう．$B = A, B' = A'$ なら $A \cong A'$ で，a) の場合である．$B = A, B' = S_{A'}(a')$ なら $A \cong S_{A'}(a')$ で，b) の場合である．同様に $B = S_A(a), B' = A'$ なら c) の場合である．最後に $B = S_A(a), B' = S_{A'}(a')$ はおこりえない．実際，このとき $S_A(a) \cong S_{A'}(a')$ だから $a \in B$ となってしまう．

5°　(一意性)　b) の場合，$A \cong S_{A'}(b)$ かつ $A \cong S_{A'}(c)$ とする．$c < b$ とすると，整列集合 $B = S_{A'}(b)$ において，$B \cong S_B(c)$ だから矛盾である．□

**ノート**　§3では無限公理，正則性公理，選択公理はつかわなかった．

## §4　順序数

ここから正則性公理をつかう．

### 順序数の定義と基本性質

**A.4.1　定義**　集合 $a$ が条件

$$\forall x \forall y[[x \in a \wedge y \in a] \to y \in a]$$

をみたすとき，$a$ は**推移的**であるという．すなわち，$a$ の元の元はまた $a$ の元だ，ということだから，この条件は $\bigcup a \subset a$ ともかける．

**A.4.2　命題**　$a$ を集合とする．$x, y \in a$ に対し，$x \in y$ という $a$ 上の二項関係∈（**帰属関係**という）を考える．$a$ 上の帰属関係 ∈ が狭義全順序であることと，狭義整列順序であることは同値である．

**証明**　整列順序は全順序だから，∈ が $a$ 上の全順序だと仮定する．$a \supset b \neq 0$ とすると，正則性公理により，$b$ の元 $c$ で $b \cap c = 0$ なるものが存在する．もし $x \in b, x \in c$ なら $b \cap c \neq 0$ となってしまうから，$c$ は $b$ の最小元である．□

**A.4.3　定義**　集合 $a$ が**順序数**であるとはつぎのことである．

1)　$a$ は推移的である．

2)　$a$ 上の帰属関係 ∈ は狭義全順序（狭義整列順序と言っても同じ）である．

**ノート**　$\alpha, \beta, \gamma, \cdots$ は順序数をあらわすことにする．$\alpha \in \beta$ を $\alpha < \beta$ ともかく．

**A. 4. 4 例** 0は順序数である．$1=\{0\}$も順序数である．帰納的に，直観的自然数 $n$ を集合論に組みいれた $n=\{0, 1, \cdots, n-1\}=(n-1)\cup\{n-1\}$ は順序数である（定義 A. 2. 26）．

**A. 4. 5 命題** $\alpha$ を順序数とする．

1) $\alpha$ の元はすべて順序数である．

2) $\alpha$ の切片は順序数である．$\beta\in\alpha$ なら $S_\alpha(\beta)=\beta$.

3) $\alpha$ は，$\alpha$ より小さい順序数の全体である．

**証明** 1) $x\in\alpha$ とする．$x$ は推移的である．実際，$y\in x, z\in y$ とすると，$\alpha$ は推移的だから $y\in\alpha$，したがって $z\in\alpha$．関係 $\in$ は $\alpha$ 上の順序だから，$z\in y, y\in x$ から $z\in x$ が出る．また，$y\in x$ なら $y\in\alpha$ だから $x\subsetneqq\alpha$．したがって $\in$ は $x$ 上の全順序である．

2) $\alpha$ の元は順序数だから，これを $\beta$ とかく．$S_\alpha(\beta)=\{x\in\alpha\,;\,x<\beta\}=\{x\in\alpha\,;\,x\in\beta\}=\beta$.

3) $\alpha=\{x\,;\,x\in\alpha\}$ だから，1)によって $\alpha$ は，$\alpha$ より小さい順序数の全体である．□

**A. 4. 6 命題** 1) $\alpha$ が順序数で，$X\subsetneqq\alpha$ かつ $X$ が推移的なら $X\in\alpha$．したがって $X$ は順序数である．

2) $\alpha, \beta$ が順序数で $\beta\subsetneqq\alpha$ なら $\beta\in\alpha$，すなわち $\beta<\alpha$.

3) $\alpha, \beta$ が順序数なら $\alpha\subset\beta$ または $\beta\subset\alpha$.

**証明** 1) $\alpha-X$ の最小元を $\beta$ とする：$\beta\notin X$．$\beta=X$ を示す．$\gamma\in\beta$ なら $\gamma<\beta$ だから $\gamma\notin\alpha-X, \gamma\in X$．よって $\beta\subset X$．逆に $\gamma\in X$ とする．$\beta\leqq\gamma$ なら $X$ の推移性によって $\beta\in X$ となり，矛盾．よって $\gamma<\beta$ すなわち $\gamma\in\beta$.

2) $\beta$ は推移的だから 1)によって $\beta\in\alpha$.

3) $X=\alpha\cap\beta$ とする．$y\in x\in X$ なら $y\in\alpha, y\in\beta$ だから $X$ は推移的である．当然 $X$ は $\in$ に関して全順序集合だから，$X$ は順序数である．以後 $\gamma=\alpha\cap\beta$ とかく．$\gamma=\alpha$ または $\gamma=\beta$ が成りたてば，$\alpha\subset\beta$ または $\beta\subset\alpha$ とな

る．もし，$\gamma \subsetneqq \alpha, \gamma \subsetneqq \beta$ なら，2) によって $\gamma \in \alpha, \gamma \in \beta$ だから，$\alpha \cap \beta = \gamma \in \alpha \cap \beta$ となり，正則性公理に反する．□

**A. 4. 7 定理（順序数の比較定理）** 任意の順序数 $\alpha, \beta$ に対し，$\alpha = \beta, \alpha \in \beta, \beta \in \alpha$ のうちのひとつだけが成りたつ．

**証明** 前命題の 3) と 2) からすぐ出る．□

**A. 4. 8 記号** $x$ が順序数であることをあらわす論理式を $\mathrm{On}(x)$ と略記する．さらに，順序数の全体を On とかく．すぐ証明するように，On は集合ではない．前に集合の全体を $\mathcal{U}$ とかいたように，On も集合論に属さない略記号と思っていただきたい．$\mathrm{On}(x)$ を $x \in \mathrm{On}$ と略記することにする．

**A. 4. 9 命題** On は集合でない．

**証明** On が集合だと仮定する．$\alpha \in \beta \in \mathrm{On}$ なら $\alpha \in \mathrm{On}$ だから，On は推移的である．関係 $\in$ は On 上の狭義順序であり，比較定理 A. 4. 7 によって全順序だから，On は順序数である．すなわち $\mathrm{On} \in \mathrm{On}$ となり，正則性公理に反する（ブラリ=フォルティの逆理）．□

**A. 4. 10 定理** 任意の整列集合はただひとつの順序数に順序同型である．順序同型写像はひとつしかない．

**証明** $A$ を整列集合とする．$\alpha$ が順序数なら，それは整列集合だから，整列集合の比較定理 A. 3. 20 により，つぎの三つの場合のひとつだけがおこる：

a） $A$ と $\alpha$ は順序同型である．

b） $A$ は $\alpha$ のある切片と順序同型である．

c） $\alpha$ は $A$ のある切片と順序同型である．

さて，ある順序数 $\alpha$ に対して a) がおこれば定理が成りたつ．ある順序数 $\alpha$ に対して b) がおこれば，命題 A. 4. 5 の 2) によって $\alpha$ の切片は順序数だから，やはり定理が成りたつ．

だから，すべての順序数 $\alpha$ に対して c) がおこると仮定して矛盾をみちびけばよい．

$$B=\{x\in A\,;\,\exists\,\alpha[\mathrm{On}(\alpha)\wedge[S_A(x)\cong\alpha]]\}$$

とおくと，分出公理によって $B$ は集合である．

$$\phi(x,\alpha)\equiv x\in B\wedge\mathrm{On}(\alpha)\wedge S_A(x)\cong\alpha$$

は関数論理式である．実際，$\alpha,\beta\in\mathrm{On}$, $S_A(x)\cong\alpha$, $S_A(x)\cong\beta$ なら $\alpha\cong\beta$．定理 A. 4. 7 および命題 A. 3. 18 によって $\alpha=\beta$ となる．

置換公理により，

$$X=\{\alpha\in\mathrm{On}\,;\,\exists\,x[\phi(x,\alpha)]\}$$

は集合である．ところが，仮定によって任意の順序数は $X$ に属するから $X=\mathrm{On}$ となり，命題 A. 4. 9 に反する．□

**ノート**　順序数論は正則性公理なしでも展開できるが，すこし面倒くさくなる．

**A. 4. 11　命題**　$\alpha$ を順序数，$A$ を $\alpha$ の部分集合とする．$\alpha$ 上の整列順序を $A$ に制限したものは $A$ 上の整列順序だから，前定理 A. 4. 10 によって $A$ はただひとつの順序数 $\beta$ と順序同型である．このとき，$\beta\leqq\alpha$ が成りたつ．

**証明**　$f$ を $A$ から $\beta$ への順序同型写像とすると，任意の $\gamma\in A$ に対して $f(\gamma)\leqq\gamma$ となる．実際，$f(\gamma)>\gamma$ なる $\gamma\in A$ があったと仮定し，その最小のものを $\gamma_0$ とする．$\gamma\in A,\gamma<\gamma_0$ なら $f(\gamma)\leqq\gamma<\gamma_0$．一方，$\gamma\in A,\gamma\geqq\gamma_0$ なら，$f(\gamma)\geqq f(\gamma_0)>\gamma_0$ となり，$f$ は $\gamma_0$ の値をとらない．これは $\beta$ が順序数であることに反する．よってすべての $\gamma\in A$ に対して $f(\gamma)\leqq\gamma$．

$\gamma\in A$ なら $\gamma\in\alpha$, $f(\gamma)\leqq\gamma$ だから $f(\gamma)\in\alpha$．よって $\beta\subset\alpha,\beta\leqq\alpha$．□

### 超限順序数と有限順序数

ここから無限公理をつかう．

**A. 4. 12　命題**　$\alpha$ が順序数であることと，$\alpha\cup\{\alpha\}$ が順序数であることは同値である．

**証明**　1°　$\alpha$ が順序数とする．$\alpha\cup\{\alpha\}$ は推移的である．実際，$y\in x\in\alpha\cup\{\alpha\}$ とする．$x\in\alpha$ なら $y\in\alpha\subset\alpha\cup\{\alpha\}$．$x=\alpha$ なら，$y\in\alpha\subset\alpha\cup\{\alpha\}$．つぎに二項関係 $\in$ が $\alpha\cup\{\alpha\}$ 上の全順序であることを示す．$x, y, z\in\alpha\cup\{\alpha\}$ とする．$x\in x$ なら $x\notin x$．$x\in y\in z$ なら $x\in z$ だから $\in$ は順序である．また，任意の $x, y\in\alpha\cup\{\alpha\}, x\neq y$ に対し，もし一方（たとえば $y$）が $\alpha$ なら $x\in\alpha$．$x, y\in\alpha$ なら，$\alpha$ は順序数だから $x<y$ または $y<x$．

2°　$\alpha\cup\{\alpha\}$ が順序数とする．$y\in x\in\alpha$ なら $y\in x\in\alpha\cup\{\alpha\}$ だから $y\in\alpha\cup\{\alpha\}$．$y\neq\alpha$ だから $y\in\alpha$ となり，$\alpha$ は推移的である．$\alpha\cup\{\alpha\}$ 上の全順序 $\in$ を $\alpha$ に制限したものは，あきらかに $\alpha$ 上の全順序である．□

**A. 4. 13　定義**　$\alpha$ が順序数のとき，$\alpha^+=\alpha\cup\{\alpha\}$ を $\alpha$ の**つぎの順序数**または**直後の順序数**という．また，$\alpha$ を $\alpha^+$ の**直前の順序数**という．実際，$\alpha$ と $\alpha^+$ の間に順序数はない．なぜなら，もし $\alpha\in\beta\in\alpha\cup\{\alpha\}$ なら，$\beta\notin\alpha$ だから $\beta=\alpha$ となり，矛盾である．

**A. 4. 14　定義**　順序数 $\alpha$ に直前の順序数が存在するとき（すなわち $\exists\beta[\beta\cup\{\beta\}=\alpha]$），$\alpha$ を**孤立順序数**という．最小の順序数 0 も孤立順序数に含める．$\alpha$ が 0 でない孤立順序数のとき，$\alpha$ の直前の順序数を $\alpha^-$ とかく．

孤立順序数でない順序数を**極限順序数**という．本によっては 0 を極限順序数に含めることもある．

**A. 4. 15　命題**　順序数から成る集合は On のなかで有界であり，On での上限が存在する．詳しくはつぎのとおり．

$A$ を順序数から成る集合とする．

1)　和集合 $\bigcup A$ は順序数である．これを $\sigma=\sigma(A)$ とかく．

2)　$\sigma$ は $A$ の On での上限である．すなわち，$A$ のすべての元 $\alpha$ に対して $\alpha\leqq\sigma$ であり，また順序数 $\tau$ が $\forall\alpha\in A[\alpha\leqq\tau]$ をみたせば，$\sigma\leqq\tau$ が成りたつ．

3)　$A$ が空集合でないとき，$\sigma\notin A$ なら，すなわち $\sigma$ が $A$ の最大元でなければ，$\sigma$ は極限順序数である．

**証明**　1)　$x\in\bigcup A$ なら，$\exists y[x\in y\in A]$．$y\in\mathrm{On}$ だから $x\in\mathrm{On}$，すなわち $\bigcup A$ は順序数から成る集合である．つぎに $y\in x\in\bigcup A$ なら $x\in\mathrm{On}$ だから $y\in\mathrm{On}$．$x\in\bigcup A$ だから，$\exists z\in A[x\in z]$．$z$ は推移的だから $y\in z$．$\bigcup A$ の定義によって $y\in\bigcup A$，すなわち $\bigcup A$ は推移的である．

最後に，$\bigcup A$ 上の関係 $\alpha\in\beta$ は狭義全順序である．実際，$\alpha\notin\alpha$．$\alpha\in\beta,\beta\in\gamma$ なら $\alpha\in\gamma$．したがって $\sigma=\bigcup A$ は順序数である．

2)　$\alpha\in A$ とする．$\beta\in\alpha$ なら $\beta\in\bigcup A=\sigma$ だから $\alpha\subset\sigma$，すなわち $\alpha\leqq\sigma$ となり，$\sigma$ は $A$ の On での上界である．$\sigma$ が $A$ の On での上限であることを示す．もし $\sigma\in A$ なら $\sigma=\max A=\sup A$．$\sigma\notin A$ とする．$\tau$ が $A$ の上界とする．$A$ の任意の元 $\alpha$ に対して $\alpha\leqq\tau$，すなわち $\alpha\subset\tau$．$\beta\in\sigma=\bigcup A$ なら，ある $\alpha\in A$ に対して $\beta\in\alpha$．よって $\beta\in\tau$ となり，$\sigma\leqq\tau$ が成りたつ．

3)　$\sigma$ の直前の元 $\tau$ があったとする．もし $A$ のすべての元 $\alpha$ に対して $\alpha\leqq\tau$ なら，$\tau$ は $A$ の上界であり，$\sigma$ の上限性に反する．よって $A$ のある元 $\alpha$ に対して $\tau<\alpha$ となるから $\alpha=\sigma\in A$ となる．□

**ノート**　$A=0$ なら，$\sigma=\bigcup A=0\notin A$ だが，0 は孤立順序数の方に入れてあった．

**A.4.16　定理**　極限順序数が存在する．

**証明**　無限公理

$$\exists x[0\in x\wedge\forall y[y\in x\rightarrow y\cup\{y\}\in x]]$$

によって存在の保証される集合のひとつ $A$ をとる：$0 \in A \wedge \forall y[y \in A \rightarrow y \cup \{y\} \in A]$.

$A$ に属する順序数の全体を $B$ とする．$B$ は集合である．$0 \in B$ だから $B \neq 0$．$B$ の On での上限を $\sigma$ とすると，$\sigma$ は極限順序数である．実際，もし $\sigma = \max B$ なら $\sigma \in A$ だから $\sigma \cup \{\sigma\} \in A$．命題 A. 4. 12 によって $\sigma \cup \{\sigma\} \in B$ となり，$\sigma$ の上界性に反する．命題 A. 4. 15 の 3) によって $\sigma$ は極限順序数である．□

**A. 4. 17　定義**　1)　極限順序数 $\alpha$ に対し，$\beta \leqq \alpha$ なる極限順序数の全体 $A(\alpha)$ は空でない集合である．$A(\alpha)$ の最小元を $\omega$ とかく．もし別の極限順序数 $\alpha'$ から $\omega'$ が定まるとすれば，$\alpha \leqq \alpha'$ または $\alpha' \leqq \alpha$ だから $\omega = \omega'$．すなわち集合 $\omega$ は集合論の公理だけから定まる．

$\omega$ は最小の極限順序数である．直観的自然数（を集合論に組みいれたもの）$0, 1, 2, \cdots$ はどれも $\omega$ の元である．

2)　$\alpha$ を順序数とする．$\omega \leqq \alpha$ のとき $\alpha$ を**超限順序数**と言い，$\alpha < \omega$ のとき $\alpha$ を**有限順序数**という．有限順序数のことをふつう（**形式的**）**自然数**という．これで，第 2 章で予告しておいた形式的自然数が集合論のなかで定義された．以後，たんに**自然数**と言ったら形式的自然数を意味する．

自然数については，すぐあとで詳しく述べる．

**コメント**　定義 A. 2. 26 および例 A. 4. 4 により，直観的自然数はすべて形式的自然数とみなされる．しかし，形式的自然数がどれも直観的自然数であるかどうかは，それを認識する手段がない．実際，個々の直観的自然数は形式的自然数であるが，《直観的自然数の全体》というものは集合論では捉えられない．

### On 上の超限帰納法

**A. 4. 18　定理（On 上の超限帰納法）**　任意の 1 変項論理式 $\phi(x)$ に対し，

$$[\forall\alpha[\forall\beta[\beta<\alpha\to\phi(\beta)]\to\phi(\alpha)]]\to\forall\alpha[\phi(\alpha)].$$

すなわち，条件《任意の順序数 $\alpha$ に対し，$\beta<\alpha$ なるすべての順序数 $\beta$ に対して $\phi(\beta)$ が成りたてば $\phi(\alpha)$ が成りたつ》があれば，すべての順序数 $\alpha$ に対して $\phi(\alpha)$ が成りたつ．

**証明**　結論を否定し，$\neg\phi(\alpha_0)$ なる $\alpha_0$ をとる．$A=\{\beta\leqq\alpha_0\,;\neg\phi(\beta)\}$ は空でない整列集合だから，最小元 $\beta_0$ がある．$A$ の定義によって $\gamma<\beta_0$ なら $\phi(\gamma)$ だから，定理の仮定によって $\phi(\beta_0)$ となり，矛盾．□

### 超限帰納法による写像ないし《関数》の定義

**A. 4. 19　コメント**　1)　いままでにも，集合全部のあつまり $\mathcal{U}$ とか，順序数全部のあつまり On とか，集合でないものも扱ってきた．これから，こういうものをもっと自由に扱えるようにする．

1変項論理式 $\phi(x)$ に対し，$\phi(x)$ をみたす集合 $x$ の全体をイメージし，これを**クラス**という．$X=\{x\,;\phi(x)\}$ とかくが，これは一般には集合論に属さない．すなわち，$X$ は $\phi(x)$ のイメージ転換による略記である．たとえば $\mathcal{U}=\{x\,;x=x\}$, $\mathrm{On}=\{x\,;\mathrm{On}(x)\}$.

2)　集合 $A$ で，$\forall x[x\in A\leftrightarrow\phi(x)]$ なるものが存在すれば，$X=A$ は集合である．集合でないクラスを**真のクラス**という．$\mathcal{U}$ および On は真のクラスである（命題 A. 2. 25 の 3) および命題 A. 4. 9).

$a$ が集合，$X=\{x\,;\phi(x)\}$ で $\phi(a)$ のとき，$a\in X$ とかく．$\mathrm{On}(a)$ を $a\in\mathrm{On}$ とかいたように．

3)　つぎに関数論理式 $\phi(x,y)$ を考える．$\phi(x,y)$ が関数論理式であるとは，

$$\forall x\forall y\forall z[\phi(x,y)\wedge\phi(x,z)\to y=z]$$

のことだった（定義 A. 2. 17).

$X=\{x\,;\exists y[\phi(x,y)]\}$ とすると，$X$ はクラスであり，$X$ の各《元》$x$ に

対して $\phi(x, y)$ なる $\mathcal{U}$ の《元》$y$ がただひとつ定まる．これを $X$ で定義された《**関数**》と言い，$\phi(x, y)$ のとき $y=F(x)$ とかく．$F$ も略記号である．もし $X$ が集合なら，置換公理によって $Y=\{y\,;\,\exists x[\phi(x, y)]\}$ も集合であり，$F$ は $X$ から $Y$ への写像である．

**A. 4. 20　コメント**　第 2 章でわれわれは《自然数の帰納法による写像の定義》というのをやった（定理 2. 2. 8）．これを順序数に関する超限帰納法に拡張する．自然数のときは，$X$ を集合，$a \in X, g$ を $X$ から $X$ への写像とすると，$\boldsymbol{N}$ から $X$ への写像 $f$ で，$f(0)=a, f(n+1)=g(f(n))$ なるものがただひとつ存在した．

順序数の場合，極限順序数が存在するので，$\alpha$ での値から $\alpha^+$ での値を決める規則だけでは不十分である．

$\alpha$ が極限順序数の場合は，$\beta<\alpha$ なるすべての $\beta$ に対する値から $\alpha$ での値が決まる，ということでなければならない．$\alpha=\{\beta\,;\,\beta<\alpha\}$ に注意する．$\beta<\alpha$ なるすべての $\beta$ から $X$ への写像の全体を $M_\alpha$ とするとき，$g: M_\alpha \to X$ に対して $f(\beta)=g(f \upharpoonright \beta)\ (\beta<\alpha)$ となる $f$ がただひとつ存在する，という形に定式化されるはずである．

**A. 4. 21　定義**　$\sigma$ を順序数，$X$ をクラスとする．$\alpha<\sigma$ なるすべての $\alpha$ から $X$ への写像の全体 $M_\sigma$ とし（これはクラス），$G$ を $M_\sigma$ から $X$ への《関数》とする．$\sigma$ から $X$ への写像 $f$ が，あらゆる $\alpha<\sigma$ に対して $f(\alpha)=G(f \upharpoonright \alpha)$ をみたすとき，$f$ を $\sigma$ から $X$ への $G$ **型**（ガタ）**写像**という．

**A. 4. 22　命題**　$\sigma, X, M_\sigma, G$ を上と同じものとするとき，$G$ 型写像はあってもひとつしかない．

**証明**　$f, f'$ が $G$ 型写像で $f \neq f'$ のとき，$f(\alpha) \neq f'(\alpha)$ なる最小の $\alpha$ をとる．$\beta<\alpha$ なら $f(\beta)=f'(\beta)$ だから $f \upharpoonright \alpha=f' \upharpoonright \alpha$．$f(\alpha)=G(f \upharpoonright \alpha)=G(f' \upharpoonright \alpha)=f'(\alpha)$ となり矛盾．□

**A. 4. 23 定理（超限帰納法による写像の定義）** $\sigma, X, M_\sigma, G$ は上と同じものとするとき，$G$ 型写像がただひとつ存在する．

**証明** 存在だけ示せばよい．

1° 論理式 $\phi(\alpha)$ を，《$\alpha<\sigma$ かつ $\alpha$ から $X$ への $G$ 型写像 $f_\alpha$（ただひとつ）が存在する》として定める．$\tau=\{\alpha\in\mathrm{On}\,;\phi(\alpha)\}$ とおく．

$\tau$ は順序数である．実際，定義によって $\tau\subset\sigma$．$\beta<\alpha<\tau$ のとき，$\gamma<\beta$ に対して $f_\beta(\gamma)=G(f_\alpha\upharpoonright\gamma)=f_\alpha(\gamma)$ とおくと $f_\beta=f_\alpha\upharpoonright\beta, f_\beta\upharpoonright\gamma=f_\alpha\upharpoonright\gamma$．よって $f_\beta(\gamma)=f_\alpha(\gamma)=G(f_\alpha\upharpoonright\gamma)=G(f_\beta\upharpoonright\gamma)$ となるから $\phi(\beta)$ であり，$\beta\in\tau$．すなわち $\tau$ は推移的であり，$\tau$ は順序数である．

2° $\tau<\sigma$ と仮定して矛盾をみちびく．実際，$\alpha<\tau$ なる $\alpha$ に対して $f_\tau(\alpha)=G(f_\alpha)$とおく．$\beta<\alpha<\tau$ なら，$f_\tau(\beta)=G(f_\beta)=G(f_\alpha\upharpoonright\beta)=f_\alpha(\beta)$ だから $f_\alpha=f_\tau\upharpoonright\alpha$．したがって$f_\tau(\alpha)=G(f_\alpha)=G(f_\tau\upharpoonright\alpha)$ となり，$f_\tau$ は $\tau$ からの $G$ 型写像で $\phi(\tau)$ だから $\tau\in\tau$ となって矛盾．

3° したがって $\tau=\sigma$ であり，$f_\sigma$ は $\sigma$ からの $G$ 型写像である．□

**A. 4. 24 補題** $X$ をクラス，$\tau, \sigma$ を順序数で $\tau<\sigma$ なるものとする．$\alpha<\sigma$ なるすべての $\alpha$ から $X$ への写像の全体を $M_\sigma$, $\alpha<\tau$ なるすべての $\alpha$ から $X$ への写像の全体を $M_\tau$ とする．あきらかに $M_\tau\subset M_\sigma$．$M_\sigma, M_\tau$ はクラスである．

$M_\sigma$ から $X$ への《関数》$G$ に対し，$G_\tau=G\upharpoonright M_\tau$ とおくと，$G_\tau$ は $M_\tau$ から $X$ への《関数》である．

前定理 A. 4. 23 により，$\sigma$ から$X$への$G$型写像 $f_\sigma$ および $\tau$ から $X$ への $G_\tau$ 型写像 $f_\tau$ がそれぞれひとつずつ存在する．このとき，$f_\tau=f_\sigma\upharpoonright\tau$．

**証明** $\alpha<\tau$ に対し，$f_\sigma(\alpha)=G(f_\sigma\upharpoonright\alpha)=G_\tau(f_\tau\upharpoonright\alpha)=f_\tau(\alpha)$．□

**A. 4. 25 定理（超限帰納法による《関数》の定義）** $X$ をクラスとし，すべての順序数 $\alpha$ から $X$ への写像（になる）全部のクラスを $M$ とする．$M$ から $X$ への《関数》$G$ に対し，On から $X$ への《関数》$F$ で，あらゆる順序数 $\alpha$ に対して $F(\alpha)=G(F\upharpoonright\alpha)$ となるものがただひとつ存在する．

**証明**　1°　各順序数 $\sigma$ に対し，$\alpha<\sigma$ なるすべての $\alpha$ から $X$ への写像の全体を $M_\sigma$ とする．$M_\sigma\subset M$．$G_\sigma=G\upharpoonright M_\sigma$ とおくと，$G_\sigma$ は $M_\sigma$ から $X$ への《関数》であり，定理 A. 4. 23 により，$\sigma$ から $X$ への写像 $f_\sigma$ で，$\alpha<\sigma$ なるすべての $\alpha$ に対して $f_\sigma(\alpha)=G_\sigma(f_\sigma\upharpoonright\alpha)$ なるものがただひとつ存在する．

2°　順序数 $\alpha$ に対し，$F(\alpha)=f_{\alpha^+}(\alpha)$ とおく．$F$ は On から $X$ への《関数》である．$F\upharpoonright\alpha$ は $\alpha$ から $X$ への写像だから，$F\upharpoonright\alpha\in M_{\alpha^+}$．一方，$\beta<\alpha$ に対して $(F\upharpoonright\alpha)(\beta)=F(\beta)=f_{\beta^+}(\beta)$．補題によって $f_{\beta^+}(\beta)=f_{\alpha^+}(\beta)=(f_{\alpha^+}\upharpoonright\alpha)(\beta)$．したがって $F\upharpoonright\alpha=f_{\alpha^+}\upharpoonright\alpha$．よって $G(F\upharpoonright\alpha)=G_{\alpha^+}(f_{\alpha^+}\upharpoonright\alpha)=f_{\alpha^+}(\alpha)=F(\alpha)$ となり，$F$ が求める《関数》である．

3°　$F, F'$ が条件をみたし，$F\neq F'$ のとき，$F(\alpha)\neq F'(\alpha)$ なる最小の $\alpha$ をとる．$\beta<\alpha$ なら $F(\beta)=F'(\beta)$ だから $F\upharpoonright\alpha=F'\upharpoonright\alpha$．$F(\alpha)=G(F\upharpoonright\alpha)=G(F'\upharpoonright\alpha)=F'(\alpha)$ となり矛盾．□

つぎのように書いてある本も多い．

**A. 4. 26　系**　$\mathcal{U}$ 上定義された《関数》$K$ に対し，On 上定義された《関数》$F$ で，すべての順序数 $\alpha$ に対して $F(\alpha)=K(F\upharpoonright\alpha)$ をみたすものがただひとつ存在する．

**証明**　すべての順序数 $\alpha$ から $\mathcal{U}$ への写像全部のクラスを $M$ とし，$G=K\upharpoonright M$ とすればわれわれの定理が適用される．□

**A. 4. 27　適用法**　$X$ の元 $a$，$X$ から $X$ への《関数》$h$ があり，さらにすべての極限順序数 $\alpha$ から $X$ への写像の全体 $M'$ から $X$ への《関数》$G'$ があるとする．まず $G(0)=a$ とおく．0 でない孤立順序数 $\alpha^+$ と $g:\alpha^+\to X$ に対しては $G(g)=h(g(\alpha))$ とおく．極限順序数 $\alpha$ と $g:\alpha\to X$ に対しては $G(g)=G'(g)$ とおくと，定理が適用され，On から $X$ への《関数》$F$ で，つぎの条件をみたすものがただひとつ存在する：

1)　$F(0)=a$.

2)　$F(\alpha^+)=h(F(\alpha))$.

3)　極限順序数 $\alpha$ に対して $F(\alpha)=G(F\upharpoonright\alpha)$.

**A.4.28　定義（順序数の演算）**　つぎの《漸化式》によって順序数の和と積を定義する．$\alpha$ は固定した順序数である．

1)　$\alpha+0=\alpha$.

2)　$\alpha+\beta^{+}=(\alpha+\beta)^{+}$.

3)　極限順序数 $\beta$ に対して $\alpha+\beta=\sup\{\alpha+\gamma\,;\,\gamma<\beta\}$（命題 A.4.15 によってこれは順序数）．また，

1′)　$\alpha0=0$.

2′)　$\alpha\beta^{+}=\alpha\beta+\alpha$.

3′)　極限順序数 $\beta$ に対して $\alpha\beta=\sup\{\alpha\gamma\,;\,\gamma<\beta\}$（命題 A.4.15 によってこれは順序数）．

これらの演算は本書ではつかわないので，諸性質の証明は問題にまわす．ただし，加法・乗法とも交換律が成りたたないことには注意すべきである．実際，$\omega+1=\omega+0^{+}=(\omega+0)^{+}=\omega^{+}$．一方，$1+\omega=\sup\{1+n\,;\,n<\omega\}=\omega\neq\omega^{+}$．また，$\omega1=\omega0^{+}=\omega0+\omega=\omega$ だから，$\omega2=\omega1^{+}=\omega1+\omega=\omega+\omega$．一方 $2\omega=\sup\{2n\,;\,n<\omega\}=\omega\neq\omega+\omega$.

**A.4.29　定義（自然数の演算）**　$\omega$ の元はすべて孤立順序数だから，演算はつぎの漸化式で定義される．$n$ は固定した自然数とする．

1)　$n+0=n$.

2)　$n+m^{+}=(n+m)^{+}$.

1′)　$n0=0$.

2′)　$nm^{+}=nm+n$.

今後，$n, m, l, \cdots$ は自然数をあらわす変数とする．

このふたつの演算，加法・乗法およびすでにある順序に関し，$\omega$ は自然数の公理 2.2.2 をみたすことが証明される．その多くはあきらかだが，結合律・交換律・分配律の証明は多少の技巧を必要とするので，問題にまわす．ここでは 5 番目の公理 $n+1=n^{+}$ だけ示す．実際，$n+1=n+0^{+}=(n+0)^{+}=n^{+}$.

ここまで来て，公理的集合論の上に全数学がつくられることがわかった．とくに，本書の第1章から第5章までの内容は，すべて公理的集合論 ZFC の枠のなかにある．

## 集合の階層

**A. 4. 30　定義（集合の階層）**　つぎの《漸化式》により，On から $\mathcal{U}$ への《関数》$R$ を定義する．

1)　$R(0)=0$.

2)　$R(\alpha^+)=R(\alpha)\cup\mathcal{P}(R(\alpha))$.

3)　極限順序数 $\alpha$ に対し，$R(\alpha)=\bigcup_{\beta<\alpha}R(\beta)$.

当然，$\beta\leqq\alpha$ なら $R(\beta)\subset R(\alpha)$.

**A. 4. 31　定理**　$\forall x\,\exists\alpha[x\in R(\alpha)]$．すなわち任意の集合はある $R(\alpha)$ に属する．これを $\mathcal{U}=\bigcup_{\alpha\in\mathrm{On}}R(\alpha)$ と略記する．

**証明**　1°　どの $R(\alpha)$ にも属さない集合 $a$ があったとする．集合の列 $\langle S_n\,;n\in\omega\rangle$ をつぎの漸化式によって定義する：$S_0=\{a\}$, $S_{n+1}=\bigcup S_n$（和集合）．そして $S=\bigcup_{n\in\omega}S_n$ とおく．

$S$ は推移的である．実際，$y\in x\in S$ とすると，ある $n$ に対して $x\in S_n$ だから，$y\in\bigcup S_n=S_{n+1}\subset S$ となる．

2°　$S$ の元 $x$ で，いかなる $\alpha$ に対しても $R(\alpha)$ に属さない元の全体（集合）を $A$ とおく．$A\subset S$．$a\in S_0\subset S$ だから $a\in A$，したがって $A\neq 0$．正則性公理により，$A$ の元 $u$ で $u\cap A=0$ なるものがある．当然 $u\in S$．

$u$ の任意の元 $v$ に対し，$v\in S$ かつ $v\notin A$．よってある $\alpha$ に対して $v\in R(\alpha)$ となるから，このような最小の $\alpha$ を $\alpha(v)$ とかき，$\sigma=\sup\{\alpha(v)\,;v\in u\}$ とおく．命題 A. 4. 15 によって $\sigma$ は順序数であり，$v\in R(\alpha(v))\subset R(\sigma)$ となる．$v$ は $u$ の任意の元だから，$u\in\mathcal{P}(R(\sigma))\subset R(\sigma+1)$ となり，$u\in A$ に反する．□

**A. 4. 32 命題と定義** 集合 $x$ に対し，$x \in R(\alpha)$ となる最小の $\alpha$ は孤立順序数である．実際，もし $\alpha$ が極限順序数なら，$R(\alpha)=\bigcup_{\beta<\alpha} R(\beta)$ だから，ある $\beta<\alpha$ に対して $x \in R(\beta)$ となってしまう．

したがって，任意の集合 $x$ に対し，$x \in R(\alpha^+), x \notin R(\alpha)$ となる最小の順序数が存在する．この $\alpha$ を集合 $x$ の**ランク**と言い，rank $(x)$ とかく．rank $(0)=0$, rank $(1)=1$.

## On および On×On に関する命題

**A. 4. 33 命題** $X$ を On に含まれる真のクラスとする．On の順序を $X$ に制限したものは $X$ 上の《整列順序》である．このとき，$X$ は On に《順序同型》であり，順序同型関数はひとつしかない．

具体的にはつぎの《漸化式》によって On から $X$ への関数 $F$ を定義する (定理 A. 4. 25 および適用法 A. 4. 27).

$F(0)=\min X$.

$F(\alpha^+)=\min\{x \in X\,;\, F(\alpha)<x\}$.

$\alpha$ が極限順序数のとき，

$$F(\alpha)=\min\{x \in X\,;\, \forall \beta<\alpha[F(\beta) \leqq x]\}.$$

**証明** あきらかに，$\beta \leqq \alpha$ なら $F(\beta) \leqq F(\alpha)$.

1° $F$ は《入射》であり，順序をたもつ．実際，$\beta<\alpha$ なら $\beta^+ \leqq \alpha$ だから，$F(\beta^+)$ の定義によって $F(\beta)<F(\beta^+) \leqq F(\alpha)$.

2° $F$ は《上射》である．実際，$X$ の《元》$x$ で，いかなる $\alpha$ に対しても $F(\alpha) \neq x$ なるものがあると仮定し，その最小のものを $a$ とする．

$X$ のなかに $a$ の直前の元 $b$ があるとき，ある $\beta$ によって $b=F(\beta)$ となるから，定義によって $a=F(\beta^+)$ となる．

$a$ に直前の元がないとき，

$$A=\{\alpha \in \mathrm{On}\,;\, F(\alpha)<a\}$$

とおくと $A$ は集合である．実際，

$$F[A]=\{x\in a\,;\,\exists\beta\in A[x=F(\beta)]\}$$

はツェルメロの分出公理 A. 2. 13 によって集合であり，$A=(F{\restriction}A)^{-1}[F[A]]$ だから，置換公理 A. 2. 18 によって集合である．そこで

$$\sigma=\sup A$$

とおく（命題 A. 4. 15）．$A$ に最大元 $\tau$ があれば，定義によって $a=F(\tau^+)$．最大元がなければ，命題 A. 4. 15 によって $\sigma$ は極限順序数である．

$$F(\sigma)=\min\{x\in X\,;\,\forall\beta<\sigma[F(\beta)\leqq x]\}$$

であり，$a$ は右辺のクラスに属するから $F(\sigma)\leqq a$．もし $F(\sigma)<a$ なら $\sigma\in A$ で，$\sigma$ は $A$ の最大元となり，仮定に反する．したがって $F(\sigma)=a$ となり，$F$ は《上射》である．

3°　$F'$ を On から $X$ への《順序同型写像》とする．$F(\alpha)\neq F'(\alpha)$ なる $\alpha$ があったとして，その最小のものを $\sigma$ とかく．

$F(\sigma)<F'(\sigma)$ のとき，$\beta<\sigma$ なら $F'(\beta)=F(\beta)<F(\sigma)$．$\sigma\leqq\beta$ なら $F(\sigma)<F'(\sigma)\leqq F'(\beta)$ となり，$F(\sigma)$ は $F'$ の像クラスに属さない．$F'(\sigma)<F(\sigma)$ のときは，$F'(\sigma)$ は $F$ の像クラスに属さない．どちらにしても，$F, F'$ が《上射》であることに反する．□

**A. 4. 34　命題**　順序数 $\alpha, \beta$ の順序対 $\langle\alpha, \beta\rangle$ 全部から成る（真の）クラスを，$\mathrm{On}^2=\mathrm{On}\times\mathrm{On}$ と略記する．$a=\langle\alpha, \beta\rangle$, $b=\langle\gamma, \delta\rangle$ に対し，《関係》$a<b$ をつぎのように定義する．

1)　$\max\{\alpha, \beta\}<\max\{\gamma, \delta\}$ なら $a<b$．

2)　$\max\{\alpha, \beta\}=\max\{\gamma, \delta\}$ かつ $\alpha<\gamma$ なら $a<b$．

3)　$\max\{\alpha, \beta\}=\max\{\gamma, \delta\}$ かつ $\alpha=\gamma$ かつ $\beta<\delta$ なら $a<b$．

すぐわかるように，この関係は $\mathrm{On}^2$ 上の《全順序》である．

この関係は $\mathrm{On}^2$ 上の《整列順序》である．すなわち，$A\subset\mathrm{On}^2$ が空でない部分クラスなら，$A$ は最小元をもつ．

**証明**　$S_0=\{\max\{\alpha, \beta\}\,;\,\langle\alpha, \beta\rangle\in A\}$ の最小元を $\gamma_0$ とする．

$$S_1=\{\langle\alpha,\beta\rangle;\langle\alpha,\beta\rangle\in A \text{ かつ } \max\{\alpha,\beta\}=\gamma_0\}$$

は空でないから，

$$S_1'=\{\alpha;\exists\beta[\langle\alpha,\beta\rangle\in S_1]\}\neq 0$$

の最小元を $\alpha_0$ とする．つぎに，

$$S_2=\{\langle\alpha_0,\beta\rangle\in A;\max\{\alpha_0,\beta\}=\gamma_0\}$$

は空でないから，

$$S_2'=\{\beta;\langle\alpha_0,\beta\rangle\in A,\max\{\alpha_0,\beta\}=\gamma_0\}\neq 0$$

の最小元を $\beta_0$ とする．すぐわかるように，$\langle\alpha_0,\beta_0\rangle$ は $A$ の最小元である．□

**ノート**　もうふたつ命題が必要だが，これはあとから追加したので，279 ページに入れてある．

## 問　　題

**1**　定義 A. 4. 29 で自然数の演算を定義した．これが加法・乗法の結合律，交換律および分配律をみたすことを，つぎの順序で証明せよ．すべて帰納法による．

1)　加法の結合律　$(n+m)+l=n+(m+l)$.

2)　加法の交換律　$n+m=m+n$.

3)　右分配律　$(n+m)l=nl+ml$.

4)　乗法の交換律　$nm=mn$.

5)　乗法の結合律　$(nm)l=n(ml)$.

**2**　$n, m, l$ は自然数とする．

1)　$m<l$ なら $n+m<n+l$．$n\neq 0$ なら $nm<nl$．

2)　$n+m=n+l$ なら $m=l$．

3)　$n\leqq m$ なら，$n+l=m$ となる自然数 $l$ がただひとつ存在する．

**3**　（無限下降列の不存在）$\omega$ で定義された写像 $f$ で，すべての $n$ に対して $f(n+1)\in f(n)$ となるものは存在しない．

**4**　任意の順序数 $\alpha$ に対し，0 または極限順序数 $\beta$ と自然数 $n$ とのペア $\langle\beta, n\rangle$ で，$\alpha=\beta+n$ となるものがただひとつ存在する．

**5**　$\alpha$ を順序数，$B$ を順序数から成る集合とする．$\alpha+B=\{\alpha+\beta\,;\beta\in B\}$，$\alpha B=\{\alpha\beta\,;\beta\in B\}$ とおく．命題 A. 4. 15 により，$B, \alpha+B, \alpha B$ には上限がある．$\alpha+\sup B=\sup(\alpha+B)$，$\alpha\cdot\sup B=\sup\alpha B$ を示せ．

**6**　順序数の演算（定義 A. 4. 28）の諸性質をつぎの順序で証明せよ．

1)　$0+\alpha=\alpha$．$\alpha 1=1\alpha=\alpha$．

2)　加法の結合律　$(\alpha+\beta)+\gamma=\alpha+(\beta+\gamma)$．

3)　左分配律　$\alpha(\beta+\gamma)=\alpha\beta+\alpha\gamma$．

4)　乗法の結合律　$(\alpha\beta)\gamma=\alpha(\beta\gamma)$．

5)　右分配律は成りたたない．

**7**　$\alpha^\beta$ の定義．$\alpha^0=1$．$\alpha^{\beta^+}=\alpha^\beta\alpha$．$\beta$ が極限順序数のとき，$\alpha^\beta=\sup\{\alpha^\gamma\,;\gamma<\beta\}$．1) $\alpha^{\beta+\gamma}=\alpha^\beta\alpha^\gamma$，2) $(\alpha^\beta)^\gamma=\alpha^{\beta\gamma}$ を示せ．

**8**　任意の順序数 $\alpha$ に対して $R(\alpha+1)=\mathcal{P}(R(\alpha))$ が成りたつことを示せ（定義 A. 4. 30）．

**9**　定義　$\alpha$ を極限順序数，$\beta$ を順序数とする．$\beta$ から $\alpha$ への写像 $f$ がつぎの二条件をみたすとき，$f$ を $\beta$ から $\alpha$ への**共終写像**という：

1)　$f$ は狭義単調増加である．

2)　像 $f[\beta]$ は $\alpha$ で有界でない．

$\beta$ から $\alpha$ への共終写像が存在するとき，$\beta$ は $\alpha$ で**共終**（cofinal）であると言い，$\mathrm{cof}(\beta,\alpha)$ とかく．このとき，$\beta$ はあきらかに極限順序数である．

$\alpha$ が極限順序数なら，あきらかに $\mathrm{cof}(\alpha,\alpha)$ だから，$\mathrm{cof}(\beta,\alpha)$ となる最小の順序数 $\beta$ が存在する．これを $\alpha$ の**共終度**（cofinality）と言い，$cf(\alpha)$ とかく．$cf(\alpha)=\alpha$ のとき，$\alpha$ は**正則**であるという．$\omega$ は正則である．

**10**　共終性に関するつぎの問題に答えよ．

1)　$\mathrm{cof}(\beta,\alpha), \mathrm{cof}(\gamma,\beta)$ なら $\mathrm{cof}(\gamma,\alpha)$.

2)　任意の極限順序数 $\alpha$ に対して $cf(\alpha)$ は正則である：$cf(cf(\alpha))=cf(\alpha)$.

3)　順序数 $\beta$ から極限順序数 $\alpha$ への非有界写像が存在すれば，$\gamma\leqq\beta$ なる順序数 $\gamma$ で $\mathrm{cof}(\gamma,\alpha)$ なるものが存在する：$cf(\alpha)\leqq\beta$.

4)　$\mathrm{cof}(\beta,\alpha)$ なら $cf(\beta)=cf(\alpha)$.

## §5　選択公理

### 選択公理

はじめに選択公理を再現しておこう．

**A. 2. 27　公理**　$\forall x\exists f\in\mathrm{Map}(x,\bigcup x)\forall y[y\in x\wedge y\neq 0\rightarrow f(y)\in y]$.

すなわち，任意の集合 $A$ に対し，$A$ から和集合 $\bigcup A=\bigcup_{y\in A} y$ への写像 $f$ で，$A$ の空でない任意の元 $y$ に対して $f(y)\in y$ なるものが存在する．$f$ を $A$ の**選択関数**という．この公理を AC1 とかくことにする（AC は Axiom of Choice の略）．

これがつぎのようにも書けることはあきらかである．

AC1′　集合 $A$ の元がどれも空でなければ，$A$ から $\bigcup A$ への写像 $f$ で，$A$ のすべての元 $x$ に対して $f(x)\in x$ なるものが存在する．

**A.5.1 命題** ZF のもと，選択公理はつぎの AC2 と同値である．

AC2 任意の集合 $A$ に対し，$\mathscr{P}(A)-\{0\}$ から $A$ への写像 $h$ で，$\mathscr{P}(A)-\{0\}$ のすべての元 $B$ に対して $h(B)\in B$ なるものが存在する．

**証明** AC1′⇒AC2 $\mathscr{P}(A)-\{0\}$ に AC1′ を適用すると，$\mathscr{P}(A)-\{0\}$ から $\bigcup(\mathscr{P}(A))$ への写像 $f$ で，$\mathscr{P}(A)-\{0\}$ のすべての元 $B$ に対して $f(B)\in B$ なるものが存在する．$\bigcup(\mathscr{P}(A))=A$．実際，$\bigcup(\mathscr{P}(A))$ の元は，$\mathscr{P}(A)$ の元の元，すなわち $A$ の元だから $\bigcup(\mathscr{P}(A))\subset A$．逆に $x\in A$ なら $\{x\}\in\mathscr{P}(A)$ だから $x\in\bigcup(\mathscr{P}(A))$．よって $f$ は $\mathscr{P}(A)-\{0\}$ から $A$ への写像で，$\mathscr{P}(A)-\{0\}$ の任意の元 $B$ に対して $f(B)\in B$．

AC2⇒AC1′ $0\notin A$ とする．$B=\bigcup A$ とおくと，$\mathscr{P}(B)-\{0\}$ から $B$ への写像 $h$ で，$\mathscr{P}(B)-\{0\}$ のすべての元 $x$ に対して $h(x)\in x$ なるものがある．$x\in A$ なら，$x\in\mathscr{P}(\bigcup A)=\mathscr{P}(B)$．$x\in A$ に対して $f(x)=h(x)$ とおくと，$f$ は $A$ から $\bigcup A$ への写像で，$x\in A$ なら $f(x)\in x$．□

**A.5.2 命題** ZF のもと，選択公理はつぎの AC3 と同値である．

AC3 集合 $A$ の元はどれも空でなく，$A$ の任意の元 $x,y$ に対し，$x\neq y$ なら $x\cap y=0$ とする．このとき，$\bigcup A$ の部分集合 $B$ で，$A$ のすべての元 $x$ に対して $B\cap x$ が 1 元集合であるようなものが存在する．このような $B$ を $A$ の**選択集合**という．

**証明** AC1′⇒AC3 $f$ を $A$ から $\bigcup A$ への写像で，すべての $x\in A$ に対して $f(x)\in x$ なるものとする．$B=\{f(x)\,;\,x\in A\}$ とおくと $B\subset\bigcup A$．$A$ の任意の元 $x$ に対し，$f(x)\in B\cap x$．$y\in B\cap x$ なら，$y=f(z)$ $(z\in A)$ とかける．$y\in x\cap z$ だから $z=x, y=f(x)$ となる．

AC3⇒AC1′ $A'=\{\{x\}\times x\,;\,x\in A\}$ は AC3 の条件をみたすから，$B$ をその選択集合とする．すなわち，$B$ は $\bigcup A'$ の部分集合で，すべての $x\in A$ に対して $B\cap(\{x\}\times x)$ は 1 元集合である．その元を $z$ とすると，$z=\langle x,y\rangle, y\in x$ とかけるから，$f(x)=y$ とおくと $f$ は $A$ から $\bigcup A$ への写像で，$f(x)\in$

$x$. □

$I$ を空でない集合とし，$I$ を添字域とする集合族 $\langle A_i\,;\,i\in I\rangle$ を考える．この族の**積集合** $\prod_{i\in I} A_i$ とは，$I$ から $\bigcup\{A_i\,;\,i\in I\}$ への写像 $f$ で，すべての $i\in I$ に対して $f(i)\in A_i$ となるものの全体のことである．

**A.5.3　命題**　ZF のもと，選択公理はつぎの AC4 と同値である．

AC4　すべての $i\in I\neq 0$ に対して $A_i\neq 0$ なら，積集合 $\prod_{i\in I} A_i$ も空でない．

**証明**　AC3⇒AC4　各 $i\in I$ に対し，$x_i=\{i\}\times A_i\neq 0$, $A=\{x_i\,;\,i\in I\}$ とおく．$i\neq j$ なら $x_i\cap x_j=0$. AC3 により，集合 $B$ で，すべての $i\in I$ に対して $B\cap x_i$ が 1 元集合であるものがある．その元を $\langle i, a_i\rangle$ とかくと，$a_i\in A_i$. $I$ の元 $i$ に対して $f(i)=a_i$ とおくと，$f\in\prod_{i\in I} A_i$.

AC4⇒AC2　$A\neq 0$ とする．$\mathcal{P}(A)-\{0\}$ を添字域とする集合族 $\langle x\,;\,x\in\mathcal{P}(A)-\{0\}\rangle$ を考えると，$x\neq 0$ だから，AC4 によってその積集合は空でない．その元 $h$ をとると，$h$ は $\mathcal{P}(A)-\{0\}$ から $\bigcup\{x\,;\,x\in\mathcal{P}(A)-\{0\}\}$ への写像で，$\mathcal{P}(A)-\{0\}$ の任意の元 $x$ に対して $h(x)\in x$. □

## 整列定理

**A.5.4　定理**（ツェルメロの**整列定理**）　AC を仮定すると，任意の集合上に整列順序が存在する．

**証明**　1°　$A$ を集合とすると，AC2 により，$\mathcal{P}(A)-\{0\}$ から $A$ への写像 $h$ で，$\mathcal{P}(A)-\{0\}$ のすべての元 $x$ に対して $h(x)\in x$ なるものが存在する．$\mathcal{P}(A)-\{A\}$ から $A$ への写像 $g$ を，$g(x)=h(A-x)$ によって定義する．$\mathcal{P}(A)-\{A\}$ のすべての元 $x$ に対して $g(x)\notin x$.

2°　$A$ に属さない集合 $\theta$ をとる（たとえば $\theta=A$）．超限帰納法によって On から $A\cup\{\theta\}$ への《関数》$F$ を定義する．$\{F(\beta)\,;\,\beta<\alpha\}\in\mathcal{P}(A)-\{A\}$ のとき $F(\alpha)=g(\{F(\beta)\,;\,\beta<\alpha\})$，$\{F(\beta)\,;\,\beta<\alpha\}\notin\mathcal{P}(A)-\{A\}$ のとき $F(\alpha)=\theta$ とおく．

かりにすべての $\alpha$ に対して $F(\alpha)\in A$ と仮定すると，すべての $\alpha$ に対して $\{F(\beta)\,;\beta<\alpha\}\in\mathcal{P}(A)-A$. $\beta<\alpha$ なら $F(\alpha)=g(\{F(\beta)\,;\beta<\alpha\})\notin\{F(\beta)\,;\beta<\alpha\}$ だから $F(\beta)\neq F(\alpha)$ となり，$F$ は On から $A$ のある部分集合 $A'$ への双射である．$F^{-1}$ は $A'$ から On への双射となり，置換公理に反する．

3° したがってある $\alpha$ に対して $F(\alpha)=\theta$ となるから，そのような最小の $\alpha$ を $\alpha_0$ とする．$\beta<\alpha_0$ なら $F(\beta)\in A$. $\gamma<\beta<\alpha_0$ なら $F(\beta)=g(\{F(\beta')\,;\beta'<\beta\})\notin\{F(\beta')\,;\beta'<\beta\}$ だから $F(\beta)\neq F(\gamma)$. よって $F\restriction\alpha_0$ は入射である．$\{F(\beta)\,;\beta<\alpha_0\}\subset A$ かつ $F(\alpha_0)=\theta$ だから，$\{F(\beta)\,;\beta<\alpha_0\}\notin\mathcal{P}(A)-\{A\}$. よって $\{F(\beta)\,;\beta<\alpha_0\}=A$ となり，$F\restriction\alpha_0$ は $\alpha_0$ から $A$ への双射である．これによって $\alpha_0$ の整列順序を $A$ に移せばよい．□

逆定理はやさしい．

**A. 5. 5　命題**　ZF のもと，整列定理を仮定すれば選択公理が出る．

**証明**　$A$ 上の整列順序を仮定する．$\mathcal{P}(A)-\{0\}$ の元 $x$ に対し，$x$ は $A$ の部分集合だから，最小元がある．これを $f(x)$ と定義すれば，$f$ は選択関数である．□

### ツォルンのレンマ

**A. 5. 6　定理**（**ツォルンのレンマ**）　AC を仮定する．$(A,\leqq)$ を順序集合で，$A$ の任意の整列部分集合が $A$ で有界なものとする．このとき $A$ には極大元が存在する．

**証明**　1°　AC2 により，$\mathcal{P}(A)-\{0\}$ から $A$ への写像 $h$ で，$\mathcal{P}(A)-\{0\}$ のすべての元 $x$ に対して $h(x)\in x$ となるものがある．

$B$ が $A$ の部分集合，$x$ が $A$ の元，$B$ のすべての元 $y$ に対して $y<x$ が成りたつとき，$x$ を $B$ の**真上界**ということにする．$A$ の部分集合で真上界をもつものの全体を $\mathcal{U}$ とする．$\mathcal{U}$ から $A$ への写像 $f$ を定義する．$B\in\mathcal{U}$ に対し，$B$ の真上界の全体を $C$ とすると，$C\in\mathcal{P}(A)-\{0\}$ だから，$f(B)=$

$h(C)$ と定義する．$h(C)\in C$ だから $f(B)\notin B$．

2° $A$ に属さない集合 $\theta$ をとる（たとえば $\theta=A$）．超限帰納法により，On から $A\cup\{\theta\}$ への《関数》$F$ をつぎのように定義する．$\{F(\beta)\,;\beta<\alpha\}\in\mathcal{U}$ なら $F(\alpha)=f(\{F(\beta)\,;B<\alpha\})$．$\{F(\beta)\,;\beta<\alpha\}\notin\mathcal{U}$ なら $F(\alpha)=\theta$．かりにすべての $\alpha$ に対して $F(\alpha)\in A$，すなわち $\{F(\beta)\,;\beta<\alpha\}\in\mathcal{U}$ と仮定する．$\gamma<\alpha$ なら，$F(\alpha)$ は $\{F(\beta)\,;\beta<\alpha\}$ の真上界だから $F(\gamma)<F(\alpha)$．よって $F$ は On から $A$ のある部分集合 $A'$ への双射である．$F^{-1}$ は $A'$ から On への双射であり，置換公理に反する．

3° したがって$F(\alpha)=\theta$ なる $\alpha$ が存在する．その最小のものを $\alpha_0$ とし，$B_0=\{F(\beta)\,;\beta<\alpha_0\}$ とおくと $B_0\notin\mathcal{U}$．$\alpha<\alpha_0$ なら$\{F(\beta)\,;\beta<\alpha\}\in\mathcal{U}$ だから，$F(\alpha)$ は $\{F(\beta)\,;\beta<\alpha\}$ の真上界である．よって $\beta<\alpha<\alpha_0$ なら $F(\beta)<F(\alpha)$．したがって $F\upharpoonright\alpha_0$ は $\alpha_0$ から $B_0$ への順序同型写像である．よって $B_0$ は $A$ の整列部分集合であり，仮定によって上界 $d$ が存在する．もし $d<x$ なる $A$ の元 $x$ があると $x$ は $B_0$ の真上界であり，$B_0\in\mathcal{U}$ となってしまうから，$d$ は $A$ の極大元である．□

これから逆定理を証明するが，ツォルンのレンマの結論より一見弱くみえる仮定から選択公理をみちびく．

つぎの命題（P）を考える．

命題（P） $X$ が順序集合で，$X$ の任意の全順序部分集合が $X$ で上限をもてば，$X$ には極大元が存在する．

**A. 5. 7 定理（ツォルンの逆定理）** ZF のもとで，命題（P）から選択公理が出る．

**証明** AC3 をみちびく．$A$ を集合，$0\notin A$，$A$ の $x,y$ に対し，$x\neq y$ なら $x\cap y=0$ とする．

1° $b=\bigcup A$ とし，$b$ の部分集合 $c$ で，$A$ の任意の元 $x$ に対して $c\cap x$ が 0 または1元集合であるものの全体を $X$ とする．$X$ は包含関係によって順序集合である．$Y$ を $X$ の全順序部分集合とし，$\sup_X Y$ の存在を示す．

2° $z=\bigcup Y=\bigcup_{y\in Y} y$ とおく．$y\in Y$ なら $y\subset z$．$z=\sup_X Y$ を示すために，まず $z\in X$ を示す．$x\in A$ なら，$Y$ の任意の元 $y$ に対して $x\cap y$ は 0 または 1 元集合である．第 1 の場合．$Y$ のすべての元 $y$ に対して $x\cap y=0$ なら，$x\cap z=\bigcup_{y\in Y}(x\cap y)=0$ だから $z\in X$．第 2 の場合．ある $y_0\in Y$ に対して $x\cap y_0$ が 1 元集合のとき，$x\cap y_0=\{u\}$ とすると，$x\cap z=\{u\}$ である．実際，$v\in x\cap z$ なら $v\in\bigcup_{y\in Y}(x\cap y)$ だから，ある $y_1\in Y$ に対して $v\in x\cap y_1$．$Y$ は全順序集合だから $y_0\cup y_1=y_0\in Y$ または $y_0\cup y_1=y_1\in Y$．$x\in A$ だから $x\cap(y_0\cup y_1)$ は 0 または 1 元集合で，$u\in x\cap y_0$ だから $v=u, x\cap z=\{u\}$．$x$ は $A$ の任意の元だから $z\in X$．どっちの場合も結局 $z\in X$ となり，$z$ は $X$ での $Y$ の上界である．$w$ も上界なら，$Y$ の任意の元 $y$ に対して $y\subset w$ だから $z\subset w$ となり，$z$ は $X$ での $Y$ の上限である．

3° 命題 (P) によって $X$ は極大元 $w_0$ をもつ．$w_0\in X$ だから，$A$ の任意の元 $x$ に対して $x\cap w_0$ は 0 または 1 元集合である．かりにある $x_0\in A$ に対して $x_0\cap w_0=0$ と仮定する．$x\neq 0$ だから $x$ の元 $\xi$ をとる．$v=w_0\cup\{\xi\}$ とすると $w_0\subsetneqq v$．$v$ は $X$ に属する．実際，$v\cap x_0=(w\cap x_0)\cup(\{\xi\}\cap x_0)=\{\xi\}$．$A\ni x\neq x_0$ なら $x\cap x_0=0$ だから，$v\cap x=(w_0\cap x)\cup(\{\xi\}\cap x)=w_0\cap x$ となって 0 または 1 元集合であり，$v$ は $X$ に属する．$w_0\subsetneqq v$ だから，これは $w_0$ の極大性に反する．したがって，$A$ のすべての元 $x$ に対して $w_0\cap x$ は 1 元集合であり，$w_0$ は AC3 で求められた選択集合であり，AC3 が証明された．□

**ノート** 以上により，ZF のもとでつぎの三つの主張は互いに同値である：

a） 選択公理．

b） 整列定理．

c） ツォルンのレンマ．

## §6　基数と濃度

### 基数

**A. 6. 1　定義**　集合 $A$ から集合 $B$ への双射が存在するとき，$A$ と $B$ は**等濃**であると言い，$A \sim B$ とかく．当然，1)　$A \sim A$．2)　$A \sim B$ なら $B \sim A$．3)　$A \sim B, B \sim C$ なら $A \sim C$．

**A. 6. 2　定義**　順序数 $\alpha$ が，$\beta < \alpha$ なるいかなる $\beta$ とも等濃でないとき，$\alpha$ を**基数**という．以後，$\kappa, \lambda, \mu, \cdots$ は基数をあらわす変数とする．

**A. 6. 3　命題**　1)　自然数は基数である．

2)　$\omega$ は基数である．

**証明**　1)　$m < n$ なら $m$ と $n$ が等濃でないことを，$n$ に関する帰納法で示す．$n=0$ ならあたりまえだから，$n$ で成りたつと仮定し，$n^+$ から $m$ への双射 $f$ があったとする $(0 < m < n^+)$．$f(n)=k$ とする．$l < n$ に対し，$f(l) < k$ のとき $g(l)=f(l)$, $f(l) > k$ のとき $g(l)=f(l)-1$ とおけば，$g$ は $n$ から $m-1$ への双射であり，仮定に反する．

2)　$\omega$ と任意の $n < \omega$ とが等濃でないことを，$n$ に関する帰納法で示す．$n=0$ ならあきらかだから，$n$ で成りたつと仮定し，$\omega$ から $n^+$ への双射 $f$ があったとする．$f(0)=k$ とする．$l \in \omega$ に対し，$f(l+1) < k$ のときは $g(l) = f(l+1)$, $f(l+1) > k$ のときは $g(l)=f(l+1)-1$ とおくと，$g$ は $\omega$ から $n$ への双射であり，仮定に反する．□

**A. 6. 4　定義**　自然数を**有限基数**，$\omega \leqq \kappa$ なる基数 $\kappa$ を**無限基数**という．$\omega$ は最小の無限基数である．

**A. 6. 5　命題**　無限基数は極限順序数である．

**証明**　$\kappa$ が無限基数で，$\kappa=\alpha^+$（$\alpha$ は超限順序数）の形だとする．$\alpha^+$ と $\alpha$ は等濃である．実際，$f:\alpha^+\to\alpha$ をつくる．$\omega\subset\alpha$ だから，$n\in\omega$ に対して $f(n)=n^+, f(\alpha)=0$ とおき，$\omega\leqq\beta<\alpha$ なる $\beta$ に対して $f(\beta)=\beta$ とおくと，$f$ は $\alpha^+$ から $\alpha$ への双射である．□

## 濃度

ここではじめて選択公理をつかう．

**A.6.6　定義**　任意の集合 $A$ は，整列可能定理 A.5.4 および定理 A.4.10 により，少なくともひとつの順序数と等濃である．このような順序数（互いに等濃）のうち，最小のものは基数である．これを集合 $A$ の**濃度**と言い，$|A|$ とかく．

任意の集合 $A, B$ に対し，$A\sim B$ と $|A|=|B|$ とは同値である．また，関係 $|A|<|B|, |A|=|B|, |B|<|A|$ のうちのひとつだけが成りたつ．

**ノート**　濃度の定義そのものが選択公理に依存していることに注意せよ．

**A.6.7　定理**　空でない集合 $A, B$ に対するつぎの三条件は互いに同値である．

a）　$A$ から $B$ への入射がある．

b）　$B$ から $A$ への上射がある．

c）　$|A|\leqq|B|$.

**証明**　a)⇒b)　$A$ から $B$ への入射 $f$ に対し，$B$ から $A$ への写像 $g$ をつぎのように定める．$f:A\to f[A]$ は双射だから，$f[A]$ の元 $x$ に対しては $g(x)=f^{-1}(x)$ とおく．$A$ の元 $a_0$ を固定し，$f[A]$ に属さない $B$ の元 $x$ に対しては $g(x)=a_0$ とおく．$g$ は $B$ から $A$ への上射である．

b)⇒a)　$f$ を $B$ から $A$ への上射とする．選択公理により，$\mathcal{P}(B)-\{0\}$ から $B$ への写像 $h$ で，任意の $X\in\mathcal{P}(B)-\{0\}$ に対して $h(X)\in X$ なるものがある．$x\in A$ に対し，$C_x=\{y\in B\,;f(y)=x\}\neq 0$ とおくと，仮定によって

$C_x \neq 0$. $g(x)=h(C_x)$ と定めると，$g$ は $A$ から $B$ への入射である．

c)⇒a)　$|A| \leqq |B|$ なら，$A$ から $|A|$ への双射 $f$，$|A|$ から $|B|$ への入射 $g$，$|B|$ から $B$ への双射 $h$ がある．$h \circ g \circ f$ は $A$ から $B$ への入射である．

a)⇒c)　$f$ を $|A|$ から $A$ への双射，$g$ を $A$ から $B$ への入射，$h$ を $B$ から $|B|$ への双射とすれば，$k=h \circ g \circ f$ は $|A|$ から $|B|$ への入射である．この像集合 $C=k[|A|]$ は，命題 A. 4. 11 により，$\beta \leqq |B|$ なるある順序数 $\beta$ と順序同型である．$|A| \sim C$ だから $|A| \sim \beta$．$|A|$ は基数だから $|A| \leqq \beta$．よって $|A| \leqq |B|$．□

**A. 6. 8　定理（カントル-ベルンシュタイン）**　$A, B$ を集合とする．$A$ と $B$ が等濃であるためには，$A$ から $B$ への入射と $B$ から $A$ への入射がともに存在することが必要十分である．

**証明**　$A \sim B$ なら $A$ から $B$ への双射があるからあきらか．逆は，前命題によって $|A| \leqq |B|, |B| \leqq |A|$ が得られるから $|A|=|B|$．□

**ノート**　この定理は選択公理なしで定式化されているし，もともと選択公理なしで証明された．だからこそ名前がついているのである．

**A. 6. 9　定理（カントル）**　任意の集合 $A$ に対し，$|A| < |\mathcal{P}(A)|$．

**証明**　$|A| \geqq |\mathcal{P}(A)|$ と仮定すると，$|A|$ から $\mathcal{P}(A)$ への上射 $f$ がある．$B=\{x \in A\,;\, x \notin f(x)\}$ とおくと，$B \subset A$ だから，ある $c \in A$ に対して $f(c)=B$ となる．しかし，$c \in B \Leftrightarrow c \notin f(c) \Leftrightarrow c \notin B$ となって矛盾．□

**A. 6. 10　系**　1)　$A$ から $\mathcal{P}(A)$ への上射はない．

2)　$\mathcal{P}(A)$ から $A$ への入射はない．

**A. 6. 11　命題**　基数全部のクラスを Cn とかくと，Cn は On のなかで有界でなく，命題 A. 4. 15 によって集合でない．

**証明**　Cn が有界なら集合であり，命題 A. 4. 15 によって On での上限 $\sigma$

がある．$\sigma$ は基数である．実際，$|\sigma|<\sigma$ とすると，任意の基数 $\kappa$ に対して $\kappa\leqq\sigma$ だから，$\kappa=|\kappa|\leqq|\sigma|<\sigma$ となり，$\sigma$ の上限性に反する．カントルの定理 A. 6. 9 によって $\sigma<|\mathscr{P}(\sigma)|$ だから矛盾．□

**ノート**　これも選択公理なしで証明できる．

## 有限集合・無限集合・可算無限集合

**A. 6. 12　定義**　集合 $A$ の濃度 $|A|$ が有限基数すなわち自然数のとき，$A$ を**有限集合**と言い，$|A|$ を $A$ の**元の個数**という．

$|A|$ が無限基数のとき，$A$ を**無限集合**という．とくに $|A|=\omega$ のとき，$A$ を**可算無限集合**と言い，可算無限集合と有限集合をあわせて**可算集合**という．

これらの諸概念については，第1章の諸結果がそのまま成りたつ．

**A. 6. 13　定理**　集合 $A$ に対するつぎの二条件は互いに同値である．

a）　$A$ は無限集合である．

b）　$A$ は $A$ のある真部分集合と等濃である．すなわち，$B\subsetneqq A$ なる $B$ および $A$ から $B$ への双射が存在する．

**証明**　a)⇒b)　$f$ を $A$ から $\kappa=|A|$ への双射とする．$\omega\leqq\kappa$．$\kappa$ から $\kappa$ への写像 $g$ を，$\alpha\geqq\omega$ なら $g(\alpha)=\alpha$, $\alpha<\omega$ なら $g(\alpha)=\alpha^+$ として定義すると，$g$ は $\kappa$ から $\kappa-\{0\}$ への双射であり，$f^{-1}\restriction(\kappa-\{0\})\circ g\circ f$ は $A$ から $A-f^{-1}[0]$ への双射である．

b)⇒a)　$A$ を有限集合，$B\subsetneqq A$ とし，$a$ を $A-B$ の元とする．$0<|A|<\omega$ だから，ある $n\in\omega$ によって $|A|=n^+$ とかける．$A$ から $n^+$ への双射で，$f(a)=n$ なるものがある．実際，もし $f(a)=m<n$ なら，$m$ と $n$ を交換する双射と合成させればよい．$f\restriction B$ は $B$ から $n$ への入射だから，命題 A. 4. 11 によって $|B|\leqq n$ となり，$|B|<|A|$．すなわち $A$ から $B$ への双射は存在しない．□

**ノート**　$A$ がそのある真部分集合と等濃だという性質は，カントルないしデデキントによる無限集合の定義である．これを**デデキント無限**ということがある．この定義には選択公理がいらない．また，有限集合の定義《ある自然数と等濃》にも選択公理はいらない．その上で，定理の a)⇒b) の証明には選択公理が必要である．

**A. 6. 14　命題**　任意の無限集合には可算無限部分集合がある．

**証明**　無限集合 $A$ に対し，$\kappa=|A|$ から $A$ への双射 $f$ をとる $(\omega\leqq\kappa)$．$B=f[\omega]=\{f(n)\,;\,n\in\omega\}$ は $A$ の可算無限部分集合である．□

**《関数》ℵ（アレフ）**

**A. 6. 15　定義**　無限基数の全体を Cn′ とかく．命題 A. 6. 11 によって Cn′ は真のクラスである．On の《整列順序》を Cn′ に制限した《順序》によって Cn′ は《整列クラス》である．命題 A. 4. 33 により，On から Cn′ への《順序同型関数》がただひとつ存在する．これを ℵ とかき，**アレフ**とよむ．$\aleph(\alpha)$ を普通 $\aleph_\alpha$ とかく．わかりやすく言えば，$\aleph_\alpha$ は $\alpha$ 番目の無限基数である：$\aleph_0=\omega$．

**コメント**　実数体 $\boldsymbol{R}$ の濃度が $\aleph_1$ だ，というのが**連続体仮説**である．カントルをはじめたくさんの数学者が，これが成りたつかどうかを研究したが，結論は出なかった．結局，連続体仮説もその否定も，集合論の公理からは証明できないことがわかった（命題 A. 6. 24 のあとのコメント参照）．

**基数の演算**

**A. 6. 16　補題**　1)　$A\sim A', B\sim B', A\cap B=0, A'\cap B'=0$ なら $A\cup B\sim A'\cup B'$．

2)　$A\sim A', B\sim B'$ なら $A\times B\sim A'\times B'$．

証明略（やさしい）．

**A. 6. 17　定義**　$\kappa, \lambda$ を基数とする．$(\kappa\times\{0\})\cup(\lambda\times\{1\})$ の濃度を $\kappa$ と $\lambda$ の**和**と言い，$\kappa+\lambda$ とかく．順序数の和と区別するために太字をつかう．前補題により，$A\cap B=0$ なら $|A\cup B|=|A|+|B|$.

**A. 6. 18　命題**　1)　$\lambda\leqq\mu$ なら $\kappa+\lambda\leqq\kappa+\mu$.

2)　$\kappa+\lambda=\lambda+\kappa$.

3)　$(\kappa+\lambda)+\mu=\kappa+(\lambda+\mu)$.

証明略（やさしい）.

**A. 6. 19　定義**　基数 $\kappa, \lambda$ に対し，積集合 $\kappa\times\lambda$ の濃度を $\kappa$ と $\lambda$ の**積**と言い，$\kappa\times\lambda$ とかく．積集合 $\kappa\times\lambda$ および順序数としての積 $\kappa\lambda$ と区別するために $\kappa\times\lambda$ とかく．前補題により，$|A\times B|=|A|\times|B|$.

**A. 6. 20　命題**　1)　$\lambda\leqq\mu$ なら $\kappa\times\lambda\leqq\kappa\times\mu$.

2)　$\kappa\times\lambda=\lambda\times\kappa$.

3)　$(\kappa\times\lambda)\times\mu=\kappa\times(\lambda\times\mu)$.

4)　$\kappa\times(\lambda+\mu)=(\kappa\times\lambda)+(\kappa\times\mu)$.

**証明**　4) だけ証明する．$B\cap C=0$ のとき，$A\times(B\cup C)=(A\times B)\cup(A\times C)$．$(A\times B)\cap(A\times C)=0$ だから，$\kappa=|A|, \lambda=|B|, \mu=|C|$ とすればよい．□

**A. 6. 21　定理**　任意の無限基数 $\kappa$ に対して $\kappa\times\kappa=\kappa$ が成りたつ.

**証明**　あきらかに $\kappa\times\kappa\geqq\kappa$ だから，$\kappa\geqq\kappa\times\kappa$ を示す．これが成りたたないと仮定し，$\kappa$ を $\kappa\times\kappa>\kappa$ なる最小の基数とする.

命題 A. 4. 34 によって $\mathrm{On}^2$ には《整列順序》がはいり，定義 A. 4. 36 によって $\mathrm{On}^2$ から On への順序同型関数 $J$ があった．命題 A. 4. 35 により，$\langle 0, \alpha\rangle$ の切片は $\alpha\times\alpha$ である.

もし $J(0, \kappa)\leqq\kappa$ なら，$J\upharpoonright\kappa\times\kappa$ は $\langle 0, \kappa\rangle$ の切片 $\kappa\times\kappa$ から $\kappa$ への入射だから，$\kappa\times\kappa>\kappa$ という仮定に反する．よって $J(0, \kappa)>\kappa$．$\kappa=J(\beta, \gamma)$ とし，$\delta$

$=\max\{\beta,\gamma\}<\kappa$ とする．命題 A. 6. 5 によって $\delta$ は極限順序数だから $\delta^+<\kappa$．$\langle\beta,\gamma\rangle<\langle 0,\delta^+\rangle$ だから $\kappa=J(\beta,\gamma)<J(0,\delta^+)$．$\langle 0,\delta^+\rangle$ による切片の濃度を考えると，$\kappa\leqq|J(0,\delta^+)|=|\delta^+\times\delta^+|=|\delta^+|\times|\delta^+|$．$|\delta^+|$ は無限基数で $|\delta^+|\leqq\delta^+<\kappa\leqq|\delta^+|\times|\delta^+|$ となり，$\kappa$ の最小性に反する．□

**A. 6. 22　系**　$\kappa$ を無限基数とする．

1)　$\lambda\leqq\kappa$ なら $\kappa+\lambda=\kappa\times\lambda=\kappa$.

2)　自然数 $n$ に対し，漸化式 $\kappa^0=1,\ \kappa^{n+1}=\kappa^n\times\kappa$ によって $\kappa^n$ を定義すると，$\kappa^n=\kappa$．とくに $|\boldsymbol{R}^n|=|\boldsymbol{R}|$.

**A. 6. 23　定義**　集合 $A,B$ に対し，$A$ から $B$ への写像の全体を配置集合と言い，$\mathrm{Map}(A,B)$ または ${}^AB$ とかいた（定義 A. 2. 16 の 7)）．$\kappa,\lambda$ が基数のとき，$\mathrm{Map}(\kappa,\lambda)$ の濃度を $\lambda^\kappa$ とかく．集合 $A,B$ に対し，$|\mathrm{Map}(A,B)|=|B|^{|A|}$．基数の**べき** $\lambda^\kappa$ の諸性質は問題にまわす．基数としてのべき $\lambda^\kappa$ には，順序数としてのべきと同じ記号がつかわれているが，混同しないように．

**A. 6. 24　命題**　任意の集合 $A$ に対し，$\mathcal{P}(A)\sim\mathrm{Map}(A,2)={}^A2$．$2=\{0,1\}$ に注意．

**証明**　$\mathcal{P}(A)$ の元 $B$ に対し，${}^A2$ の元 $f_B$ を，$x\in B$ なら $f_B(x)=1$, $x\notin B$ なら $f_B(x)=0$ と定義すると，対応 $B\mapsto f_B$ は $\mathcal{P}(A)$ から ${}^A2$ への双射である．□

**コメント**　任意の無限基数 $\kappa$ に対し，$2^\kappa$ が $\kappa$ のつぎの基数 $\kappa^+$ だ，というのが**一般連続体仮説**である．言いかえると，任意の順序数 $\alpha$ に対し，$\aleph_{\alpha^+}=2^{\aleph_\alpha}$．これも（これの否定も）集合論の公理からは証明できない．つぎの命題により，本来の連続体仮説は，$\aleph_1=2^{\aleph_0}$ とかける．また，つぎのようにもかける：$\boldsymbol{N}\subset A\subset\boldsymbol{R}$ なる集合 $A$ で，$|\boldsymbol{N}|<|A|<|\boldsymbol{R}|$ なるものは存在しない．

**A. 6. 25　命題**　実数体 $\boldsymbol{R}$ は $\mathrm{Map}(\omega,2)$ と等濃である．したがって $|\boldsymbol{R}|=$

$2^\omega$.

**証明**　まず $2=\{0,1\}$ に注意する．$\mathrm{Map}(\omega,\{0,1\})$ の元は 0, 1 から成る数列だから，$\alpha=\langle a_1,a_2,a_3,\cdots\rangle$ $(n\in\omega)$ とかける．このうち，$\langle 0,0,0,\cdots\rangle$ およびあるところから先が全部 1 である数列の全体を $A$ とし，$B=\mathrm{Map}(\omega,2)-A$ とする．簡単にわかるように $A$ は可算無限集合である．もし $|B|<2^\omega$ なら，系 A. 6. 22 により，$|\mathrm{Map}(\omega,2)|=|A\cup B|=|A|+|B|\leqq|B|<2^\omega$ となってしまう．したがって $|B|=2^\omega$.

$B$ の元 $\alpha=\langle a_1,a_2,a_3,\cdots\rangle$ に，実数の 2 進小数展開 $f(\alpha)=0.\,a_1a_2a_3\cdots=\sum_{n=1}^{\infty}a_n2^{-n}$ を対応させる．$f$ は $B$ から区間 $(\mathring{0},\mathring{1})=\{x\in\boldsymbol{R}\,;0<x<1\}$ への双射である（やさしい）．第 3 章 §1 の問題 7 の 1）によって $(\mathring{0},\mathring{1})$ は $\boldsymbol{R}$ とは順序同型だから等濃，したがって $\boldsymbol{R}\sim B\sim\mathrm{Map}(\omega,2)$，すなわち $|\boldsymbol{R}|=2^\omega$. □

**A. 6. 26　コメント**　以上で基数と濃度の理論をおわる．濃度の定義が選択公理に依存していることが気になる読者もいるだろう．実際，濃度の理論はカントル以来，選択公理とは無関係に研究されてきた．

選択公理から解放されるために，集合 $A$ と等濃な集合全部のつくるクラスを $A$ の濃度 $|A|$ と定義することが考えられる．この場合 $|A|$ は真のクラスであり，ZF 集合論の枠のそとに出てしまう．

枠のそとに出ずに，しかも選択公理に依存せずに，集合の濃度を定義することもできる．集合 $A$ と等濃な集合全部を考え，そのなかでランク（命題と定義 A. 4. 32）の最小のものだけを集めると，これは集合になる．これを $A$ の濃度 $|A|$ と定義する（**ダナ・スコットのからくり**と呼ばれる）．これによって ZF で濃度の理論が展開できる．しかし，$|A|$ の定義はいかにも中途半端であるし，濃度と順序数の関係は失われ，理論は晦渋になる．

**ノート**　以上が集合論のもっとも基本的な部分であり，この先に数学の一分野としての集合論がある．本格的に集合論を勉強したい人は《あとがき》の文献をみていただきたい．

## 問　題

**1**　$\kappa, \lambda, \mu$ は基数とする．1)　$\kappa^{\lambda+\mu}=\kappa^{\lambda}\times\kappa^{\mu}$ および 2)　$(\kappa^{\lambda})^{\mu}=\kappa^{\lambda\times\mu}$ を示せ．

**2**　自然数 $n, m$ に対して $n \dotplus m = n + m$, $n \times m = nm$ を示せ．また，順序数としての $n^m$ と基数としての $n^m$ が一致することを示せ．

**3**　1)　$A$ が有限集合［可算集合］で $B \subset A$ なら，$B$ も有限［可算］である．
2)　$A, B$ が有限集合［可算集合］なら，$A \cup B$ も有限［可算］である．
3)　$A$ が有限集合なら，べき集合 $\mathcal{P}(A)$ も有限である．

**4**　集合 $I$ を添字域とする集合族 $\langle A_i\,;\, i\in I\rangle$ を考える．$\kappa$ を無限基数とする．$|I|\leqq\kappa$, $|A_i|\leqq\kappa\,(i\in I)$ なら，合併集合 $A=\bigcup\{A_i\,;\,i\in I\}$ の濃度は $\kappa$ 以下である．とくに，可算個の可算集合の合併は可算である（命題 1. 2. 24 をみよ）．

**5**　定義 A. 4. 30 および定義と命題 A. 4. 32 をみよ．
1)　$n<\omega$ なら $R(n)$ は有限集合である．
2)　集合 $A$ が $\mathrm{rank}\,(A)<\omega$ をみたせば，$A$ は有限集合である．

**6**　任意の無限基数 $\kappa$ に対して $\kappa^{\kappa}=2^{\kappa}$．とくに $\omega^{\omega}=2^{\omega}$（べきは基数としてのべき）．

**7**　$\alpha$ が極限順序数なら，$\aleph_{\alpha}=\sup\{\aleph_{\beta}\,;\,\beta<\alpha\}$．

**8**　任意の極限順序数 $\alpha$ に対し，$cf(\alpha)$ は基数である（§4 の問題 9 をみよ）．

**9**　$\alpha$ が極限順序数なら，$cf(\aleph_{\alpha})=cf(\alpha)$．

**10**　$\aleph_{\alpha+1}$ は正則 $(cf(\aleph_{\alpha+1})=\aleph_{\alpha+1})$ である.

**11**　$\alpha$ が極限順序数で $\kappa=\aleph_\alpha$ が正則のとき，$\kappa$ を**弱到達不可能基数**という. $\omega$ でない無限基数 $\kappa$ が正則で，任意の基数 $\lambda<\kappa$ に対して $2^\lambda<\kappa$ が成りたつとき，$\kappa$ を（強）**到達不可能基数**という.

1)　強到達不可能なら弱到達不可能である.

2)　一般連続体仮説のもと，弱到達不可能基数は強到達不可能基数である.

**ノート**　強弱双方とも，到達不可能基数の存在は ZFC では証明できない.

# 問題略解

## 第1章

### §1

**1** 1) 成りたつ．実際，$x\in A-(B\cup C)$ なら $x\in A$ かつ $x\notin B\cup C$，よって $x\notin B$ かつ $x\notin C$．したがって $x\in A-B$ かつ $x\in A-C$ だから $x\in(A-B)\cap(A-C)$，すなわち左辺 $\subset$ 右辺．逆に $x\in(A-B)\cap(A-C)$ なら $x\in A-B$ かつ $x\in A-C$．よって $x\in A, x\notin B, x\notin C$．したがって $x\in A-(B\cup C)$，すなわち左辺 $\supset$ 右辺．

2) から 5) まではすべて成りたつ（略）．

6) は成りたたない．$A=\{0,1\}, B=\{0,2\}, C=\{0\}$ とすると $A\cup(B-C)=\{0,1,2\}$ だが，$(A\cup B)-C=\{1,2\}$．

**2** 1) と 3) は成りたつ（略）が，2) は成りたたない．実際，$A=\{1,2\}, B=\{1\}, C=\{2\}$ とすれば $A\cup(B\triangle C)=\{1,2\}, (A\cup B)\triangle(A\cup C)=\emptyset$．

**3** 1) 2) とも成りたつ（略）．

**4** 1) $|A|+|B|$ は，$A\cap B$ の部分を二重にかぞえている．

2) 略．

3) $|A|=n$ とする．$n$ に関する帰納法．明らかに $|\mathcal{P}(\emptyset)|=1=2^0$．$A$ の元 $x$ をとり，$B=A-\{x\}$ とすると，$|B|=n-1$ だから，$B$ の部分集合は $2^{n-1}$ 個ある．これにさらに $x$ が属するか属さないかで 2 倍，すなわち $2^n$ 個の $A$ の部分集合がある．

**5** $\mathcal{P}(\bigcup A)\supset A$ は成りたつ．実際，$x\in A$ なら $x\subset\bigcup A$ だから $x\in\mathcal{P}(\bigcup A)$．しかし $\mathcal{P}(\bigcup A)\subset A$ とはならない．たとえば $A=\{\{1\},\{2\}\}$ とすると $\bigcup A=\{1,2\}$ だから，$\mathcal{P}(\bigcup A)=\{\emptyset,\{1\},\{2\},\{1,2\}\}\neq A$．

**6** $x\overset{R}{\sim}y$ となる相手の $y$ がひとつもないかもしれない．たとえば $R=\emptyset$ の場合．

**7** 略．

**8** $R_1\cap R_2$ は同値関係である（略）が，$R_1\cup R_2$ は必ずしも同値関係ではない．実際，$X=\{0,1,2\}, R_1=\{(0,0),(1,1),(2,2),(0,1),(1,0)\}, R_2=\{(0,0),(1,1),(2,2),(0,2),(2,0)\}$ とすると，$R_1$ も $R_2$ も同値関係である（略）．しかし，$(1,0)\in R_1\cup R_2, (0,2)\in R_1\cup R_2,$

$(1,2)\notin R_1\cup R_2$ だから $R_1\cup R_2$ は同値関係ではない.

## §2

**1** 1) 成りたつ. 実際, $y\in f[A\cup B]$ なら $x\in A\cup B$ が存在して $y=f(x)$. $x\in A$ なら $y\in f[A]$, $x\in B$ なら $y\in f[B]$. よって $y\in f[A]\cup f[B]$, すなわち $f[A\cup B]\subset f[A]\cup f[B]$. 一方 $f[A]\subset f[A\cup B], f(B)\subset f[A\cup B]$ だから $f[A]\cup f[B]\subset f[A\cup B]$.

2) 成りたたない. あきらかに $f[A\cap B]\subset f[A]\cap f[B]$. しかしたとえば $X=\{1,2\}$, $Y=\{0\}$ とし, $f(1)=f(2)=0$ とする. $A=\{1\}, B=\{2\}$ とすると $f[A]\cap f[B]=\{0\}$. 一方 $A\cap B=\varnothing$ だから $f[A\cap B]=\varnothing$.

3) 成りたたない. まず $y\in f[A]-f[B]$ なら, $A$ の元 $x$ で $y=f(x)$ となるものがある. もし $x\in B$ なら $y\in f[B]$ となるから $x\notin B$. よって $f[A]-f[B]\subset f[A-B]$. しかし $X=\{1,2\}, Y=\{0\}, f(1)=f(2)=0$ とし, $A=\{1\}, B=\{2\}$ とすると $A-B=\{1\}$, $f[A-B]=\{0\}$. 一方 $f[A]=f[B]=\{0\}$ だから $f[A]-f[B]=\varnothing$.

**2** 1) 2) 3) とも成りたつ (略).

**3** 1) 2) ども成りたつ (略).

**4** 略.

**5** 1) $f$ が入射のとき, $A, B\in\mathcal{P}(X), \vec{f}(A)=\vec{f}(B)$ とする. $x\in A$ なら $f(x)\in f[A]=f[B]$ だから, $B$ の元 $y$ で $f(x)=f(y)$ となるものがある. 仮定によって $x=y$ だから $x\in B$, すなわち $A\subset B$. 同様に $B\subset A$ だから $A=B$.

つぎに $\vec{f}$ が入射のとき, $x, y\in X, f(x)=f(y)$ とすると, $\vec{f}(\{x\})=f[\{x\}]=\{f(x)\}=\{f(y)\}=f[\{y\}]=\vec{f}(\{y\})$. 仮定によって $\{x\}=\{y\}$ だから $x=y$.

2) $f$ が上射のとき, $P\in\mathcal{P}(Y)$ に対して $A=f^{-1}[P]$ とおくと, $f$ は上射だから $\vec{f}(A)=f[A]=P$ となる.

つぎに $\vec{f}$ が上射のとき, $y\in Y$ とする. $\{y\}\in\mathcal{P}(Y)$ だから, 仮定によって $\mathcal{P}(X)$ の元 $A$ で $\vec{f}(A)=\{y\}$ なるものがある. よって $A$ の元 $x$ で $f(x)=y$ となるものがある.

**6** 1) $f$ が入射のとき, $A\in\mathcal{P}(X)$ とする. $P=f[A]\in\mathcal{P}(Y)$ とすると $A=f^{-1}[P]$. 実際, $A\subset f^{-1}[P]$ はあきらか. $x\in f^{-1}[P]$ なら $f(x)\in P=f[A]$ だから, $A$ の元 $y$ で $f(x)=f(y)$ なるものが存在する. 仮定によって $x=y$ だから $f^{-1}[P]\subset A$. したがって $A=f^{-1}[P]=\overleftarrow{f}(P)$.

つぎに $\overleftarrow{f}$ が上射のとき, $x, y\in X, f(x)=f(y)$ とする. 仮定によって $\mathcal{P}(Y)$ の元 $P$, $Q$ で $\{x\}=\overleftarrow{f}(P)=f^{-1}[P], \{y\}=\overleftarrow{f}(Q)=f^{-1}[Q]$ となるものが存在する. よって $P\cap f[X]=\{f(x)\}, Q\cap f[X]=\{f(y)\}$ となり, $P\cap f[X]=Q\cap f[X]$. 一般に $f^{-1}[P\cap f[X]]=f^{-1}[P]$ だから, $\{x\}=f^{-1}[P]=f^{-1}[P\cap f[X]]=f^{-1}[Q\cap f[X]]=f^{-1}[Q]=\{y\}$ となる. したがって $x=y$.

2) $f$ が上射のとき，$P, Q \in \mathcal{P}(Y), \overleftarrow{f}(P)=\overleftarrow{f}(Q)$ とする．$f^{-1}[P]=f^{-1}[Q]$．$P, Q$ の一方，たとえば $P$ が空集合なら，$f^{-1}[P]=\varnothing, f^{-1}[Q]=\varnothing, Q=\varnothing$ となって $P=Q$．どちらも空でないとき，$P$ の元 $u$ に対し，$f^{-1}[P]$ の元 $x$ で $f(x)=u$ となるものをとる．$x \in f^{-1}[Q]$ だから $f(x) \in Q$ すなわち $u \in Q$ となり，$P \subset Q$．同様に $Q \subset P$ だから $P=Q$．

つぎに $\overleftarrow{f}$ が入射のとき，もし $f$ が上射でなければ $Y$ の元 $y$ で $f[X]$ に属さないものがある．$\overleftarrow{f}(\{y\})=\varnothing, \overleftarrow{f}(\varnothing)=\varnothing$ となり，仮定に反する．

**7** 1) $f[A]$ の元 $y$ に対し，$A$ の元 $x$ で $f(x)=y$ となるものがただひとつ存在するから，$g(y)=x$ とおく．$A$ の元 $a$ をひとつ決め，$B-f[A]$ のすべての元 $y$ に対して $g(y)=a$ とおく．$g$ は $B$ から $A$ への上射である．

2) $X=\{f^{-1}[y]\,;\, y \in B\}$ とおくと，$X$ は空でなく，$X$ の元はすべて空でない集合である．選択公理により，$X$ から和集合 $\bigcup X$ への写像 $h$ で，$X$ のすべての元 $P$ に対して $h(P) \in P$ となるものが存在する．$B$ の元 $y$ に対し，$g(y)=h(f^{-1}[y])$ とおくと，$g$ は $B$ から $\bigcup X$ への写像である．$\bigcup X$ の元は $X$ の元の元だから $A$ に属する．よって $\bigcup X \subset A$ だから $g$ を $B$ から $A$ への写像とみなす．これが入射であることを示せばよい．$y, z \in B, y \neq z$ とする．$f^{-1}[y] \cap f^{-1}[z]=\varnothing$ であるが，$g(y)=h(f^{-1}[y]) \in f^{-1}[y]$, $g(z)=h(f^{-1}[z]) \in f^{-1}[z]$ だから $g(y) \neq g(z)$．

**8** $X$ が有限集合なら当たりまえだから，$X=\boldsymbol{N}$ としてよい．$S(n)=\{0, 1, 2, \cdots, n-1\}$ とおくと，$\mathcal{P}(S(n))=\mathcal{P}_0(S(n))$ は $2^n$ 個の元から成る．まず $\mathcal{P}(S(0))$ の元 $\varnothing$ をとり，つぎに $\mathcal{P}(S(1))-\mathcal{P}(S(0))$ の元 $\{0\}$ を，そのつぎに $\mathcal{P}(S(2))-\mathcal{P}(S(1))$ の元 $\{1\}, \{0, 1\}$ をとる．$\mathcal{P}(S(n))-\mathcal{P}(S(n-1))$ の元まで並べたら，$\mathcal{P}(S(n+1))-\mathcal{P}(S(n))$ の元 ($2^{n+1}-2^n$ 個) をとる．こうして $\mathcal{P}_0(\boldsymbol{N})$ の元の列 $\varphi: \boldsymbol{N} \to \mathcal{P}_0(\boldsymbol{N})$ ができる．これは $\boldsymbol{N}$ から $\mathcal{P}_0(\boldsymbol{N})$ への双射である．実際，作りかたからして $\varphi$ は入射である．つぎに $\mathcal{P}_0(\boldsymbol{N})$ の任意の元 $A$ に対し，$A$ は有限集合だからその最大元を $n$ とすれば $A \in \mathcal{P}(S(n+1))$．したがってある $m \in \boldsymbol{N}$ に対して $\varphi(m)=A$ となっている．すなわち $\varphi$ は $\boldsymbol{N}$ から $\mathcal{P}_0(\boldsymbol{N})$ への上射である．

**§3**

**1** a） 略．

b） $x, x' \in \alpha, y, y' \in \beta$ とし，$x \leqq y$ とする．$x \sim x'$ だから $x \leqq x'$ かつ $x' \leqq x$．$y \sim y'$ だから $y \leqq y'$ かつ $y' \leqq y$．よって $x' \leqq x \leqq y \leqq y'$ となり，$x' \leqq y'$．

c） $\alpha \ni x$ なら $x \leqq x$ だから $\alpha \leqq \alpha$（反射律）．$\alpha \leqq \beta, \beta \leqq \alpha$ とする．$x \in \alpha, y \in \beta$ とすると $x \leqq y$ かつ $y \leqq x$ だから $x \sim y$．したがって $\alpha=\beta$（反対称律）．$\alpha \leqq \beta, \beta \leqq \gamma$ とする．$x \in \alpha, y \in \beta, z \in \gamma$ に対し，$x \leqq y, y \leqq z$ だから $x \leqq z$．したがって $\alpha \leqq \gamma$（推移律）．

**2** ($\Rightarrow$) $b=\sup A$ なら，定義によって条件 1) は成りたつ．条件 2) が成りたたないとする．$x<b$ なる $X$ のある元 $x$ をとると，$x<y$ なる $A$ の元はない．$X$ は全順序集合

だから，$A$ のすべての元 $y$ に対して $y \leqq x$ となり，$x$ も $A$ の上界になってしまう．

($\Leftarrow$) 条件 1) によって $b$ は $A$ の上界である．$x<b$ とすると，条件 2) によって $A$ の元 $y$ で $x<y$ なるものがあり，$x$ は $A$ の上界ではない．$X$ は全順序集合だから $b$ は $A$ の最小上界である．

**3** 1) 2) 略．

3) $A$ を $Z$ の空でない部分集合とする．$Z$ から $X$ への射影を $f$ とする（定義 1.2.9)．$f[A]$ は $X$ の空でない部分集合だから，仮定によって最小元 $a$ が存在する．つぎに $B=\{y\in Y\,;(a,y)\in A\}$ は $Y$ の空でない部分集合だから，最小元 $b$ が存在する．$A$ の元 $(a,b)$ は $A$ の最小元である（詳細略)．

**4** $B$ を $f[X]$ の空でない部分集合とする．$A=f^{-1}[B]=\{x\in X\,;f(x)\in B\}$ は $X$ の空でない部分集合だから，最小元 $a$ がある．$f(a)\in B$．$y\in B$ なら $X$ の元 $x$ で $f(x)=y$ となるものがある．$x\in A$ だから $a\leqq x$．仮定によって $f(a)\leqq f(x)=y$．すなわち $f(a)$ は $B$ の最小元である．

**5** 1) $b^2<2$ と仮定する．$\varepsilon=2-b^2>0$ とし，$(b+\delta)^2<2$ なる有理数 $\delta>0$ をみつける．かきかえると，$2b\delta+\delta^2<\varepsilon$．$\dfrac{2}{\varepsilon}<n^2$ なる自然数 $n$ をとり，$\delta<\min\left\{\dfrac{1}{n},\dfrac{\varepsilon}{8}\right\}$ にとればよい．$b^2>2$ と仮定しても同様．

2) $x\in \boldsymbol{Q}, x^2=2, x>0$ とする．$x=\dfrac{a}{b}$ とかく．ただし $a,b$ は自然数で共通因数がないとする．$2b^2=a^2$ だから $a^2$ は偶数，よって $a$ も偶数で $a=2c$．$b^2=2c^2$ から $b$ も偶数となり，共通因数 2 があることになる．

**6** 区間はその両端の様子によってきまる．左端だけに関心があるとき，たとえば $[a,*)$ という記号をつかう．これは右端には関心がない，またはどうなっているかわからないということを示す．

1) $I\neq\varnothing$ を下に有界な開区間，$a=\inf I$ とする．$a\notin I$ なら，すぐわかるように $I=\mathring{(}a,*)$．$a\in I$ のとき，$I=\bigcup_{i\in J}I_i, I_i=\mathring{(}a_i,*)$ とかける．もしすべての $i\in J$ に対して $a\leqq a_i$ なら $a\notin I$ だから，ある $i\in J$ に対して $a>a_i$．もし $a_i<x<a$ なる $x$ があれば，$x\in I_i, x\notin I$ となって矛盾．よって $a_i$ と $a$ の間には元がないから，$I=\mathring{(}a_i,*)$．

2) $I\neq\varnothing$ を下に有界な閉区間，$a=\inf I$ とする．$a\in I$ なら $I=[a,*)$．$a\notin I$ とする．$I=\bigcap_{i\in J}I_i, I_i=[a_i,*)$ とかける．すべての $i$ に対して $a_i\leqq a$ なら $a\in I$．ある $i$ に対して $a_i>a$ なら，$I$ のすべての元 $x$ に対して $x\geqq a_i$ となり，$a$ の下限性に反する．よって $a\in I, I=[a,*)$．

**7** 1) $A\neq\varnothing$ を下に有界で下限のない集合とする．$\tilde{A}=\{x\in X\,;$ ある $y\in A$ に対して $y\leqq x\}$ とおく．$\tilde{A}\supset A$，$\tilde{A}$ は下に有界で下限がない．実際，$a$ が $\tilde{A}$ の下限なら，$a$ は $A$ の下限でもあり，仮定に反する．$\tilde{A}$ は基本開区間でない．実際，もしそうなら $\tilde{A}=\mathring{(}a,*)$ とかけ，$a$ は $\tilde{A}$ の下限になる．しかし $\tilde{A}$ は開区間である．実際，$a\in\tilde{A}$ に対して

$I_a=\{x\in X\,;\,a<x\}$ は基本開区間で，$\tilde{A}=\bigcup_{a\in\tilde{A}} I_a$ となる．なぜなら，$a\in\tilde{A}$ に対し，$x<a$ なる $x\in\tilde{A}$ がなければ $a=\min\tilde{A}=\inf\tilde{A}$ となるから $b<a$ なる $b\in\tilde{A}$ があり，$a\in I_b$ となる．

2) $\tilde{B}=\tilde{A}^C=\{x\in X\,;$ すべての $y\in A$ に対して $x<y\}$ とおくと $B\neq\emptyset$．$\tilde{B}$ は閉区間だが基本閉区間ではない（略）．

$X=\boldsymbol{Q}$ のとき，$A=\{x\in\boldsymbol{Q}\,;\,x^2<2\}$ とする．問題 5 により，$x^2=2$ となる有理数はないから，$A$ は基本開区間でも基本閉区間でもないが，$A$ は開区間かつ閉区間である．実際，$a\in\boldsymbol{Q}$ に対して $I_a=(\!\!\!^\circ -|a|,|a|\!\!\!^\circ)$ とすると，$A=\bigcup_{a\in A} I_a$．$J_a=[-|a|,|a|]$ とすると，$A=\bigcap_{a\notin A} J_a$．

## 第2章

### §1

**1** 1) $e,e'$ が単位元なら，$e=ee'=e'$．

2) $y,z$ が $x$ の逆元なら，$y=ye=y(xz)=(yx)z=ez=z$．

**2** 1) $x0+x0=x(0+0)=x0$．両辺に $x0$ の加法の逆元を加えれば $x0=0$ を得る．

2) $(-1)a+a=(-1)a+1a=[(-1)+1]a=0a=0$．

3) $(-1)+1=0$ の両辺に $-1$ をかけて，$(-1)^2+(-1)=0$．よって $(-1)^2=-(-1)=1$．

4) $(-a)(-b)=a(-1)(-1)b=a1b=ab$．

**3** 1) 2) 略．

3) $\boldsymbol{Z}_p$ の元 $[n]$ の代表 $n$ は $0\leqq n\leqq p-1$ にとれることに注意する．$1\leqq n\leqq p-1$ なる $n$ をひとつ固定する（$[n]\neq 0$）．$\boldsymbol{Z}_p{}^*=\boldsymbol{Z}_p-\{0\}$ から $\boldsymbol{Z}_p$ への写像 $f$ を，$1\leqq m\leqq p-1$ なる $m$ に対して $f([m])=[nm]$ として定める．もし $f([m])=0$ なら $nm$ は $p$ で割りきれる．$p$ は素数だから，$n,m$ の少なくとも一方は $p$ で割れるはずだが，$n,m<p$ だから不可．よって $f([m])\neq 0$．同様に，$m\neq l$ なら $f([m])\neq f([l])$ がすぐわかり，$f$ は $\boldsymbol{Z}_p{}^*$ から $\boldsymbol{Z}_p{}^*$ への入射である．$\boldsymbol{Z}_p{}^*$ は有限だから $f$ は上射，したがって $f([m])=1$ となる $m$ がある．$[m]$ が $[n]$ の逆元である．

**4** $x<y,z>0$ とする．$x<y$ の両辺に $-x$ を足すと，$0=x+(-x)<y+(-x)=y-x$．条件によって $(y-x)z>0$．$yz-xz>0$ の両辺に $xz$ を足せば $yz>xz$．

**5** 2) もし $-x\geqq 0$ なら $0=x+(-x)\geqq x+0=x>0$．

4) $x,y$ が同符号ならあきらかに $|x+y|=|x|+|y|$．$x>0,y<0$ とする．$x+y<x+0<|x|+|y|$．同様に $-(x+y)<|x|+|y|$．

5) $1<0$ なら $-1>0$．$-1$ をかけて $1=(-1)^2>0$．

6)　$|x|>0, |y|>0$ だから $|xy|=|x||y|>0$, $xy\neq 0$.

7)　$(x-y)z=0$ だから $x-y=0$.

§2

**1**　1)　$n$ に関する帰納法．$n=0$ ならあたりまえ．$n=1$ なら $1+m=1+l$，すなわち $m^+=l^+$ だから $m=l$．$n$ のときに成りたつとする．$(n+1)+m=(n+1)+l$ だから $(n+m)^+=(n+l)^+$，よって $n+m=n+l$．帰納法の仮定によって $m=l$.

2)　$n0+n0=n(0+0)=n0=n0+0$．1) で $l=0$ の場合だから $n0=0$.

**2**　$m$ に関する帰納法．$m=0$ ならあきらか．$m$ のときに成りたつとする．$n\leqq m+1$ とする．もし $n=m+1$ なら，$l=0$ だけが $m+1=n+l$ をみたす．$n\leqq m$ なら，帰納法の仮定によって $m=n+l$ となる $l$ がただひとつ存在する．$m+1=n+(l+1)$ となる．一意性を示すために $m+1=n+k$ とする．$k=0$ なら $m<n$ となって仮定に反するから $k>0$．$m+1=n+k^-+1$ すなわち $m^+=(n+k^-)^+$ だから $m=n+k^-$．帰納法の仮定によって $k^-=l$，よって $k=l+1$.

§5

**1**　$\alpha=\sup A, \beta=\sup B$ とする．

1)　$\gamma=\alpha+\beta$ が $A+B$ の上限であることを示す．$z\in A+B$ は $z=x+y$ $(x\in A, y\in B)$ とかけるから，$z\leqq\alpha+\beta=\gamma$．よって $\gamma$ は $A+B$ の上界である．$\gamma>\delta$ なる上界 $\delta$ があったとする．$\varepsilon=\dfrac{\gamma-\delta}{2}>0$ とすると，$A$ の元 $x$ で $x>\alpha-\varepsilon$ なるものおよび $B$ の元 $y$ で $y>\beta-\varepsilon$ なるものがある．$A+B\ni x+y>\alpha+\beta-2\varepsilon=\delta$ となって矛盾.

2)　$\gamma=\alpha\beta$ が $AB$ の上限であることを示す．$z\in AB$ は $z=xy$ $(x\in A, y\in B)$ とかけるから，$z\leqq\alpha\beta=\gamma$．よって $\gamma$ は $AB$ の上界である．$\gamma>\delta$ なる上界 $\delta$ があったとする．$a=\dfrac{\gamma}{\delta}\,(>1)$．$a>b>1$ なる $b$ $\left(\text{たとえば } b=\dfrac{a+1}{2}\right)$ をとって $c=\dfrac{a}{b}>1$ とおくと $a=bc$．$A$ の元 $x$ で $x>\dfrac{\alpha}{b}$ なるものおよび $B$ の元 $y$ で $y>\dfrac{\beta}{c}$ なるものがある．$AB\ni xy>\dfrac{\alpha\beta}{bc}=\dfrac{\gamma}{a}=\delta$ となって矛盾.

**2**　1)　推移律だけ示す．$x\sim y, y\sim z$ とする．もし $|x-z|>\dfrac{1}{n}$ なる $n\in\boldsymbol{N}$ があれば，$|x-z|\leqq|x-y|+|y-z|$ だから，右辺の少なくとも一方は $\dfrac{1}{2n}$ より大きく，矛盾.

2)　well-defined であることおよび結合律，交換律，分配律は省略．$[0]$ は加法の単位元，$[-x]$ は $[x]$ の逆元である．$[1]$ は乗法の単位元である．$\alpha=[x]\neq[0]$ なら $x\not\sim 0$ だから $|x|>\dfrac{1}{n}$ なる $n\in\boldsymbol{N}$ がある．$\left|\dfrac{1}{x}\right|\leqq n$ だから $\left[\dfrac{1}{x}\right]\in M$ であり，$\alpha$ の逆元である.

3)　$x\not\sim 0, x>0$ とする．$x\sim x'$ なら $x'\not\sim 0$．もし $x'\leqq 0$ なら $x-x'\geqq x\not\sim 0$ となって矛盾，すなわち well-defined.

関係 $<$ が順序であることは略．全順序であることを示す．$\alpha=[x]$ とする．$x\sim 0$ なら $\alpha=0$．$x\not\sim 0$ なら，$|x|>\dfrac{1}{n}$ なる $n\in\boldsymbol{N}$ がある．$x>\dfrac{1}{n}$ なら $\alpha>0$, $x<-\dfrac{1}{n}$ なら $\alpha<0$.

4)　順序体であることは略．アルキメデス性を示す．$\alpha=[x]$ なら $x\in M$ だから，$|x|$

$<n$ なる $n\in\boldsymbol{N}$ がある．よって $|\alpha|\leqq[n]=n$.

**3** $K$ がアルキメデス的とし，$a, b\in K, a<b$ とする．$b-a>\dfrac{1}{k}$ なる $k\in\boldsymbol{N}$ がある．$\dfrac{n}{k}<a$ なる最大の $n$ をとると，$a\leqq\dfrac{n+1}{k}=\dfrac{n}{k}+\dfrac{1}{k}<a+(b-a)=b$. $K$ がアルキメデス的でなければ，ある $a\in K$ をとると，すべての $n\in\boldsymbol{N}$ に対して $n<a$. $a$ と $a+1$ の間に有理数はない．

**4** **d)⇒c)** もし $K$ がアルキメデス的でなければ数列 $\langle 0, 1, 2, \cdots\rangle$ は有界だから収束部分列がある．しかし，$n\neq m$ なら $|n-m|>\dfrac{1}{2}$ だから不可，よって $K$ はアルキメデス．

つぎに $\langle a_n\rangle$ をコーシー列とする．これは有界だから収束部分列 $\langle a_{\varphi(0)}, a_{\varphi(1)}, \cdots\rangle$ がある．この極限を $b$ とし，$\langle a_n\rangle$ が $b$ に収束することを示す．$\varepsilon>0$ とする．ある $L_1$ をとると，$L_1\leqq n$ なら $|a_{\varphi(n)}-b|\leqq\varepsilon$. またある $L\geqq L_1$ をとると，$L\leqq n, m$ なら $|a_n-a_m|\leqq\varepsilon$. $m=\varphi(n)\geqq n$ とすれば $|a_n-a_{\varphi(n)}|\leqq\varepsilon$. よって $L\leqq n$ なら $|a_n-b|\leqq|a_n-a_{\varphi(n)}|+|a_{\varphi(n)}-b|\leqq 2\varepsilon$.

**c)⇒d)** $\langle a_n\rangle$ を有界点列とし，$a\leqq a_n\leqq b\ (n\in\boldsymbol{N})$ とする．$\varphi(0)=0$ とおく．$I_0=[a, b]$ を 2 等分すると，少なくとも一方には無限個の $n$ に対する $a_n$ が属する．その区間（両方とも条件をみたすときは左側）を $I_1$ とし，$a_n\in I_1$ なる最小の $n>\varphi(0)$ を $\varphi(1)$ とする．これをくりかえす．$I_n$ と $\varphi(n)$ までできたとき，$I_n$ を 2 等分した区間のうち，無限個の $n$ に対する $a_n$ が含まれる方（両方なら左側）を $I_{n+1}$ とし，$a_m\in I_{n+1}, m>\varphi(n)$ なる最小の $m$ を $\varphi(n+1)$ とする．$\langle a_{\varphi(n)}\rangle$ はコーシー列である．実際，$\varepsilon>0$ に対し，$\dfrac{b-a}{2^L}<\varepsilon$ なる $L$ をとる（アルキメデス性による）．$L\leqq m, n$ なら，$a_{\varphi(m)}$ も $a_{\varphi(n)}$ も長さが $\dfrac{b-a}{2^L}$ である同じ区間 $I_L$ に属するから，$|a_{\varphi(m)}-a_{\varphi(n)}|\leqq\varepsilon$ となる．条件 **c)** によって $\langle a_{\varphi(n)}\rangle$ は収束する．

**5** **b)⇒e)** $I_n=[a_n, b_n]$ とすると，$a_0\leqq a_1\leqq a_2\leqq\cdots\leqq b_2\leqq b_1\leqq b_0$. $\alpha=\lim\limits_{n\to\infty}a_n, \beta=\lim\limits_{n\to\infty}b_n$ とすると，$\alpha\leqq\beta$ だから $\emptyset\neq[\alpha, \beta]\subset\bigcap\limits_{n=0}^{\infty}I_n$.

**e)⇒b)** $\langle a_n\rangle$ を上に有界な単調増加列とし，$a\leqq a_n\leqq b$ とする．$[a, b]$ の $2^n$ 等分点のうち，$\{a_n ; n\in\boldsymbol{N}\}$ の上界であるものの最小を $c_n$ とする：$a_0\leqq a_1\leqq a_2\leqq\cdots\leqq c_2\leqq c_1\leqq c_0$. $I_n=[a_n, c_n]$ とすると $\bigcap\limits_{n=0}^{\infty}I_n\neq\emptyset$. $\alpha\in\bigcap\limits_{n=0}^{\infty}I_n$ とし，$\lim\limits_{n\to\infty}a_n=\alpha$ を示す．まず $a_n\leqq\alpha$. $\varepsilon>0$ に対し，$\dfrac{b-a}{2^{L_1}}<\varepsilon$ なる $L_1$ をとる（アルキメデス性による）．$c_n$ の定義により，$cL-\dfrac{b-a}{2^{L_1}}<a_L$ なる $L$ がある．$L\leqq n$ なら $c_n<a_n+\varepsilon, \alpha<a_n+\varepsilon$.

**6** **a)⇒f)** $[a, b]$ の元 $x$ で，$[a, x]$ が $\mathcal{T}$ の有限部分被覆をもつものの全体を $A$ とする．$a\in A$. $A$ の上限を $c$ とする．$c$ はある $U_i(i\in\mathcal{J})$ に属する．$U_i$ には最小元がないから，$u<c$ なる $u\in U_i$ がある．$u<d<c$ なる $d$ をとると $[a, d]$ は有限被覆をもつ．$c<b$ と仮定する．$U_i$ の元 $e$ で $c<e<b$ なるものがある．$[c, e]\subset U_i$. $[a, e]\subset[a, d]\cup[u, e]$ だから $[a, e]$ も有限被覆をもち，$c$ の定義に反する．よって $c=b$. $b$ はある $U_j$ に属する．$f\in U_j, f<b$ なる $f$ をとると $[a, f]$ は有限被覆をもつから，$[a, b]$ も有限被

覆をもつ．

**f)**$\Rightarrow$**a)** 1° まず $K$ がアルキメデス的であることを示す．これを否定すると，$\boldsymbol{N}$ は上に有界だが上限はない．実際，$b$ を $\boldsymbol{N}$ のひとつの上界とする．$\boldsymbol{N}$ の上界の全体 $B$ は開区間である．$n\in\boldsymbol{N}$ に対して $U(n)=\mathring{\left(}n-\dfrac{1}{2}, n+\dfrac{1}{2}\mathring{\right)}$ とおき，$n<x<n+1$ なる $x$ に対して $U(x)=\mathring{(}n, n+1\mathring{)}$ とおく．すると開区間 $B, U(n), U(x)$ たちは $[0, b]$ の開被覆である．したがって有限部分被覆がある．ところが自然数 $n$ を含む開区間は $U(n)$ だけなので，この有限被覆には自然数が有限個しか含まれず，矛盾である．

2° 上に有界な $A\neq\emptyset$ に上限がないとして矛盾をみちびく．$x\in A, y<x$ なら $y\in A$ としてよい．$A$ の上界の全体を $B$ とすると，$B$ には最小元がなく，$A$ には最大元がない．当然 $A\cap B=\emptyset$．$a\in A, b\in B$ をとっておく．かりに $A\cup B\neq K$ とし，$c\notin A\cup B$ とすると $c\notin A$ だから，$A$ の列すべての元 $x$ に対して $x<c$，よって $c\in B$ となり矛盾．したがって $A\cup B=K$．$A$ の任意の元 $x$ に対し，$x<z$ なる $A$ の元がある．アルキメデス性により，$x+\dfrac{1}{n}\in A$ なる $\boldsymbol{N}^+$ の元 $n$ がある．この最小のものを $n(x)$ とする．同様に，$B$ の任意の元 $y$ に対し，$y-\dfrac{1}{n}\in B$ なる最小の $n\in\boldsymbol{N}^+$ を $n(y)$ とおく．

$$\left\{\mathring{\left(}x-\frac{1}{n(x)}, x+\frac{1}{n(x)}\mathring{\right)}; x\in A\right\}\cup\left\{\mathring{\left(}y-\frac{1}{n(y)}, y+\frac{1}{n(y)}\mathring{\right)}; y\in B\right\}$$

は $[a, b]$ の開被覆である．仮定によって有限部分被覆がある．それらのうち，$x\in A$ なるものを $x_1, x_2, \cdots, x_k$ とし，

$$c=\max\left\{x_i+\frac{1}{n(x_i)}; 1\leqq i\leqq k\right\}$$

とおくと，$c$ は $A$ の最大元である．実際，$x\in A, a\leqq x$ なら，ある $i\,(1\leqq i\leqq k)$ に対して $x_i-\dfrac{1}{n(x_i)}<x<x+\dfrac{1}{n(x_i)}$ だから $x<c$ となり，矛盾．

**ノート** 以上で順序体に関する完備性の条件 **a)**〜**f)** が互いに同値であることが証明された．このうちのどの証明でも，選択公理をつかっていないことに注意．

**7** 1) と 3) はやさしいから 2) を示す．ヒントに従って $a_n=\sum\limits_{k=0}^{n}t^{k^2}$ とおくと，$\langle a_n\rangle_{n\in\boldsymbol{N}}$ はコーシー列である（やさしい）．数列 $\langle a_n\rangle$ が $K(t)$ の元 $\dfrac{f(t)}{g(t)}$ に収束したとして矛盾をみちびく．$L\geqq 2$ なる自然数 $L$ を適当にえらぶと，$f(t)=a_0+a_1t+\cdots+a_Lt^L, g(t)=b_0+b_1t+\cdots+b_Lt^L$ とかける．$g(t)\neq 0$ だから，$b_0, b_1, \cdots, b_L$ のなかに 0 でないものがある．$L\geqq 2$ から，$L<(L-1)^2+L<L^2<L^2+L<(L+1)^2$ が成りたつことに注意する．$n\geqq L$ に対し，$g(t)a_n=(b_0+b_1t+\cdots+b_Lt^L)(1+t+t^4+\cdots+t^{L^2}+\cdots+t^{n^2})$ を展開すると，$t^{L^2}$ の係数には $b_0$ だけ，$t^{L^2+1}$ の係数には $b_1$ だけ，…，$t^{L^2+L}$ の係数には $b_L$ だけしか出てこない．$b_0, b_1, \cdots, b_L$ のなかに 0 でないものがあるから，$|g(t)a_n-f(t)|>t^{L^2+L+1}$，よって $\left|a_n-\dfrac{f(t)}{g(t)}\right|>\dfrac{t^{L^2+L+1}}{g(t)}$ となり，列 $\langle a_n\rangle$ が $\dfrac{f(t)}{g(t)}$ に収束することに反する．

# 第3章

§1

**1** $a-1=b>0$. $a^n=(1+b)^n=\sum_{k=0}^{n} {}_nC_k b^k \geqq 1+nb$ (${}_nC_k$ は二項係数).

**2** $a>1$ とし，$A=\{x\in \boldsymbol{R}\,;\,x\geqq 0, x^n\leqq a\}$ とすると，$A$ は空でなく，上に有界である．実際，$0\in A$, $a>1$ だから $a^n>a$. $A$ の上限を $b$ とし，$b^n=a$ を示す．$b^n<a$ とする．$0<\delta<1$ に対し，$(b+\delta)^n=b^n+\sum_{k=0}^{n-1} {}_nC_k b^k\delta^{n-k}\leqq b^n+n\cdot n!b^{n-1}\delta$. この最後の辺が $a$ より小さくなるような $\delta$ をとれば $(b+\delta)^n<a$ となって矛盾．$b^n>a$ としても同様．$a<1$ のときは $\dfrac{1}{a}$ を考えればよい．

**3** $a>1$とする．$\sqrt[n]{a}>1$. もし $\langle\sqrt[n]{a}\,\rangle$ が 1 に収束しなければ，ある $\varepsilon>0$ をとると，どんな $n\in \boldsymbol{N}$ に対しても $n\leqq m$ なる $m$ で，$\sqrt[m]{a}-1>\varepsilon$, すなわち $a>(1+\varepsilon)^m$ なるものがある．$\lim_{n\to\infty}(1+\varepsilon)^n=+\infty$ だから，ある $L$ より先のすべての $m$ に対して $a<(1+\varepsilon)^m$.

**4** 帰納法によって $b_n<a_n$, $a_{n+1}<a_n$, $b_{n+1}>b_n$. $\langle a_n\rangle$, $\langle b_n\rangle$ とも有界単調だから収束する．

**5** $\varepsilon>0$ が与えられたとする．$a_n\to b$ だから，ある $L$ をとると，$L\leqq n$ なら $|a_n-b|\leqq\varepsilon$. $M=\max\{|a_i-b|\,;\,0\leqq i\leqq n-1\}$ とおく．

$$\begin{aligned}&\left|\frac{a_0+a_1+\cdots+a_{n-1}}{n}-b\right|\\&\leqq\frac{|a_0-b|}{n}+\cdots+\frac{|a_{L-1}-b|}{n}+\frac{|a_L-b|}{n}+\cdots+\frac{|a_n-b|}{n}\\&\leqq\frac{ML}{n}+\frac{n-L}{n}\varepsilon.\end{aligned}$$

**6** 大きな $n$ に対して $b_n=f\left(a+\dfrac{1}{n}\right)$ とすると，数列 $\langle b_n\rangle$ はコーシー列である．その極限を $b$ とすると $\lim_{x\to a}f(n)=b$ となる．

**7** 1) 計算によってすぐわかるように，$f$ は狭義単調増加である．$x$ が左から $b$ に近づけば $f(x)$ は $+\infty$ に近づき，$x$ が右から $a$ に近づけば $f(x)$ は $-\infty$ に近づく．2) も同様．

§3

**1** 正の数 $\varepsilon$ が与えられたとする．条件により，ある $M$ をとると，$M\leqq x$ なら $|f(x)-b|\leqq\dfrac{\varepsilon}{2}$. $f$ は有界閉区間 $[a, M+1]$ では一様連続（定理 3.3.8）だから，ある正の数 $\delta<1$ をとると，$a\leqq x, y\leqq M+1$, $|x-y|\leqq\delta$ なら $|f(x)-f(y)|\leqq\varepsilon$ となる．そこで一般に $x, y\geqq a$, $|x-y|\leqq\delta$ とする．$x, y\leqq M+1$ なら $|f(x)-f(y)|\leqq\varepsilon$. $x, y>M+1$ なら

$|f(x)-f(y)|\leqq|f(x)-b|+|f(y)-b|\leqq\varepsilon$. $x\leqq M+1, y>M+1$ のとき，$y-x\leqq\delta<1$ だから $x\geqq M$，よって $|f(x)-f(y)|\leqq\varepsilon$.

**2** $\varepsilon=1$ とし，正の数 $\delta$ が与えられたとする．$K=f(b-\delta)+1$ と思うと，条件により，$\delta>\delta'>0$ なるある $\delta'$ をとると，$b-\delta'\leqq x<b$ なるすべての $x$ に対して $f(x)>f(b-\delta)+1$，とくに $f(b-\delta')>f(b-\delta)+1$ が成りたつ．$|(b-\delta')-(b-\delta)|<\delta$ かつ $f(b-\delta')-f(b-\delta)>1$ である．

**3** 1) No. $\varepsilon=1, \delta>0$ に対し，$\dfrac{1}{\delta}$ より大きい $x$ をとり，$y=x+\delta$ とすれば $|y-x|=\delta\leqq\delta$. $|f(x)-f(y)|=|x+y||x-y|\geqq 2/\delta\cdot\delta\geqq 2$.

2) No. $\varepsilon=1, 1>\delta>0$ に対し，$x=\dfrac{\delta}{2}, y=\delta$ とすると $|f(x)-f(y)|>1$.

3) Yes. まず $f(0)=0$ とおくと，$f$ は $[0,1]$ で連続である．実際，0 での連続性を示すために，$\varepsilon>0$ に対して $\delta=\varepsilon^2$ とすれば，$0\leqq x\leqq\delta$ なる $x$ に対して $f(x)\leqq\varepsilon$. 定理 3.3.8 によって $f$ は $[0,1]$ で一様連続である．つぎに $\varepsilon>0$ に対して $\delta=2\varepsilon$ とすると，$1\leqq x<y, y-x\leqq\delta$ なる $x, y$ に対して $\sqrt{y}-\sqrt{x}\leqq\dfrac{\delta}{2}=\varepsilon$ となり，$f$ は $[1,+\infty)$ で一様連続．これらを 1 でつぎあわせて，$f$ は $[0,+\infty)$ で一様連続である．

**4** $I=[0,1], f_n(x)=x^n$, $x<1$ なら $\lim_{n\to\infty} f_n(x)=0$. $x=1$ なら $\lim_{n\to\infty} f_n(x)=1$.

**5** $f$ は広義単調増加とし，$a$ を $I$ の点とする．まず $f(a)$ が $f[I]$ の端点でない場合を考える．ある $\varepsilon_0>0$ をとると，$|y-f(a)|\leqq\varepsilon_0$ なら $y\in f[I]$. $\varepsilon\leqq\varepsilon_0$ なる任意の正の数 $\varepsilon$ に対し，$f(a)\pm\varepsilon\in f[I]$ だから，$I$ の点 $x_1, x_2$ で $x_2<a<x_1, f(a)+\varepsilon=f(x_1), f(a)-\varepsilon=f(x_2)$ なるものがある．$\delta=\min\{x_1-a, a-x_2\}$ とする．$x\in I, a\leqq x\leqq a+\delta$ なら，$f(a)\leqq f(x)\leqq f(a+\delta)\leqq f(a+(x_1-a))=f(x_1)=f(a)+\varepsilon$. 同様に $a-\delta\leqq x\leqq a$ なら $f(a)-\varepsilon\leqq f(x)\leqq f(a)$ となる．$f(a)$ が $I$ の端点のときは片側だけ考えればよい．単調減少の場合も同じ．

**6** a)⇒b) はやさしい（選択公理はいらない）．b⇒a) を背理法で示す．ある正の数 $\varepsilon$ をとると，どんな $\delta>0$ に対しても $|x-a|\leqq\delta, |f(x)-f(a)|>\varepsilon$ なる $x$ が存在する．とくに，すべての $n\in\boldsymbol{N}^+$ に対し，$|x-a|\leqq\dfrac{1}{n}, |f(x)-f(a)|>\varepsilon$ なる $x$ が存在する．選択公理により，各 $n$ に対してこのような $x$ をひとつ決め，これを $x_n$ とする．あきらかに $\lim_{n\to\infty} x_n=a$ だが，$\langle f(x_n)\rangle$ は $f(a)$ に収束しない．

**7** **a)**⇔**g)** を示す．**a)**⇒**g)** は定理 3.3.3 にほかならない．背理法によって **g)**⇒**a)** を示す．$K$ の，上に有界な部分集合 $A\neq\emptyset$ で上限のないものがある．$x\in A, y<x$ なら $y\in A$ としてよい．$A$ の点 $a$, $A$ の上界 $b$ $(b\notin A)$ をとって $I=[a, b]$ とする．$I$ 上の関数 $f$ を，$x\in A$ なら $f(x)=-1, x\notin A$ なら $f(x)=1$ として定める．$f$ が連続であることを示せばよい（$f(c)=0$ となる $c$ はない）．$\varepsilon>0, x\in A$ とする．$x$ は $A$ の最大元ではないから，$x<y\in A$ なる $y$ がある．$\delta=\dfrac{y-x}{2}>0$ とする．$z\in I, |z-x|\leqq\delta$ なら $z\in A$ だか

ら $f(z)=-1, |f(z)-f(x)|=0<\varepsilon$. つぎに $x\notin A$ とする. $x$ は $A$ の最小上界ではないから, $x>y\notin A$ なる $y$ がある. $\delta=\dfrac{x-y}{2}>0$ とする. $z\in I, |z-x|\leqq\delta$ なら $z\notin A$ だから $f(z)=1, |f(z)-f(x)|=0<\varepsilon$.

**8** **a)**$\Leftrightarrow$**h)** を示す. **a)**$\Rightarrow$**h)** は定理 3.3.6 にほかならない. つぎに **h)** を仮定し, $K$ の, 上に有界な部分集合 $A\neq\emptyset$ に上限がないとする. $x\in A, y<x$ なら $y\in A$ としてよい. $A$ の点 $a$, $A$ の上界 $b$ $(b\notin A)$ をとって $I=[a, b]$ とする. $I$ 上の関数 $f$ を, $x\in A$ のときは $f(x)=x, x\notin A$ のときは $f(x)=a$ として定める. $f$ には最大値がない. 実際, $f(c)$ が最大値とする. $c\in A$ なら $c<x\in A$ なる $x$ があるから, $f(c)=c<x=f(x)$. $c\notin A$ なら $f(c)=a<f(x)$. 一方, $f$ は連続である(略, 前問にならえ).

**9** **a)**$\Leftrightarrow$**i)** を示す. **a)**$\Rightarrow$**i)** は定理 3.3.8 にほかならない. つぎに **i)** および $K$ のアルキメデス性を仮定し, $K$ の, 上に有界な集合 $A\neq\emptyset$ に上限がないとする. $x\in A, y<x$ なら $y\in A$ としてよい. $A$ の点 $a$, $A$ の上界 $b$ $(b\neq A)$ をとって $I=[a, b]$ とする. $I$ 上の関数 $f$ を, $x\in A$ のときは $f(x)=-1, x\notin A$ のときは $f(x)=1$ として定める. 問題7とまったく同様, $f$ は連続である. しかし $f$ は一様連続でない. 実際, $\varepsilon=1, \delta>0$ とする. アルキメデス性により, ある $n\in\boldsymbol{N}$ をとると $b<a+n\delta$ となる. $a+n\delta\in A$ なる最大の $n$ を $n_0$ とし, $x=a+n_0\delta, y=a+(n_0+1)\delta$ とすると, $|x-y|=\delta, x\in A, y\notin A$ だから $|f(x)-f(y)|=2$.

## §4

**1** a)$\Rightarrow$b) $B$ を $\boldsymbol{R}^m$ の開集合とし, $\boldsymbol{a}$ を $f^{-1}[B]$ の点とする. $\boldsymbol{b}=f(\boldsymbol{a})$ とする. ある $\varepsilon>0$ をとると $D(\boldsymbol{b}, \varepsilon)\subset B$. 仮定により, ある $\delta>0$ をとると, $f[D(\boldsymbol{a}, \delta)]\subset D(\boldsymbol{b}, \varepsilon)\subset B$ だから, $D(\boldsymbol{a}, \delta)\subset f^{-1}[B]$.

b)$\Rightarrow$a) $\boldsymbol{a}\in\boldsymbol{R}^n, \boldsymbol{b}=f(\boldsymbol{a})$ とし, $\varepsilon>0$ が与えられたとする. $D(\boldsymbol{b}, \varepsilon)$ は開集合だから, $A=f^{-1}[D(\boldsymbol{b}, \varepsilon)]$ も開集合, $\boldsymbol{a}\in A$. よってある $\delta>0$ をとると $D(\boldsymbol{a}, \delta)\subset A$. したがって $f[D(\boldsymbol{a}, \delta)]\subset D(\boldsymbol{b}, \varepsilon)$.

b)$\Leftrightarrow$c) 補集合を考えればよい.

**2** 1) No. $A=\boldsymbol{R}^n, f(\boldsymbol{x})=\boldsymbol{0}\in\boldsymbol{R}^m$ とすれば $f$ は連続, $A$ は開集合だが, $f[A]=\{\boldsymbol{0}\}$ は開集合でない.

2) No. $n=m=1, A=\boldsymbol{N}, f(x)=\dfrac{1}{1+x^2}$ とする. $A$ は閉集合である(確かめよ). $f$ は連続だが, $f[A]=\left\{1, \dfrac{1}{1+1^2}, \dfrac{1}{1+2^2}, \cdots\right\}$ は閉集合でない.

**3** 1) Yes. $A$ を $\boldsymbol{R}^n\times\boldsymbol{R}^m$ の空でない開集合とし, $\boldsymbol{a}\in p[A]$ とする. ある $\boldsymbol{b}\in\boldsymbol{R}^m$ をとると $(\boldsymbol{a}, \boldsymbol{b})\in A$. $A$ は開集合だから, ある $\delta>0$ をとると, $(\boldsymbol{x}, \boldsymbol{y})\in\boldsymbol{R}^n\times\boldsymbol{R}^m, d((\boldsymbol{x}, \boldsymbol{y}), (\boldsymbol{a}, \boldsymbol{b}))<\delta$ なら $(\boldsymbol{x}, \boldsymbol{y})\in A$ となる. $\boldsymbol{x}\in\boldsymbol{R}^n, d(\boldsymbol{x}, \boldsymbol{a})<\delta$ なら, $d((\boldsymbol{x}, \boldsymbol{b}), (\boldsymbol{a}, \boldsymbol{b}))=d(\boldsymbol{x}, \boldsymbol{a})<\delta$ だから $(\boldsymbol{x}, \boldsymbol{b})\in A$. よって $\boldsymbol{x}\in p[A]$.

2) No. $n=m=1, A=\left\{\left(x, \frac{1}{x}\right); x>0\right\}$ とすると $A$ は閉集合である（確かめよ）．しかし $p[A]=\{\boldsymbol{x}\in\boldsymbol{R}; \boldsymbol{x}>0\}$ は閉集合でない．

**4** $A$ を $\boldsymbol{R}^n$ の開集合，$\boldsymbol{a}=(a_1, a_2, \cdots, a_n)$ を $A$ の点とする．ある $\varepsilon>0$ をとると $D(\boldsymbol{a}, \varepsilon)\subset A$．$a_i<x_i<a_i+\frac{\varepsilon}{\sqrt{n}}$ なる有理数 $x_i$ があるから，$\boldsymbol{x}=(x_1, x_2, \cdots x_n)\subset D(\boldsymbol{a}, \varepsilon)\subset A$．

**5** 1) Yes. $A+B$ の点 $\boldsymbol{c}=\boldsymbol{a}+\boldsymbol{b}$ $(\boldsymbol{a}\in A, \boldsymbol{b}\in B)$ に対し，ある $\varepsilon>0$ をとると $D(\boldsymbol{a}, \varepsilon)\subset A, D(\boldsymbol{b}, \varepsilon)\subset B$．$D(\boldsymbol{c}, \varepsilon)$ の点 $\boldsymbol{z}$ に対し，$\boldsymbol{x}=\boldsymbol{a}+\frac{\boldsymbol{z}-\boldsymbol{c}}{2}, \boldsymbol{y}=\boldsymbol{b}+\frac{\boldsymbol{z}-\boldsymbol{c}}{2}$ とおくと $\boldsymbol{x}\in A, \boldsymbol{y}\in B, \boldsymbol{z}=\boldsymbol{x}+\boldsymbol{y}$．

2) No. $n=1$ とし，$A=\left\{p+\frac{1}{2p}; p\in\boldsymbol{N}^+\right\}, B=\left\{-p+\frac{1}{2p}; p\in\boldsymbol{N}^+\right\}$ は閉集合だが，$A+B\ni\frac{1}{p}\to 0\notin A+B$．

3) Yes. $A$ が有界だとする．$A+B$ の点列 $\langle c_p\rangle_{p\in\boldsymbol{N}}$ が $\boldsymbol{R}^n$ の点 $\boldsymbol{c}$ に収束するとする．各 $p$ に対して $c_p=a_p+b_p$ となる $A, B$ の点 $a_p, b_p$ をえらぶ（選択公理）．$A$ は有界閉集合だから，点列 $\langle a_p\rangle$ には収束部分列 $\langle a_{\varphi(p)}\rangle_{p\in\boldsymbol{N}}$ があり，その極限 $\boldsymbol{a}$ は $A$ に属する．$\langle \boldsymbol{c}_{\varphi(p)}\rangle_{p\in\boldsymbol{N}}$ も $\boldsymbol{c}$ に収束する．$\langle b_{\varphi(p)}\rangle=\langle c_{\varphi(p)}-a_{\varphi(p)}\rangle$ は $\boldsymbol{c}-\boldsymbol{a}$ に収束し，$B$ が閉集合だから $\boldsymbol{b}=\boldsymbol{c}-\boldsymbol{a}\in B$．よって $\boldsymbol{c}=\boldsymbol{a}+\boldsymbol{b}\in A+B$．命題 3. 4. 13 によって $A+B$ は閉集合である．

**6** a)⇒b) はやさしい（選択公理はいらない）．$f$ が $\boldsymbol{a}$ で連続でないとする．ある $\varepsilon>0$ をとると，すべての $p\in\boldsymbol{N}^+$ に対して $A$ の点 $\boldsymbol{x}$ で $d(\boldsymbol{x}, \boldsymbol{a})<\frac{1}{p}, d(f(\boldsymbol{x}), f(\boldsymbol{a}))>\varepsilon$ なるものがある．選択公理によってこのような $\boldsymbol{x}$ をひとつずつ選んで $\boldsymbol{x}_p$ とすれば，$\lim_{p\to\infty}\boldsymbol{x}_p=\boldsymbol{a}$ だが，$\langle f(\boldsymbol{x}_p)\rangle_{p\in\boldsymbol{N}^+}$ は $f(\boldsymbol{a})$ に収束しない．

**7** $f$ が連続なら，写像 $\boldsymbol{x}\mapsto(\boldsymbol{x}, f(\boldsymbol{x}))$ も連続だから，定理 3. 4. 19 によって $G$ は有界閉集合である．

$f$ が $A$ の点 $\boldsymbol{a}$ で不連続なら，ある $\varepsilon>0$ をとると，すべての $p\in\boldsymbol{N}^+$ に対して $A$ の点 $\boldsymbol{x}$ で $d(\boldsymbol{x}, \boldsymbol{a})<\frac{1}{p}, d(f(\boldsymbol{x}), f(\boldsymbol{a}))>\varepsilon$ なるものがある．選択公理により，そのひとつをとって $\boldsymbol{x}_p$ とする：$d(\boldsymbol{x}_p, \boldsymbol{a})<\frac{1}{p}, d(f(\boldsymbol{x}_p), f(\boldsymbol{a}))>\varepsilon$．$\lim_{p\to\infty}\boldsymbol{x}_p=\boldsymbol{a}$．点列 $\langle f(\boldsymbol{x}_p)\rangle_{p\in\boldsymbol{N}^+}$ のいかなる部分列も $f(\boldsymbol{a})$ に収束しない．一方，$\boldsymbol{z}_p=(\boldsymbol{x}_p, f(\boldsymbol{x}_p))\in D$ とすると，列 $\langle\boldsymbol{z}_p\rangle_{p\in\boldsymbol{N}^+}$ は定理 3. 4. 5 によって収束部分列をもち，その極限は閉集合 $D$ に属するから，$(\boldsymbol{a}, f(\boldsymbol{a}))$ であり，$\langle f(\boldsymbol{x}_p)\rangle_{p\in\boldsymbol{N}^+}$ の対応する部分列は $f(\boldsymbol{a})$ に収束することになって矛盾．

## §5

**1** $p=1$ なら直線（$\alpha, \beta$ から等距離な点の軌跡），$p\neq1$ なら円である．実際，$z=x+iy, \alpha=a+ib, \beta=c+id$ と書いて，$|z-\alpha|^2=p^2|z-\beta|^2$ に代入するすると，円の方程式

$$\left(x-\frac{a-p^2c}{1-p^2}\right)^2+\left(y-\frac{b-p^2d}{1-p^2}\right)^2=\left(\frac{p|\alpha-\beta|}{1-p^2}\right)^2$$

が得られる．実部・虚部にわけずにかけば，

$$\left|z-\frac{\alpha-p^2\beta}{1-p^2}\right|=\frac{p|\alpha-\beta|}{|1-p^2|}.$$

**2** $w=\dfrac{1+ix}{1-ix}$ を $x$ に関して解くと，$x=i\dfrac{1-w}{1+w}$ となる．$w=u+iv,\, u^2+v^2=1$ として計算すると，$x$ が実数であることがわかる．

**3** 一般に $z\neq -i$ なら分母 $1-iz\neq 0$．$z=x+iy$ とかくと，$w=f(z)=\dfrac{(1-y)+ix}{(1+y)-ix}$ だから，

$$|w|<1\Leftrightarrow(1-y)^2+x^2<(1+y^2)+x^2\Leftrightarrow y>0.$$

よって $f[\mathscr{H}]=\mathscr{D}$．逆写像は $f^{-1}(w)=i\dfrac{1-w}{1+w}$ だから，$w\in\mathscr{D}$ なら $f^{-1}(w)$ が定まり，$\mathscr{H}$ に属する．

**4** $z=x+iy,\, y>0$ とすると $cz+d=(cx+d)+icy$．$c\neq 0$ なら $cz+d\neq 0$．$c=0$ なら $ad-bc>0$ によって $d\neq 0$，したがって $cz+d=d\neq 0$．つぎに

$$\frac{az+b}{cz+d}=\frac{(ax+b)+iay}{(cx+d)+icy}=\frac{[(ax+b)+iay][(cx+d)-icy]}{(cx+d)^2+(cy)^2}$$

だから，これの虚数部分は

$$\frac{ay(cx+d)-cy(ax+b)}{(cx+d)^2+(cy)^2}=\frac{(ad-bc)y}{(cx+d)^2+(cy)^2}>0.$$

**5** $\bar\beta w+\bar\alpha=0$ なら $\bar\beta w=-\bar\alpha$．$\beta\neq 0$ なら $|\alpha|=|\beta||w|<|\beta|$ となり，条件に反する．$\beta=0$ なら $\alpha=0$ となり，やはり条件に反する．つぎに，

$$\left|\frac{\alpha w+\beta}{\bar\beta w+\bar\alpha}\right|^2=\frac{(\alpha w+\beta)(\bar\alpha\bar w+\bar\beta)}{(\bar\beta w+\bar\alpha)(\beta\bar w+\alpha)}=\frac{|\alpha|^2|w|^2+|\beta|^2+\alpha\bar\beta w+\bar\alpha\beta\bar w}{|\beta|^2|w|^2+|\alpha|^2+\alpha\bar\beta w+\bar\alpha\beta\bar w}.$$

$$1-\left|\frac{\alpha w+\beta}{\bar\beta w+\bar\alpha}\right|^2=\frac{|\alpha|^2-|\beta|^2-|\alpha|^2|w|^2+|\beta|^2|w|^2}{|\bar\beta w+\bar\alpha|^2}=\frac{(|\alpha|^2-|\beta|^2)(1-|w|^2)}{|\bar\beta w+\bar\alpha|^2}>0.$$

## 第4章

### §1

**1** 1) $A\cap B=\emptyset$ なら $A\subset B^c=X-B$．$B^c$ は $A$ を含む閉集合だから $\bar A\subset B^c$．よって $\bar A\cap B=\emptyset$．

2) $x\in A\cap\bar B$ とする．$x$ を含む任意の開集合 $C$ に対し，$A\cap C$ は $x$ を含む開集合で $x\in\bar B$ だから $(A\cap C)\cap B\neq\emptyset$，すなわち $(A\cap B)\cap C\neq\emptyset$．したがって $x\in\overline{A\cap B}$．

**2** $x\in\bar{A}^Y$ とする．$x$ を含む $X$ の任意の開集合 $B$ に対し，$B\cap Y$ は $x$ を含む $Y$ の開集合だから $A\cap(B\cap Y)\neq\emptyset$．したがって $A\cap B\neq\emptyset, x\in\bar{A}^X$．

つぎに $x\notin\bar{A}^Y$ とする．$x$ を含む $Y$ の開集合 $B$ で $B\cap A=\emptyset$ なるものがある．$X$ のある開集合 $C$ をとると，$B=C\cap Y$ とかけるから，$C\cap A=C\cap Y\cap A=B\cap A=\emptyset$．よって $x\notin\bar{A}^X$．

**3** 1) $(a,b)\in\overline{A\times B}\Longleftrightarrow(a,b)$ を含む $X\times Y$ の開集合 $W$ で $W\cap(A\times B)\neq\emptyset$ なるものがある $\Longleftrightarrow a$ を含む $X$ の開集合 $U$ および $b$ を含む $Y$ の開集合 $V$ で，$(U\cap A)\times(V\cap B)=(U\times V)\cap(A\times B)\neq\emptyset$ なるものがある $\Longleftrightarrow a\in\bar{A}, b\in\bar{B}$．

2) 略．

**4** $(F_1)$ $A$ が可算，$A\supset B$ なら $B$ も可算だからあきらか．

$(F_2)$ $A, B$ が可算なら $A\cup B$ も可算．

$(F_3)$ あきらか．

**5** 1) 仮定と問題 2 により，$Y=\bar{Z}^Y=\bar{Z}^X\cap Y$ だから $\bar{Z}^X\supset Y$．$\bar{Z}^X$ は $X$ の閉集合だから，$\bar{Z}^X\supset\bar{Y}^X=X$．

2) 第 3 章 § 4 の問題 4 による．

**6** 1) $Y$ が $X$ のなかで順序の意味で稠密とする．$X$ の任意の空でない基本開集合 $A$ に対して $A\cap Y\neq\emptyset$ ならよい．$A=\{x\in X\,;\,a<x\}$ $(a\in X)$ のとき，$a$ が $X$ の最大元なら $A=\emptyset$ だから，$a<b$ なる $b\in X$ があり，仮定によって $Y$ の元 $x$ で $a<x<b$ なるものがあるから $A\cap Y\neq\emptyset$．逆むきの区間でも同じ．$A=\{x\in X\,;\,a<x<b\}$ のとき，$a\geqq b$ なら $A=\emptyset$，ゆえに $a<b$ としてよく，あとは同様．

2) $Y$ が順序位相の意味で $X$ で稠密とする．$a, b\in X, a<b$ なら，$X$ は自己稠密だから，$A=\{x\in X\,;\,a<x<b\}$ は空でない開集合だから $A\cap Y\neq\emptyset$．

**7** $X$ の可算な開集合基 $\mathcal{B}$ の各元 $B$ から 1 点 $b_B$ をえらんでできる集合を $Y$ とする．$Y$ は可算である．$X$ の任意の点 $x$ および $x$ を含む任意の開集合 $A$ に対し，$\mathcal{B}$ の元 $B$ で $x\in B\subset A$ なるものがある．$b_B\in B\cap Y$ だから $A\cap Y\neq\emptyset$．

**8** $(I_2)$ 以外はあきらか．$(I_2)$ を示すために，まず《$A\subset B$ なら $A^\circ\subset B^\circ$》に注意する．実際，$A^\circ$ は $B$ に含まれる開集合だから $A^\circ\subset B^\circ$．さて，$A\cap B\subset A$ だから $(A\cap B)^\circ\subset A^\circ$．同様に $(A\cap B)^\circ\subset B^\circ$ だから $(A\cap B)^\circ\subset A^\circ\cap B^\circ$．一方，$A^\circ\subset A, B^\circ\subset B$ だから $A^\circ\cap B^\circ\subset A\cap B$．$A^\circ\cap B^\circ$ は $A\cap B$ に含まれる開集合だから $(A\cap B)^\circ\supset A^\circ\cap B^\circ$．

**9** $(T_1)$ まず《$A\subset B$ なら $A^\circ\subset B^\circ$》に注意する．実際，$A\subset B$ なら $A=A\cap B$ だから $A^\circ=(A\cap B)^\circ=A^\circ\cap B^\circ$．さて，$X$ の部分集合の族 $\langle A_i\,;\,i\in I\rangle$ があって $A_i{}^\circ=A_i$ とす

る．$A=\bigcup_{i\in I}A_i$ とおく．$I$ の各元 $i$ に対し，$A_i\subset A$ だから $A_i=A_i^\circ\subset A^\circ$．よって $A\subset A^\circ$．$(\mathrm{I}_1)$ によって $A^\circ\subset A$ だから $A^\circ=A$．

$(\mathrm{T}_2)(\mathrm{T}_3)$　略．

**10**　命題 3.4.15 により，$\boldsymbol{R}^n$ の任意の開球に含まれる開正方体が存在し，逆に任意の開正方体に含まれる開球が存在する．

**11**　1)　基本閉区間が閉集合ならよいが，それはすぐわかる．

2)　$I$ が区間で閉集合とする．$I$ を含む基本閉集合の全体を $\mathcal{A}$ とすると，$\mathcal{A}\neq\emptyset$．基本閉集合の全体は閉集合基だから，$I=\bigcap\mathcal{A}$．

**12**　$c<b<d$ なる $c,d$ があるとしてよい．$V=\{x\in X\,;\,c<x<d\}$ は $b$ を含む開集合である．$V\cap A=\emptyset$ なら $c$ は $A$ の上界であり，$b$ の上限性に反するから $V\cap A\neq\emptyset$，$b\in\bar{A}$．もし $b<e,\ e\in\bar{A}$ なら $U=\{x\in X\,;\,b<x\}$ は $e$ を含む開集合で $U\cap A\neq\emptyset$ だから矛盾．

## §2

**1**　まず $U\in\mathcal{U}(a)$ とする．$Y$ の開集合 $B$ で $a\in B\subset U$ なるものがある．$Y$ の位相の定義により，$X$ のある開集合 $A$ をとると $B=A\cap Y$ となる．$C=U\cup A$ とすると $C\in\mathcal{V}(a)$．$C\cap Y=(U\cup A)\cap Y=(U\cap Y)\cup(A\cap Y)=U\cup B=U$．

つぎに $V\in\mathcal{V}(a)$ とする．$X$ の開集合 $A$ で $a\in A\subset V$ なるものがある．$B=A\cap Y$ は $Y$ の開集合であり，$a\in B$ だから $B\in\mathcal{U}(a)$．$B=A\cap Y\subset V\cap Y$ だから $V\cap Y\in\mathcal{U}(a)$．

**2**　$Y$ での $a$ の近傍系を $\mathcal{U}(a)$ とし，$U\in\mathcal{U}(a)$ とする．前問により，$\mathcal{V}(a)$ のある元 $V$ をとると $U=V\cap Y$ とかける．$\mathcal{B}$ の元 $A$ で，$A\subset V$ なるものがあるから，$B=A\cap Y$ とすると $B\in\mathcal{C},\ B\subset U$ となる．

**3**　点 $a$ の可算近傍基 $\mathcal{A}=\{V_n\,;\,n\in\boldsymbol{N}\}$ に対し，$U_n=V_0\cap V_1\cap\cdots\cap V_n$ とおけばよい．

**4**　まず $X$ の各点 $a$ に対し，集合 $\mathcal{B}_a=\{\{a\}\}$ は $a$ の近傍基である．つぎに $\mathcal{B}$ が $X$ の開集合基とすると，各点 $a$ に対して $\{a\}$ は開集合だから $\{a\}\in\mathcal{B}$．$a\neq b$ なら $\{a\}\neq\{b\}$ だから $\mathcal{B}$ は非可算である．

## §3

**1**　$A$ が $Z$ の開集合なら，$A=\bigcup_{i\in I}(A_i\times B_i)$ の形である．ただし $A_i$ は $X$ の開集合，$B_i$ は $Y$ の開集合である．$p[A]=\bigcup_{i\in I}p[A_i\times B_i]=\bigcup_{i\in I}A_i$ は $X$ の開集合である．一般の積空間の場合も同様．

**2** $i$が開写像なら$Y$は$Y$の開集合だから，$Y=i[Y]$は$X$の開集合である．$Y$が$X$の開集合のとき，$A$が$Y$の開集合なら，$i[A]=A$は$X$の開集合である．

§5

**1** 距離空間$(X, d)$が稠密可算型だとする．$X$のなかで稠密な可算部分集合$Y$をとる．$Y$の点$a$を中心とする半径有理数の開球の全体（$a$も動かす）を$\mathcal{B}$とする．$\mathcal{B}$は可算である（命題1.2.23）．これが$X$の開集合基であることを示す．

$A$を$X$の開集合，$a$を$A$の点とする．ある正の有理数$r$をとると$D(a, 2r)\subset A$．$\bar{Y}=X$だから$D(a, r)\cap Y\neq\emptyset$．これに属する点$b$をとる．$d(a, b)<r$だから，$d(a, b)<s<r$なる有理数$s$をとれば，$a\in D(b, s)\subset A$となる．実際，$a\in D(b, s)$はあきらか．$x\in D(b, s)$なら，$d(a, x)\leqq d(a, b)+d(b, x)<s+s<2r$だから$x\in D(a, 2r)\subset A$．

**2** $x\sim x', y\sim y'$なら$d(x, y)\leqq d(x, x')+d(x', y')+d(y', y)=d(x', y')$．同様に$d(x', y')\leqq d(x, y)$．つぎに距離の三条件のうち，$(\mathrm{D}_1)$ $\tilde{d}(\tilde{x}, \tilde{x})=d(x, x)=0$．$\tilde{x}\neq\tilde{y}$なら$x \nsim y$だから$\tilde{d}(\tilde{x}, \tilde{y})=d(x, y)>0$．$(\mathrm{D}_2)$はあきらか．$(\mathrm{D}_3)$ $\tilde{d}(\tilde{x}, \tilde{z})=d(x, z)\leqq d(x, y)+d(y, z)=\tilde{d}(\tilde{x}, \tilde{y})+d(\tilde{y}, \tilde{z})$．

**3** 略．

**4** 略．

**5** $f\neq0$なら$\|f\|>0$は，例4.5.9と同様．三角不等式は，$\boldsymbol{R}^n$の標準距離の場合をまねて，実係数のある2次多項式がつねに正または0であることから，その判別式が負または0であることにもちこむ．ただし，$\boldsymbol{R}^n$の場合の《和》を《積分》におきかえる．なお，同じことは複素数値連続関数の場合にも成りたつが，三角不等式の証明がすこし面倒になる．

**6** 1) $d_p(p^n, 0)=|p^n-0|_p=p^{-n}\to0$．

2) $a_n(1-p)=1-p^n$だから，$a_n=\dfrac{1-p^n}{1-p}\to\dfrac{1}{1-p}$．

3) $\displaystyle\sum_{n=0}^{k}(p-1)p^n=(p-1)\frac{1-p^{k+1}}{1-p}\to-1$（$k\to\infty$のとき）．

## 第5章

§1

**1** $a<b$なら$[a]$は$a$の近傍で$b\notin[a]$．

**2** 同じことだから$A=\{x\in X\,;f(x)\neq g(x)\}$とし，$a$を$A$の点とする．$f(a)\neq g(a)$だから，$f(a)$の近傍$U'$, $g(a)$の近傍$V'$で$U'\cap V'=\emptyset$なるものがある．$f, g$は連続だ

から，$a$ の近傍 $U$ および $V$ で $f[U]\subset U'$, $g[V]\subset V'$ なるものがある．$x\in U\cap V$ なら $f(x)\neq g(x)$ だから $x\in A$.

**3** 前問により，$\{x\in X\,;\,f(x)=g(x)\}$ は $X$ の稠密な閉集合である．

**4** $X$ を正則空間，$Y$ を $X$ の部分空間，$a$ を $Y$ の点とする．$a$ の任意の近傍 $A$ は $A=U\cap Y$ とかける．ただし $U$ は $a$ の $X$ での近傍．$X$ は正則だから，$a$ の $X$ での閉近傍 $V$ で $V\subset U$ なるものがある．$B=V\cap Y$ は $a$ の $Y$ での閉近傍で $B\subset A$.

**5** $A$ を閉集合，$a\notin A$ とする．$B=\{x\in A\,;\,x\leqq a\}$, $C=\{x\in A\,;\,a\leqq x\}$ は閉集合で $B\cap C=\emptyset$, $B\cup C=A$.

1° $B$ に上限 $b$ があるとき，第4章§1の問題12により，$b$ は $B$ の最大元である．$b<a$. $b<c<a$ なる $c$ があるとき，$P=\{x\in X\,;\,x<c\}$ は $B$ を含む開集合，$U=\{x\in X\,;\,c<x\}$ は $a$ の開近傍で $P\cap U=\emptyset$. $b<c<a$ なる $c$ がないとき，$P=\{x\in X\,;\,x<a\}$ は $B$ を含む開集合，$U=\{x\in X\,;\,b<x\}$ は $a$ の開近傍で $P\cap U=\emptyset$.

2° つぎに $B$ に上限がないとき，$a$ は $B$ の上界であり，最小上界ではないから，$c<a$ なる $B$ の上界 $c$ がある．$c$ も最小でないから，$d<c$ なる $B$ の上界 $d$ がある．$P=\{x\in X\,;\,x<d\}$ は $B$ を含む開集合．$U=\{x\,;\,c<x\}$ は $a$ の開近傍で $P\cap U=\emptyset$.

以上と同じことを $C$ に対してやると，$C$ を含む開集合 $Q$, $a$ の開近傍 $V$ で $Q\cap V=\emptyset$ なるものが得られる．$R=P\cup Q$ は $A=B\cup C$ を含む開集合，$W=U\cap V$ は $a$ の開近傍で $R\cap W=\emptyset$.

## §2

**1** $X$ がコンパクトかつ離散とする．$X$ のすべての点 $x$ に対して1点集合 $\{x\}$ は開集合だから，$\{\{x\}\,;\,x\in X\}$ は $X$ の開被覆であり，有限部分被覆をもつ．

**2** $X$ の恒等写像 $I_X$: $(X,\mathcal{T})\to(X,\mathcal{S})$ は連続な双射だから，定理5.2.20によって $I_X$ は同相写像である．

**3** $A$ を $Z$ の閉集合，$B=q[A]$ とし，$B^c=Y-B$ が $Y$ の開集合であることを示す．$b$ を $B^c$ の点とする．$X$ のすべての点 $x$ に対して $(x,b)\in A^c$. $A^c$ は開集合だから，$x$ の $X$ での開近傍 $U$ および $b$ の $Y$ での開近傍 $V$ で，$(U\times V)\cap A=\emptyset$ なるものがある．各 $x$ に対してこのような $U,V$ をひとつえらんで $U(x)$, $V(x)$ とする（選択公理）．

$\{U(x)\,;\,x\in X\}$ はコンパクト空間 $X$ の開被覆だから，$X$ の有限個の点 $x_1, x_2, \cdots, x_n$ をえらぶと，$\bigcup_{i=1}^{n} U(x_i)=X$ となる．$V=\bigcap_{i=1}^{n} V(x_i)$ とおくと，$V$ は $b$ の $Y$ での開近傍で，$(X\times V)\cap A=\emptyset$ が成りたつ．実際，もし $z=(x,y)\in(X\times V)\cap A$ なら，ある $i$ $(1\leqq i\leqq n)$ に対して $x\in U(x_i)$ だから，$(x,y)\in(U(x_i)\times V(x_i))\cap A$ となり，矛盾．よって $(X\times V)\cap A=\emptyset$. $\emptyset=q[(X\times V)\cap A]=V\cap B$ だから $V\subset B^c$ となり，$B^c$ は $Y$

の開集合である．

**4** 背理法．$I$ の任意の有限部分集合 $J$ に対して $\bigcap_{i\in J} A_i \not\subset B$ とする：$\left(\bigcap_{i\in J} A_i\right) \cap B^c \neq \emptyset$. $I$ の元 $k$ を固定し，$I$ の各元 $i$ に対して $F_i = A_k \cap A_i \cap B^c$ とおく．$X$ がハウスドルフだから，命題 5.2.18 によって $A_i$ たちはすべて閉集合である．したがって $F_i$ は閉集合であり，$F_i \neq \emptyset, F_i \subset F_k$. $\{F_i\,;\, i\in I\}$ は有限交差性をもつ．$F_k$ はコンパクトだから $\bigcap_{i\in I} F_i \neq \emptyset$. $\bigcap_{i\in I} F_i = \bigcap_{i\in I} [A_k \cap A_i \cap B^c] = A_k \cap \left[\bigcap_{i\in I} A_i\right] \cap B^c$. $\bigcap_{i\in I} A_i \subset B$ だから $\bigcap_{i\in I} F_i = \emptyset$ となり，矛盾．

**5** $\mathcal{B}$ を $X$ の可算開集合基とし，$\mathcal{U}$ を $X$ の開被覆とする．$\mathcal{B}$ の元 $A$ に対し，$\mathcal{V}(A) = \{U \in \mathcal{U}\,;\, A \subset U\}$ とおき，$\mathcal{B}' = \{A \in \mathcal{B}\,;\, \mathcal{V}(A) \neq \emptyset\}$ とおく．$\mathcal{B}'$ の各元 $A$ に対し，$\mathcal{V}(A)$ の元をひとつえらんで $U(A)$ とする（選択公理）．$\mathcal{U}' = \{U(A)\,;\, A \in \mathcal{B}'\}$ とすると $\mathcal{U}' \subset \mathcal{U}$ であり，$\mathcal{U}'$ は可算である．$X$ の任意の元 $x$ はある $U = \mathcal{U}$ に含まれる．$\mathcal{B}$ は $X$ の開集合基だから，$\mathcal{B}$ の元 $A$ で $x \in A \subset U$ なるものがある．$U \in \mathcal{V}(A)$ だから $A \in \mathcal{B}'$. $A \subset U(A)$ だから $x \in U(A)$. $x$ は任意だから，$\{U(A)\,;\, A \in \mathcal{B}'\}$ は $\mathcal{U}$ の可算部分被覆である．

**6** $X$ の非可算無限部分集合 $A$ が集積点をもたないとすると，$X$ の各点 $x$ に対し，$x$ の開近傍 $U(x)$ で $U(x) \cap A \subset \{x\}$ なるものがえらべる（選択公理）．$\mathcal{U} = \{U(x)\,;\, x \in X\}$ は $X$ の開被覆だから，問題 5 によって $\mathcal{U}$ の可算部分被覆 $\mathcal{V} = \{U(x_n)\,;\, n \in \boldsymbol{N}\}$ がえらべる．$A \subset \bigcup_{n=0}^{\infty} [U(x_n) \cap A]$. $U(x_n) \cap A \subset \{x_n\}$ だから $A$ は可算となり，矛盾．

**7** ［必要性］ $X$ が完備でなければ，上に有界な空でない集合 $A$ で上限をもたないものがあるとしてよい．$A$ の元 $a$ に対し，$V(a) = \{x \in X\,;\, x < a\} \cup \{A \text{ の上界}\}$ とおくと，$\{V(a)\,;\, a \in A\}$ は $X$ の開被覆だが，有限部分被覆をもたない．もし $X$ に最大元がなければ，$X$ の元 $a$ に対して $U(a) = \{x \in X\,;\, x < a\}$ とおくと，$\{U(a)\,;\, a \in X\}$ は $X$ の開被覆だが，有限部分被覆をもたない．

［十分性］ $\{A_i\,;\, i \in I\}$ を閉集合の有限交差族とする．各 $A_i$ は空でない基本閉区間の共通部分だから，ここにあらわれる基本閉区間の全体を $\{B_j\,;\, j \in J\}$ とする．$\bigcap_{j\in J} B_j = \bigcap_{i\in I} A_i$. $X$ には最小元，最大元があるから，すべての $B_j$ は $B_j = [a_j, b_j]$ の形である．もしある $i, j$ に対して $a_i > b_j$ なら $[a_i, b_i] \cap [a_j, b_j] = \emptyset$ だから，すべての $i, j$ に対して $a_i \leqq b_j$. $P = \{a_j\,;\, j \in J\}, Q = \{b_j\,;\, j \in J\}$ とし，$\alpha = \sup P, \beta = \inf Q$ とする．$\alpha > \beta$ と仮定して矛盾をみちびく．1° $\alpha > \gamma > \beta$ なる $\gamma$ がないとき．$\beta$ は $P$ の上界でないから，$\beta < a_i$ なる $i \in J$ がある．仮定によって $\alpha \leqq a_i$. $\alpha$ は $Q$ の下界でないから，$\alpha > b_j$ なる $j \in J$ がある．仮定によって $b_j \leqq \beta$ だから $b_j < a_i$ となって矛盾．2° $\alpha > \gamma > \beta$ なる $\gamma$ があるとき．$\gamma$ は $P$ の上界でないから，$\gamma < a_i$ なる $i \leqq J$ がある．$\gamma$ は $Q$ の下界でないから，$\gamma > b_j$ なる $j \in J$ がある．$b_j < a_i$ となって矛盾．よって $\alpha \leqq \beta$. $[\alpha, \beta] \subset \bigcap_{j\in J} B_j$ となる．

8　$X$ を大域可算型の可算コンパクト空間，$\mathcal{U}$ を $X$ の開被覆とする．また $\mathcal{B}$ を $X$ の可算開集合基とする．$\mathcal{U}$ の元 $U$ に対し，$\mathcal{V}(U)=\{V\in\mathcal{B};\ V\subset U\}$ とし，$\mathcal{V}=\bigcup_{U\in\mathcal{U}}\mathcal{V}(U)$ とする．すべての $U$ は $\mathcal{B}$ の元の合併だから，$\mathcal{V}$ は $X$ の開被覆であり，$\mathcal{V}\subset\mathcal{B}$ だから $\mathcal{V}$ は $X$ の可算開被覆である．仮定によって $\mathcal{V}$ は有限部分被覆 $\{V_1, V_2, \cdots, V_n\}$ をもつ．$V_i$ を含む $\mathcal{U}$ の元 $U_i$ をひとつずつ取れば，$\{U_1, U_2, \cdots, U_n\}$ は $\mathcal{U}$ の有限部分被覆である．

§3

1　$(a, b)\neq(c, d)$ を $X$ の 2 点とする．$a\notin\boldsymbol{Q}$ または $b\notin\boldsymbol{Q}$ だから $b\notin\boldsymbol{Q}$ とする．$c\notin\boldsymbol{Q}$ なら，$\{(x, b)\,;\,a\leqq x\leqq c,\,x\in\boldsymbol{R}\}\cup\{(c, y)\,;\,b\leqq y\leqq d,\,y\in\boldsymbol{R}\}$ は $X$ 内の連続曲線（の像）で，$(a, b)$ と $(c, d)$ をむすぶ．$c\in\boldsymbol{Q}$ なら $d\notin\boldsymbol{Q}$．$c'<c,\,c'\notin\boldsymbol{Q}$ をとると，$\{(x, b)\,;\,a\leqq x\leqq c',\,x\in\boldsymbol{R}\}\cup\{(c', y)\,;\,b\leqq y\leqq d,\,y\in\boldsymbol{R}\}\cup\{(x, d)\,;\,c'\leqq x\leqq c,\,x\in\boldsymbol{R}\}$ は $X$ 内の連続曲線で，$(a, b)$ と $(c, d)$ をむすぶ．

2　帰納法によって $B_k=\bigcup_{n=0}^{k}A_n$ $(k\in\boldsymbol{N})$ は連結である．$\bigcap_{k=0}^{\infty}B_k\supset A_0\neq\varnothing$ だから，命題 5.3.7 によって $\bigcup_{k=0}^{\infty}B_k=\bigcup_{n=0}^{\infty}A_n$ は連結である．

3　$(a, b)$ を含む $X\times Y$ の連結成分を $C$ とすると $A\times B\subset C$．$A\times B\subsetneqq C$ と仮定し，$A\times B$ に属さない $C$ の元 $(x, y)$ をとる．どっちでも同じだから $x\notin A$ とする．$X\times Y$ の第 1 射影を $p$ とすると $p[C]\ni x$．$p[C]$ は連結で $a$ を含むから $p[C]\subset A$ であり，矛盾．

4　$X$ を全順序位相空間とする．

［必要性］　$a<b$ のあいだに元がなければ，$A=\{x\in X\,;\,x<b\}=\{x\in X\,;\,x\leqq a\}$, $B=\{x\in X\,;\,a<x\}=\{x\in X\,;\,b\leqq x\}$ とおくと $A, B$ は空でなく開かつ閉，$A\cup B=X, A\cap B=\varnothing$．

つぎに $X$ が完備でなければ，上に有界な空でない集合 $A$ で上限のないものがあるとしてよい．$B=\{x\in X\,;\,A$ のある元 $y$ に対して $x\leqq y\}$ とし，$B$ の上界の全体を $C$ とする：$C=\{x\in X\,;\,A$ のすべての元 $y$ に対して $y\leqq x\}$．$B, C$ は空でなく，$B\cap C=\varnothing, B\cup C=X$．$A$ には上限がないから，$x\in B$ なら $x<y$ なる $y\in B$ が存在し，$B$ は開集合である．同様に $C$ も開集合である．

［十分性］　$X$ が完備かつ自己稠密であって連結でないとする．$X$ の空でない開集合 $A, B$ で $X=A\cup B, A\cap B=\varnothing$ なるものがある．$a\in A, b\in B, a<b$ としてよい．$C=\{x\in X\,;\,a<x,\ a<y\leqq x$ なら $y\in A\}$ とおく．1°　$a<x_1\leqq x_2,\ x_2\in C$ なら $x_1\in C$．2°　$C\neq\varnothing$（略）．3°　$C\subset A$．あきらか．4°　$C$ は開集合である．実際，$x\in C$ なら $a<x\in A$．$a<x'<x$ なら 1° によって $x'\in C$．$x<z_2$ なるある $z_2$ に対し，$x\leqq u\leqq z_2$ なら $u\in A$．$u\in C$．5°　$C$ は上に有界（略）．以上によって $p=\sup C$ がある．$C$ は開集合

だから $p\notin C$. かりに $p\in A$ とする. $a\leqq p$. $a\leqq y<p$ なる任意の $y$ に対し, $y<z<p$ なる $C$ の元 $z$ が存在するから $y\in A$ となり $p\in C$ となってしまう. よって $p\notin A, p\in B$. $B$ は開集合だから $z<p$ なるある $z$ をとると, $z\leqq u\leqq p$ なら $u\in B$ となり, $p$ が $C$ の上限であることに反する.

**§4**

**1** $\varepsilon>0$ に対し, $d(x,y)\leqq\varepsilon$ なら $|f_a(x)-f_a(y)|=|d(x,a)-d(y,a)|\leqq d(x,y)\leqq\varepsilon$.

**2** $X\times X$ の距離関数を $d'$ とすると,

$$d'((x,y),(u,v))=\sqrt{d(x,u)^2+d(y,v)^2}.$$

$\varepsilon>0$ に対し, $d'((x,y),(u,v))\leqq\dfrac{\varepsilon}{2}$ なる2点 $(x,y),(u,v)$ をとると, $d'$ の式から $d(x,u)\leqq\dfrac{\varepsilon}{2}$, $d(y,v)\leqq\dfrac{\varepsilon}{2}$. 前問によって $|d(x,y)-d(u,y)|\leqq\dfrac{\varepsilon}{2}$, $|d(u,y)-d(u,v)|\leqq\dfrac{\varepsilon}{2}$. よって $|d(x,y)-d(u,v)|\leqq|d(x,y)-d(u,y)|+|d(u,y)-d(u,v)|\leqq\varepsilon$.

**3** $(X,d)$ が全有界でないとする. ある $\varepsilon>0$ をとると $X$ の有限 $\varepsilon$ 被覆は存在しない. $X$ の任意の有限部分集合 $A$ に対し, $\left\{D\left(x,\dfrac{\varepsilon}{3}\right); x\in A\right\}$ は $X$ を被わない. 実際, $\delta\left(D\left(x,\dfrac{\varepsilon}{3}\right)\right)\leqq\dfrac{2}{3}\varepsilon<\varepsilon$. $X-\bigcup_{x\in A}D\left(x,\dfrac{\varepsilon}{3}\right)$ から1点をとってこれを $f(A)$ とかく (選択公理). $X$ の1点 $a_0$ を固定し, $a_1=f(\{a_0\})$, $a_2=f(\{a_0,a_1\})$, 以下帰納的に $a_{n+1}=f(\{a_0,a_1,\cdots,a_n\})$ として点列 $\langle a_n\rangle_{n\in\boldsymbol{N}}$ を定める (定理2.2.8をみよ). $n\neq m$ なら $d(a_n,a_m)\geqq\dfrac{\varepsilon}{3}$ だからこれはコーシー列を含まない.

**4** $a,b$ が $\bar{A}$ の点なら, 任意の正実数 $\varepsilon$ に対し, $A$ の点 $x,y$ で $d(a,x)<\varepsilon$, $d(b,y)<\varepsilon$ なるものが存在するから, $d(a,b)\leqq d(a,x)+d(x,y)+d(y,b)<\delta(A)+2\varepsilon$. $\varepsilon$ は任意だから $d(a,b)\leqq\delta(A)$.

**5** $\langle f_n\rangle_{n\in\boldsymbol{N}}$ を $BC(X)$ のコーシー列とする. $B(X)$ は完備だから, $\langle f_n\rangle_{n\in\boldsymbol{N}}$ は $B(X)$ の元 $f$ に (われわれの距離に関して) 収束する. $f$ が連続ならよい. $a\in X$ とする. $\varepsilon>0$ に対してある $L\in\boldsymbol{N}$ をとると, $X$ のすべての元 $x$ に対して $|f(x)-f_L(n)|\leqq\varepsilon$ が成りたつ. $f_L$ は $a$ で連続だから, $a$ のある近傍 $V$ をとると, $x\in V$ なら $|f_L(x)-f_L(a)|\leqq\varepsilon$ となる. したがって,

$$\begin{aligned}|f(x)-f(a)|&\leqq|f(x)-f_L(x)|+|f_L(x)-f_L(a)|+|f_L(a)-f(a)|\\&\leqq 3\varepsilon.\end{aligned}$$

**6** $(X,d)$ を距離空間, $A$ を $X$ の閉集合, $a$ を $A$ に属さない $X$ の点とする. ある正数 $r$ をとると, $D(a,2r)\cap A=\varnothing$. $V=D(a,v)$, $U=\bigcup_{x\in A}D(x,r)$ とすると, $U$ は $A$ を含む開集合で, $V\cap U=\varnothing$.

**7** 1) $A$ から $\boldsymbol{R}$ への写像 $f: x \mapsto d(a, x)$ は連続だから，定理5.2.10によって像 $f[A]$ はコンパクト，すなわち有界閉集合だから最小値が存在する．

2) $A$ が閉集合でなければ，$\bar{A}-A$ は空でないから，その1点 $a$ をとると，$d(a, A)=0$．一方，$A$ の任意の点 $x$ に対して $a \neq x$ だから $d(a, x) \neq 0$．

3) $A$ の1点 $C$ をとり，$B=\{x \in A ; d(a, x) \leqq d(a, c)\}$ とおくと，$B$ は空でない有界閉集合である．

## 付　録

§1

**1** $m=n+p, l=m+q=(n+p)+q=n+(p+q) \geqq n$．$t \geqq s$ は $s \leqq t$ の略記である．

**2** $m=n+p, m+l=(n+p)+l=(n+l)+p \geqq n+p$．

**3** 1変項論理式 $\neg[n<0]$ に帰納法をつかう．$n=0$ ならよいから $n$ で仮定する．もし $n+1<0$ なら $1 \leqq n+1<0$ だから問題1によって $1 \leqq 0$．$1=0+1>0$（公理9）だから $1 \neq 0$．よって $1<0$ となり，公理8に反する．

**4** $n \neq 0 \rightarrow n \geqq 1$ を帰納法で示す．1ならよい．$n+1 \geqq 1$．

**5** $n+m=0$ とする．$m \neq 0$ なら，公理9によって $n<n+m=0$ となり，問題3に反する．

**6** $m=n+p, n=m+q=n+(p+q)$．公理9によって $p+q=0$．問題5によって $p=q=0$．

**7** 1変項論理式 $\forall m[[n \leqq m] \vee[m \leqq n]]$ に帰納法をつかう．$n=0$ のとき．$m=0$ ならよい．$m \neq 0$ なら問題4によって $1 \leqq m$．公理9によって $0<0+1=1$．問題1によって $0 \leqq m$．すなわち $n \leqq m$．

$n$ で仮定すると，$n \leqq m$ または $m \leqq n$．$m \leqq n$ なら $m \leqq n+1$，OK．$m=n$ なら公理9によって $m<n+1$，OK．$n<m$ なら $m=n+p, p \neq 0$．問題4によって $1 \leqq p$．問題2によって $n+1 \leqq n+p=m$．

**8** $n<m$ とすると $m=n+p, p>0$．$l=m+q=n+(p+q)$．もし $n=l$ なら $p+q=0$ となり，問題5に反する．$m<l$ でも同じ．

**9** $m=n+p, p \neq 0$．$m+l=(n+l)+p>n+l$（公理9）．

**10**　$n<m$ でも $m<n$ で前問に反する．問題 7 によって $n=m$.

**11**　もしあったとすると $k=n+p,\ p\neq 0$．問題 4 によって $p\geqq 1$．問題 2 によって $k=n+p\geqq n+1$ となり，問題 6 に反する．

**12**　帰納法．$n$ で仮定すれば $n+1=n+1$ だから OK．$n+1=l+1$ なら問題 10 によって $n=l$.

**13**　$n$ に関する帰納法．$(n+1)m=nm+m>nm$（公理 9）．$nm\geqq 0$ だから $(n+1)m>0$.

**14**　$m=n+p,\ p\neq 0$．$ml=nl+pl$．$pl\neq 0$ だから $ml>nl$.

**15**　[存在]　$n$ に関する帰納法．$n=0$ ならあきらかだから，$n=km+l\ (0\leqq l<m)$ とする．$n+1=km+(l+1)$．$l+1<m$ ならよい．$l+1=m$ なら $n+1=km+m=(k+1)m$.

[一意性]　$n=km+l=k'm+l'\ (0\leqq l,\ l'<m)$ とする．$k<k'$ なら $k'=k+p\ (p>0)$．$n=k'm+l'=km+pm+l'\geqq km+pm\geqq km+m=(k+1)m$ となり，$n=km+l<km+m=(k+1)m$ に反する．よって $k=k',\ l=l'$（問題 10）．

**16**　$\forall m[m\leqq n\rightarrow\phi(m)]$ に帰納法を適用する．

§4

**1**　$n+1=n^+$ はすでに証明した．

1)　$(n+m)+0=n+m=n+(m+0)$．$(n+m)+l^+=[(n+m)+l]^+=[n+(m+l)]^+=n+(m+l)^+=n+(m+l^+)$.

2)　まず $0+n=n$．実際，$0+0=0$．$0+n^+=(0+n)^+=n^+$．つぎに $n+1=1+n$．実際，$0+1=0^+=1=1+0$．$n^++1=(n+1)+1=(n+1)^+=(1+n)^+=1+n^+$.

$n+m^+=(n+m)^+=(m+n)^+=m+n^+=m+(n+1)=m+(1+n)=(m+1)+n=m^++n$.

3)　$(n+m)0=0=n0+m0$．$(n+m)l^+=(n+m)l+(n+m)=(nl+ml)+(n+m)=(nl+n)+(ml+m)=nl^++ml^+$.

4)　まず $0n=0$．実際，$00=0,\ 0n^+=0n+0=0+0=0$．つぎに $n1=1n=n$．実際，$n1=n0^+=n0+n=n$．$10=0,\ 1n^+=1n+1=n+1=n^+$．さて，$nm^+=nm+n=mn+n=mn+1n=(m+1)n=m^+n$．よって左分配律も成りたつ．

5)　$n(m0)=n0=0=(nm)0$．$n(ml^+)=n(ml+m)=n(ml)+nm=(nm)l+nm=(nm)l^+$.

**2**　略．

**3**　かりに無限下降列 $f$ があったとして，$A=f[\omega]$ とすると，$A\neq 0$ だから，正則性公

理によって $A$ の元 $x$ で $x\cap A=0$ なるものがある．ある $n\in\omega$ をとると $x=f(n)$ とかけるから，$f(n+1)\in f(n)\cap A$ となって矛盾．

**4**　そうかけない最小の順序数を $\alpha$ とする．$\alpha>0$．$\alpha$ が極限順序数なら $\alpha=\alpha+0$ だから，$\alpha$ は孤立順序数であり，直前の順序数 $\alpha^-$ がある．$\alpha$ の定義によって $\alpha^-=\beta+n$ とかけるから，$\alpha=(\beta+n)^+=\beta+n^+$ となって矛盾．一意性．$\alpha=\beta+n=\beta'+n'$ とする．もし $\beta<\beta'$ なら，$\beta'$ は極限順序数だから $\beta+n<\beta'\leqq\beta'+n'$ となるから $\beta=\beta'$．$n<n'$ なら $\beta+n<\beta+n^+\leqq\beta+n'$．

**5**　$B=0$ ならあきらか $(\sup B=0)$ だから $B\neq 0$ とする．$\sigma=\sup B$ とかく．$\sigma\in B$ なら $\alpha+\sup B=\alpha+\sigma=\sup(\alpha+B)$．以後 $\sigma\notin B$ とする．$\beta\in B, \gamma<\beta$ なら $\gamma\in B$ と仮定してよい．$B=\{\beta\,;\,\beta<\sigma\}=\sigma$ である．順序数の和の定義により，$\alpha+\sup B=\alpha+\sigma=\sup\{\alpha+\beta\,;\,\beta<\sigma\}=\sup(\alpha+B)$．$\alpha\cdot\sup B=\sup(\alpha B)$ も同様．

**6**　1)　$0+\alpha^+=(0+\alpha)^+=\alpha^+$．$\alpha$ が極限順序数なら $0+\alpha=\sup\{0+\beta\,;\,\beta<\alpha\}=\sup\{\beta\,;\,\beta<\alpha\}=\alpha$．つぎに $\alpha 1=\alpha 0^+=\alpha 0+\alpha=0+\alpha=\alpha$．$1\cdot 0=0$．$1\alpha^+=(1\alpha)^+=1\alpha+1=\alpha+1=\alpha^+$．$\alpha$ が極限順序数なら $1\alpha=\sup\{1\beta\,;\,\beta<\alpha\}=\sup\{\beta\,;\,\beta<\alpha\}=\alpha$．

2)　$(\alpha+\beta)+0=\alpha+\beta=\alpha+(\beta+0)$．$(\alpha+\beta)+\gamma^+=[(\alpha+\beta)+\gamma]^+=[\alpha+(\beta+\gamma)]^+=\alpha+(\beta+\gamma)^+=\alpha+(\beta+\gamma^+)$．$\gamma$ が極限順序数なら，$(\alpha+\beta)+\gamma=\sup\{(\alpha+\beta)+\delta\,;\,\delta<\gamma\}=\sup\{\alpha+(\beta+\delta)\,;\,\delta<\gamma\}=\alpha+\sup\{\beta+\delta\,;\,\delta<\gamma\}=\alpha+(\beta+\gamma)$．

3)　$\alpha(\beta+0)=\alpha\beta=\alpha\beta+0=\alpha\beta+\alpha 0$．$\alpha(\beta+\gamma^+)=\alpha(\beta+\gamma)^+=\alpha(\beta+\gamma)+\alpha=(\alpha\beta+\alpha\gamma)+\alpha=\alpha\beta+(\alpha\gamma+\alpha)=\alpha\beta+\alpha\gamma^+$．$\gamma$ が極限順序数なら，$\alpha(\beta+\gamma)=\sup\{\alpha(\beta+\delta)\,;\,\delta<\gamma\}=\sup\{\alpha\beta+\alpha\delta\,;\,\delta<\gamma\}=\alpha\beta+\sup\{\alpha\delta\,;\,\delta<\gamma\}=\alpha\beta+\alpha\gamma$．

4)　$(\alpha\beta)0=0=\alpha(\beta 0)$．$(\alpha\beta)\gamma^+=(\alpha\beta)\gamma+\alpha\beta=\alpha(\beta\gamma)+\alpha\beta=\alpha(\beta\gamma+\beta)=\alpha(\beta\gamma+\beta 1)=\alpha[\beta(\gamma+1)]=\alpha(\beta\gamma^+)$．$\gamma$ が極限順序数なら $(\alpha\beta)\gamma=\sup\{(\alpha\beta)\delta\,;\,\delta<\gamma\}=\sup\{\alpha(\beta\delta)\,;\,\delta<\gamma\}=\alpha\cdot\sup\{\beta\delta\,;\,\delta<\gamma\}=\alpha(\beta\gamma)$．

5)　$\alpha=\beta=1, \gamma=\omega$ とすると，$(\alpha+\beta)\gamma=2\omega=\sup\{2n\,;\,n<\omega\}=\omega$．$\alpha\gamma+\beta\gamma=1\omega+1\omega=\omega+\omega$．

**7**　1)　$\alpha^{\beta+0}=\alpha^\beta=\alpha^\beta 1=\alpha^\beta\alpha^0$．$\alpha^{\beta+\gamma^+}=\alpha^{(\beta+\gamma)^+}=\alpha^{\beta+\gamma}\cdot\alpha=(\alpha^\beta\alpha^\gamma)\alpha=\alpha^\beta(\alpha^\gamma\alpha)=\alpha^\beta\alpha^{\gamma^+}$．$\alpha$ が極限順序数のとき，$\alpha^{\beta+\gamma}=\sup\{\alpha^{\beta+\delta}\,;\,\delta<\gamma\}=\sup\{\alpha^\beta\alpha^\delta\,;\,\delta<\gamma\}=\alpha^\beta\cdot\sup\{\alpha^\delta\,;\,\delta<\gamma\}=\alpha^\beta\alpha^\gamma$．

2)　$(\alpha^\beta)^0=1=\alpha^0=\alpha^{\beta 0}$．$(\alpha^\beta)^{\gamma^+}=(\alpha^\beta)^\gamma\cdot\alpha^\beta=\alpha^{\beta\gamma}\cdot\alpha^\beta=\alpha^{\beta\gamma+\beta}=\alpha^{\beta(\gamma+1)}=\alpha^{\beta\gamma^+}$．$\alpha$ が極限順序数のとき，$(\alpha^\beta)^\gamma=\sup\{(\alpha^\beta)^\delta\,;\,\delta<\gamma\}=\sup\{\alpha^{\beta\delta}\,;\,\delta<\gamma\}=\alpha^{\sup\{\beta\delta;\delta<\gamma\}}=\alpha^{\beta\gamma}$．ただし，一般に $B$ が順序数から成る集合なら，$\alpha^{\sup B}=\sup\{\alpha^\beta\,;\,\beta\in B\}$．証明は問題5と同じ．

**8**　超限帰納法．$\alpha=0$ ならよい．$\alpha=\beta+1$ なら，$R(\alpha+1)=R(\beta+2)=R(\beta+1)\cup\mathcal{P}(R(\beta+1))$．$R(\beta+1)\subset\mathcal{P}(R(\beta+1))$ を示す．$x\in R(\beta+1)$ なら，帰納法の仮定によって $x\in\mathcal{P}(R(\beta))$．よって $x\subset R(\beta)\subset R(\beta+1)$．よって $x\in\mathcal{P}(R(\beta+1))$．$\alpha$ が極限順

序数のとき，$R(\alpha)\subset\mathcal{P}(R(\alpha))$ が言えればよい．$x\in R(\alpha)$ なら，$R(\alpha)$ の定義により，$\beta<\alpha, x\in R(\beta)$ なる $\beta$ がある．$x\in R(\beta+1)$ だから，帰納法の仮定によって $x\in\mathcal{P}(R(\beta))$．$x\subset R(\beta)\subset R(\alpha)$ だから $x\in\mathcal{P}(R(\alpha))$．

**10** 1) $f:\beta\to\alpha$，$g:\gamma\to\beta$ が共終写像なら，$f\circ g:\gamma\to\alpha$ は共終写像である．

2) $\beta=cf(cf(\alpha))$ とすると $\beta\leqq cf(\alpha)$．$\mathrm{cof}\,(\beta, cf(\alpha))$ かつ $\mathrm{cof}\,(cf(\alpha), \alpha)$ だから $\mathrm{cof}\,(\beta, \alpha)$．よって $cf(\alpha)\leqq\beta$．

3) $f$ を $\beta$ から $\alpha$ への非有界写像とする．任意の $\xi\in\alpha$ に対して $A(\xi)=\{\eta\in\beta; f(\eta)>\xi\}$ は空でないから，$g(\xi)=\min A(\xi), B=\{g(\xi)\,;\xi\in\alpha\}$ とおく．$f'=f\restriction B$ を考える．まず $f'$ は有界でない．実際，任意の $\xi\in\alpha$ に対して $f(g(\xi))>\xi$．つぎに $f'$ は狭義単調増加である．実際，$\eta_1, \eta_2\in B, \eta_1<\eta_2, f'(\eta_1)\geqq f'(\eta_2)$ と仮定する．$\eta_1=g(\xi_1), \eta_2=g(\xi_2)$，$(\xi_1,\xi_2\in\alpha)$ とかくと，$f(\eta_1)\geqq f(\eta_2)=f(g(\xi_2))>\xi_2$ だから $\eta_1\in A(\xi_2)$．よって $\eta_1\geqq\min A(\xi_2)=g(\xi_2)=\eta_2$ となって矛盾．

さて，$B\subset\beta$ だから，命題 A. 4. 11 により，$\gamma\leqq\beta$ なる $\gamma$ および $\gamma$ から $B$ への順序同型写像 $h$ がある．$f'\circ h$ は $\gamma$ から $\alpha$ への共終写像である．

4) まず $\mathrm{cof}\,(cf(\beta), \beta)$ かつ $\mathrm{cof}\,(\beta, \alpha)$ だから $\mathrm{cof}\,(cf(\beta), \alpha)$．よって $cf(\alpha)\leqq cf(\beta)$．逆向きを示すために，$f:\beta\to\alpha, g:cf(\alpha)\to\alpha$ を共終写像とする．任意の $\xi\in cf(\alpha)$ に対し，$A(\xi)=\{\eta\in\beta\,; f(\eta)>g(\xi)\}$ は空でないから，その最小元を $h(\xi)$ とおく．$h: cf(\alpha)\to\beta$ は有界でない．実際，任意の $\eta\in\beta$ に対して $f(\eta)\in\alpha$ だから，$cf(\alpha)$ の元 $\xi$ で $g(\xi)>f(\eta)$ なるものが存在する．この $\xi$ に対して $f(h(\xi))>g(\xi)>f(\eta)$．$f$ は狭義単調増加だから $h(\xi)>\eta$ となる．

したがって直前の 3) により，$\gamma\leqq cf(\alpha)$ なる $\gamma$ で $\mathrm{cof}\,(\gamma, \beta)$ なるものがある．よって $cf(\beta)\leqq\gamma\leqq cf(\alpha)$．

## §6

**1** 1) $A=\mathrm{Map}\,(\lambda\times\{0\}\cup\mu\times\{1\}, \kappa)$ の元 $f$ は，一意的に $g\cup h$ とかける．ただし $g\in B=\mathrm{Map}\,(\lambda\times\{0\}, \kappa), h\in C=\mathrm{Map}\,(\mu\times\{1\}, \kappa)$．$f$ にペア $\langle g, h\rangle$ を対応させる写像は $A$ から $B\times C$ への双射である．

2) $f$ を $A=\mathrm{Map}\,(\mu, \mathrm{Map}\,(\lambda, \kappa))$ の元とする．$\alpha\in\mu, \beta\in\lambda$ に対して $(f(\alpha))(\beta)\in\kappa$．$\lambda\times\mu$ から $\kappa$ への写像 $g$ を，$g(\alpha, \beta)=(f(\alpha))(\beta)$ として定めると，写像 $f\mapsto g$ は $A$ から $\mathrm{Map}\,(\lambda\times\mu, \kappa)$ への双射である．

**2** 1) $n\times\{0\}\cup m\times\{1\}$ から $n+m$ への写像 $f$ を，$f(\langle l, 0\rangle)=l\;(0\leqq l<n), f(\langle k, 1\rangle)=n+k\;(0\leqq k<m)$ として定めると $f$ は双射である．

2) $n\times m$ から $nm$ への写像 $f$ を，$f(\langle k, l\rangle)=km+l\;(0\leqq k<n, 0\leqq l<m)$ として定めると $f$ は双射である．

3) 帰納法．$n^0=1, \mathrm{Map}\,(0, n)=\{0\}$ だから，$m=0$ ならよい．順序数としての $n^{m^+}=n^m n=n^m\times n=|\mathrm{Map}\,(m, n)\times n|$．$\mathrm{Map}\,(m, n)\times n$ の元 $\langle f, k\rangle$ に対し，$\mathrm{Map}\,(m\cup\{m\},$

$n)$ の元 $g$ を，$l<m$ なら $g(l)=f(l)$, $l=m$ なら $g(m)=k$ として定めると，写像 $\langle f, k\rangle \mapsto g$ は双射である．よって $n^{m^+}=|\mathrm{Map}\,(m^+, n)|$.

**3** 1) $f$ を $A$ から $|A|$ への双射とすると，$f[B]\subset A$ だから，命題 A. 4. 11 によって $|f[B]|\leqq|A|$. $|B|=|f[B]|\leqq|A|$.

2) $A\cup B=A\cup(B-A)$, $A\cap(B-A)=0$. よって $|A\cup B|=|A|+|B-A|\leqq|A|+|B|$.

3) $|\mathcal{P}(A)|=2^{|A|}$ だから，問題 3 の 3) によって $\mathcal{P}(A)$ は有限である．

**4** $|I|=\kappa$, $|A_i|=\kappa\,(i\in I)$ としてよい．$I=\kappa$ としてよい．選択公理により，$\kappa$ から各 $A_i$ への双射 $f_i$ をえらぶ．$\kappa\times\kappa\ni\langle i, \alpha\rangle$ に対して $g(\langle i, \alpha\rangle)=f_i(\alpha)$ とおくと，$g$ は $\kappa\times\kappa$ から $A$ への上射である．定理 A. 6. 7 および定理 A. 6. 21 によって $|A|\leqq|\kappa\times\kappa|=\kappa$.

**5** 帰納法．1) $R(0)=0$. $R(n+1)=R(n)\cup\mathcal{P}(R(n))$. 問題 3 の 2) と 3) によって $R(n+1)$ は有限．

2) rank $(A)=0$ ならら $A\in R(1)-R(0)=\{0\}$. rank $(A)=n+1$ ならら $A\in R(n+2)-R(n+1)$ だから $A\in\mathcal{P}(R(n+1))$, $A\subset R(n+1)$ となり，有限．

**6** $2^\kappa\leqq\kappa^\kappa$ はあきらか．$\kappa^\kappa\leqq(2^\kappa)^\kappa=2^{\kappa\times\kappa}=2^\kappa$.

**7** $\sigma=\sup\{\aleph_\beta\,;\beta<\alpha\}$ とおく．$\sigma\leqq\aleph_\alpha$. $\sigma$ は基数である．実際，$|\sigma|<\sigma$ と仮定すると，ある $\beta<\alpha$ によって $|\sigma|=\aleph_\beta$ とかける．$f$ を $\aleph_\beta$ から $\sigma$ への双射とする．$\beta+1<\alpha$ だから $\aleph_{\beta+1}\leqq\sigma$, $\aleph_{\beta+1}\subset\sigma$. 定理 A. 6. 7 により，$\sigma$ から $\aleph_{\beta+1}$ への上射 $g$ がある．$h=g\circ f$ は $\aleph_\beta$ から $\aleph_{\beta+1}$ への上射となり，$\aleph_{\beta+1}\leqq\aleph_\beta$，矛盾．$\sigma$ は基数だから，$\sigma=\aleph_\gamma$ とかける．$\gamma<\alpha$ なら $\gamma+1<\alpha$ だから $\sigma=\aleph_\gamma<\aleph_{\gamma+1}$ となってしまう．よって $\gamma\geqq\alpha$, $\sigma=\aleph_\gamma\geqq\aleph_\alpha$.

**8** $\kappa=|cf(\alpha)|$ とし，$f$ を $\kappa$ から $cf(\alpha)$ への双射とする．$f$ は有界でないから，§4 の問題 10 の 3) により，$\gamma\leqq\kappa$ なる $\gamma$ で cof $(\gamma, cf(\alpha))$ なるものがある．$cf(\alpha)=cf(cf(\alpha))\leqq\gamma\leqq\kappa$.

**9** $\beta\in\alpha$ に対して $f(\beta)=\aleph_\beta$ とおき，$f$ を $\alpha$ から $\aleph_\alpha$ への写像と考える．$f$ は共終である．実際，狭義単調増加性はあきらか．$\beta\in\aleph_\alpha$ に対し，$|\beta|=\aleph_\gamma\,(\gamma<\alpha)$ とかくと，$\gamma+1<\alpha$ だから $\beta<\aleph_{\gamma+1}<\aleph_\alpha$，すなわち $f(\gamma+1)>\beta$. よって cof $(\alpha, \aleph_\alpha)$ だから，§4 の問題 10 の 4) によって $cf(\alpha)=cf(\aleph_\alpha)$.

**10** $\beta<\aleph_{\alpha+1}$, cof $(\beta, \aleph_{\alpha+1})$ と仮定する．$f$ を $\beta$ から $\aleph_{\alpha+1}$ への共終写像とする．任意の $\gamma\in\aleph_{\alpha+1}$ に対し，$\gamma<f(\xi)$ すなわち $\gamma\in f(\xi)$ なる $\xi\in\beta$ があるから，$\aleph_{\alpha+1}=\bigcup\{f(\xi)\,;\xi\in\beta\}$. $f(\xi)<\aleph_{\alpha+1}$ だから $|f(\xi)|\leqq\aleph_\alpha$. $|\beta|\leqq\aleph_\alpha$ だから，問題 4 によって $|\aleph_{\alpha+1}|\leqq|\aleph_\alpha|$ となってしまう．

**11** 1) もし $\kappa=\aleph_{\alpha+1}$ の形なら，$\aleph_\alpha<\kappa$ だから $2^{\aleph_\alpha}<\kappa$. $\aleph_{\alpha+1}\leqq 2^{\aleph_\alpha}$ となって矛盾.

2) $\kappa=\aleph_\alpha$ が弱到達不可能とする. $\lambda<\kappa$ なら $\lambda=\aleph_\beta\,(\beta<\alpha)$. $\beta+1<\alpha$ だから $\aleph_{\beta+1}<\aleph_\alpha$. $2^\lambda=2^{\aleph_\beta}=\aleph_{\beta+1}<\aleph_\alpha$.

# あとがき

なによりもまず，村上雅彦さんに深甚の感謝をささげる．村上さんは，この本の原稿の段階からすべてを精読してまちがいや不適切な点を指摘し，改良法を示唆してくれた．とくに第5章§4は，村上さんの提案にしたがって大幅に書きなおした．もし村上さんの協力がなかったら，この本は欠陥商品になっていただろう．

位相空間についてはつぎの本を参考にした．

ブルバキ『数学原論　位相1』東京図書（1968，原本は1965）．

松坂和夫『集合・位相入門』岩波書店（1968）．

とくに松坂さんの本にはお世話になった．証明を丸写ししたところもある．

公理的集合論の叙述は，主として

倉田令二朗・篠田寿一『公理論的集合論』河合文化教育研究所（1996）

にならい，ほかにつぎの本も参考にした．

Jean-Louis KRIVINE : *Théorie Axiomatique des Ensembles*. Presses Universitaires de France (1969).

竹内外史『現代集合論入門（増補版）』日本評論社（1971, 1989）．

もっと集合論を勉強したい人のためには，上記の本のほか，たとえばつぎの本がある．

田中尚夫『公理的集合論』培風館（1982）．

G. TAKEUTI & W. M. ZARING : *Introduction to Axiomatic Set Theory*. Springer (1970).

G. TAKEUTI & W. M. ZARING : *Axiomatic Set Theory*. Springer (1970).

Thomas JECH : *Set Theory*. Academic Press (1978).

また，ザリスキ位相については，足立恒雄・郡司宏の両氏から御教示を受けた．濃度に関するダナ・スコットのからくりも足立氏から教えられた．両氏に感謝する．

この本では，選択公理をつかうところはそのむね明記した．ところが，位相空間論では，ちょっと難しい命題にはすべて選択公理が必要であり，選択公理の威力を思いしらされた．叙述が小うるさくなったかもしれない．

選択公理に興味をもった人のためには，つぎのような本がある．

田中尚夫『選択公理と数学——発生と論争，そして確立への道（増補版）』遊星社（1987, 1999）．

Thomas Jech：*The Axiom of Choice*. North-Holland (1973).

George Moore：*Zermelo's Axiom of Choice. Its Origin, Development and Influence*. Springer (1982).

# 索　引


**【ア】**

アルキメデス的　archimedean　54
アルキメデスの公理　axiom of Archimedes　54
位相　topology　99
　——空間　topological space　99
　——同型　topologically isomorphic　116
一様連続　uniformly continuous　81, 83, 90, 167
一般連続体仮説　general continuum hypothesis　241
$\varepsilon$ 被覆　$\varepsilon$-covering　170
上に有界　upper-bounded　23, 206
$n$ 乗根　$n$-th root　73
$n$ 変項論理式　$n$-formula　190
演算　operation　35
延長　prolongation　12
円板　disk　86

**【カ】**

外延性公理　axiom of extensionality　195
開円板　open disk　86
開核　open kernel　105
開球　open ball　86, 125
開近傍　open neighborhood　110
開区間　open interval　29
開写像　open mapping　122
開集合　open set　87, 100
　——基　basis of open sets　101
　——系　system of the open sets　99
開被覆　open covering　64, 142
開部分集合　open subset　100
下界　lower bound　23, 206
可換環　commutative ring　37
可換群　commutative group　36
可換体　commutative field　37
可換半群　commutative semi-group　36
下限　infimum　23, 207
可算コンパクト　countably compact　151
可算集合　countable set　17, 238
可算無限集合　countable infinite set　17, 238
合併　union　3, 4, 197, 201
加法群　additive group　36
加法半群　additive semi-group　36
環　ring　36
関係　relation　7, 205
関数　function　10, 220
　——論理式　functional formula　200
完備　complete　24, 169
　——化　completion　26, 175
擬距離　quasi-distance　133
擬順序　quasi-order　33
帰属関係　belonging relation　212
帰納法　induction　41
　——による写像の定義　definition of a mapping by induction　44
基本開区間　basic open interval　28
基本閉区間　basic closed interval　29
逆元　inverse element　36
逆写像　inverse mapping　13, 200
逆像　inverse image　11, 200
　——位相　inverse image topology　118
球　ball　86
共役複素数　conjugate complex number　94
境界　boundary　106
　——点　boundary point　106
狭義順序　order in strict sense　22, 205
共終　cofinal　229
　——写像　cofinal mapping　228
　——度　cofinality 229
共通部分　intersection　3, 5, 199, 202
強到達不可能基数　strongly inaccessible cardinal　244
共分　intersection　3, 5
極限　limit　53, 87, 124, 131
　——元　limit element　30

——順序数 limit ordinal 216
極小元 minimal element 23
局所可算型 of locally countable type 113
極大元 maximal element 23
極表示 polar representation 95
極分解 polar decomposition 95
虚軸 imaginary axis 94
虚数 imaginary number 94
——単位 imaginary unit 94
——部分 imaginary part 94
距離 distance 85, 125, 170
——関数 distance function 125
——空間 metric space 125
近傍 neighborhood 110
——基 basis of neighborhoods 113
——系 system of the neighborhoods 110
——の基本系 basic system of neighborhoods 113
空集合 empty set 2, 196
——の公理 axiom of empty set 196
区間 interval 28
クラス class 219
群 group 36
形式的自然数 formal natural number 218
形式的ローラン級数 formal Laurent series 59
結合法則 associative law 12
元 element 1
——の個数 number of elements 238
——の族 family of elements 14
原点 origin 86
弧 arc 165
広義順序 order in large sense 22, 205
合成写像 composite mapping 12, 200
恒等写像 identity mapping 11, 207
公理型 axiom scheme 198
コーシー完備 Cauchy complete 54
コーシー列 Cauchy sequence 54, 87, 168
弧状連結 arcwise connected 165
孤立元 isolated element 30
孤立順序数 isolated (successor) ordinal 216
孤立点 isolated point 106
根の重複度 multiplicity of root 97
コンパクト compact 142

【サ】

最小元 least (minimum) element 22, 206
最大元 greatest (maximum) element 22, 206
ザリスキ位相 Zariski topology 103
$G$ 型写像 $G$-type mapping 220
自己稠密 self-dense 24
辞書式順序 lexicographic order 30, 33
自然数 natural number 40, 218
——系 system of the natural numbers 40
下に有界 lower-bounded 23, 206
実軸 real axis 94
実数 real number 58, 67
——体 real number field 58, 67
——の連続性 continuity of the real numbers 58
——部分 real part 94
射影 projection 13, 15
弱到達不可能基数 weakly inaccessible cardinal 244
写像 mapping 10, 199
集合 set 1
——族 family of sets 14, 201
自由変項 free variable 190
重根 multiple root 97
集積点 accumulation point 152
収束 convergent 53, 86, 122, 131
純虚数 purely imaginary number 94
順序 order 21
——位相 order topology 103
——環 ordered ring 38
——関係 order relation 21
——完備 order complete 24, 54
——集合 ordered set 21, 206
——数 ordinal (number) 212
——体 ordered field 38
——対 (ordered) pair 196
——同型 order isomorphism 22, 207
——同型写像 order isomorphic mapping 22, 38, 207
——を保つ order preserving 207
商位相空間 quotient topological space 118
上界 upper bound 23, 206
上極限 superior limit 56

商空間　quotient space　118
上限　superimum　23, 206
上射　surjection　12, 200
商集合　quotient space　8
上半平面　upper half-plane　98
触点　adherent point　104
真上界　strict upper bound　232
真に強い　strictly stronger　118
真に弱い　strictly weaker　118
真のクラス　proper class　219
推移的　transitive　212
数列　sequence of numbers　14
正　positive　38
——の整数　positive integer　48
正規　normal　140
——形　normal form　184
制限　restriction　11, 199
整数　integer　46
——環　ring of the integers　48
正則　regular　139, 229
——性または基礎の公理　axiom of regularity (foundation)　203
整列されている　well-ordered　30
整列集合　well-ordered set　30, 207
整列順序　well-order　30, 207
整列定理　well-ordering theorem　31, 231
積　product　12, 35, 240
——位相　product topology　107
——位相空間　product topological space　107
——距離空間　product metric space　134
——集合　product set　6, 14, 199, 231
絶対値　absolute value　38, 94
切断　cut　25
切片　segment　25, 30, 208
全順序　total order　21, 24, 206
——位相空間　total order topological space　103
——集合　totally ordered set　24, 206
全称記号　universal quantifier　191
選択関数　choice function　16, 229
選択公理　axiom of choice　15, 204
選択集合　choice set　230
全不連結　totally disconnected　162
全有界　totally bounded　170
像　image　10, 11, 199
——位相　image topology　117
——集合　image set　11
双射　bijection　12, 200
添字域　domain of indices　14, 201
属する　belonging　1
束縛変項　bounded variable　190
素体　prime field　52
存在記号　existential quantifier　191

【タ】

体　field　37
大域可算型　globally countable type　104
対角集合　diagonal set　6, 138
対称差　symmetric difference　9
代数系　algebraic system　35
代入　substitute　190
ダナ・スコットのからくり　de vice of Dana Scott　242
単位円　unit circle　95
単位元　unit element　36
単根　simple root　97
値域　range　10
置換公理　axiom of replacement (substitution)　201
稠密　dense　24, 108
——可算型　of densely countable type　109
超限帰納法　transfinite induction (recurrence)　209, 218
——による関数の定義　definition of a function by transfinite induction (recurrence)　221
超限順序数　transfinite ordinal (number)　218
直後の元　successor　30, 208
直後の順序数　successor ordinal (number)　216
直積　direct product　6, 14, 107
直前の元　predecessor　30, 208
直前の順序数　predecessor ordinal (number)　216
ツォルンの逆定理　inverse theorem of Zorn　233
ツォルンのレンマ　Zorn's lemma　32, 232
つぎの順序数　successor ordinal (number)

216
強い strong 118
定義域 domain of definition 10
定値写像 constant mapping 11
$T_1$ 空間 $T_1$-space 135
デデキント無限 Dedekind infinite 239
点列 sequence of points 13
——コンパクト sequentially compact 153
同型 isomorphic 37
——写像 isomorphism 37
同相 homeomorphic 116
——写像 homeomorphism 116
同値 equivalent 131
——関係 equivalence relation 7
——類 equivalence class 8
等濃 equipotent 17
ドモワヴルの公式 de Moivre's formula 95

【ナ】

内点 interior point 105
内部 interior 105
2元集合の公理 axiom of unordered pair 196
二項演算 binary operation 35
二項関係 binary relation 7, 205
入射 injection 12, 200
濃度 cardinality 236
ノルム norm 128
——もどき norm-modoki 127

【ハ】

配置集合 the set of mappings 200
ハウスドルフ空間 Hausdorff space 124, 137
半群 semi-group 36
$p$ 進距離 $p$-adic distance 130
$p$ 進数 $p$-adic number 183
——体 $p$-adic number field 183
$p$ 進整数 $p$-adic integer 186
——環 the ring of $p$-adic integers 186
$p$ 進絶対値 $p$-adic absolute value 130, 185
$p$ 進付値 $p$-adic valuation 130, 185
非順序対 unordered pair 196
被覆 covering 142
標準位相 canonical topology 100, 102
標準完備化 canonical completion 178
標準距離 canonical distance 85
——関数 canonical distance function 85
標準上射 canonical surjection 13
標準入射 canonical injection 13
負 negative 38
——の整数 negative integer 48
複素数 complex number 93
——体 complex number field 93
複素平面 complex (number) plane 94
含まれる included, contained 2
含む include, contain 2
部分位相空間 topological subspace 106
部分距離空間 metric subspace 133
部分空間 subspace 106
部分集合 subset 2, 195
部分被覆 subcovering 142
部分列 subrequence 14
分割 partition 8
分子 numeratoz 51
分出公理 separation axion 198
分数 fractional number 51
分配律 distribution law 4
分母 denominatoz 51
ペア pair 196
閉円板 closed disk 86
閉球 closed ball 86, 125
閉近傍 closed neighborhood 110
閉区間 closed interval 29
閉集合 closed set 88, 100
——基 basis of closed sets 101
——系 system of the closed sets 100
閉部分集合 closed subset 100
閉包 closure 104
平方根 quadratic root 73
閉論理式 closed formula 190
べき集合 power set 7, 198
——の公理 axiom of power set 198
偏角 argument 95
補コンパクト集合 co-compact set 156
補集合 complement 5
補有限部分集合 cofinite subset 101

【マ】

密着位相　trivial topology　100
無限遠点　point at infinity　158
無限基数　infinite cardinal (number)　235
無限集合　infinite set　238
無理数　irrational number　72

【ヤ】

有界　bounded　23, 86, 170, 206
有限基数　finite cardinal (number)　235
有限交差的　having finite intersection property　143
有限集合　finite set　238
有限順序数　finite ordinal (number)　218
有理数　rational number　50
――体　rational number field　50
要素　element　1
弱い　weak　118

【ラ】

ラッセルの逆理　Russell's paradox　195
ランク　rank　225
離散位相　discrete topology　100
類　class　8
――別　classification　8
連結　connected　160
――成分　connected component　162
――部分集合　connected subset　160
連続　continuous　79, 83, 90, 114, 115
――曲線　continuous curve　165
――写像　continuous mapping　115
連続体仮説　continuum hypothesis　239

【ワ】

和集合　sum　5, 197

# 人名表

| | | |
|---|---|---|
| アルキメデス | Archimedes | (287 ?-212 BC) |
| アレクサンドロフ | Alexandrov, P. S. | (1896-1932) |
| カントル | Cantor, G. | (1845-1918) |
| コーシー | Cauchy, A. L. | (1789-1857) |
| ザリスキ | Zariski, O. | (1899-1986) |
| チホノフ | Tikhonov, A. N. | (1906-1993) |
| ツェルメロ | Zermelo, E. F. | (1871-1953) |
| ツォルン | Zorn, M. A. | (1906-1993) |
| デデキント | Dedekind, J. W. R. | (1831-1916) |
| ドモワヴル | de Moivre, A. | (1667-1754) |
| ハイネ | Heine, H. E. | (1821-1881) |
| ノイマン | Neumann, J. v. | (1903-1957) |
| ハウスドルフ | Hausdorff, F. | (1868-1942) |
| ブラリ＝フォルティ | Burari-Forti, C. | (1861-1931) |
| フレシェ | Fréchet, R. M. | (1878-1973) |
| フレンケル | Fraenkel, A. A. | (1891-1965) |
| ボルツァノ | Bolzano, B. | (1781-1848) |
| ボレル | Borel, E. | (1871-1956) |
| ラッセル | Russell, B. A. W. | (1872-1970) |
| ローラン | Laurent, P. A. | (1813-1854) |
| ワイエルシュトラス | Weierstrass, K. T. W. | (1815-1897) |

# 第3刷の訂正

**A. 4. 35　命題**　上に定義した$\mathrm{On}^2$上の《整列順序》に関し，$\alpha\times\alpha$ ($\alpha\in\mathrm{On}$) は$\langle 0, \alpha\rangle$の定める切片である．すなわち

$$\alpha\times\alpha=\{\langle\xi, \eta\rangle\,;\,\langle\xi, \eta\rangle<\langle 0, \alpha\rangle\}.$$

**証明**　$\langle\xi, \eta\rangle\in\alpha\times\alpha$ なら $\max\{\xi, \eta\}<\alpha$ だから $\langle\xi, \eta\rangle<\langle 0, \alpha\rangle$．逆に $\langle\xi, \eta\rangle<\langle 0, \alpha\rangle$ なら $\max\{\xi, \eta\}\leqq\max\{0, \alpha\}=\alpha$．もし $\max\{\xi, \eta\}=\alpha$ なら，$\xi<0$ ではないから $\xi=0, \eta<\alpha$．一方 $\eta=\max\{\xi, \eta\}=\alpha$ だから矛盾．よって $\max\{\xi, \eta\}<\alpha$ であり，$\langle\xi, \eta\rangle\in\alpha\times\alpha$．□

**A. 4. 36　命題**　整列クラス$\mathrm{On}^2$はOnに《順序同型》である．

**証明**　1°　$\langle\alpha, \beta\rangle\in\mathrm{On}^2$ の切片を $A(\alpha, \beta)$ とする:

$$A(\alpha, \beta)=\{\langle\xi, \eta\rangle\,;\,\langle\xi, \eta\rangle<\langle\alpha, \beta\rangle\}.$$

$A(\alpha, \beta)$ は集合である．実際，$\gamma=\max\{\alpha, \beta\}$ とすると，$\langle\xi, \eta\rangle\in A(\alpha, \beta)$ なら

$$\xi, \eta\leqq\max\{\alpha, \beta\}=\gamma<\gamma^+$$

だから $A(\alpha, \beta)\subset\gamma^+\times\gamma^+$ となって集合である．

2°　$\mathrm{On}^2$ の順序の制限によって $A(\alpha, \beta)$ は整列集合である．定理A. 4. 10により，$A(\alpha, \beta)$ はただひとつの順序数に順序同型である．この順序数を $\Gamma(\alpha, \beta)$ とかく．$\Gamma$ は $\mathrm{On}^2$ から On への関数である．

3°　$\Gamma$ の定義からあきらかに

$$\langle\alpha, \beta\rangle<\langle\gamma, \delta\rangle\Longleftrightarrow\Gamma(\alpha, \beta)<\Gamma(\gamma, \delta)$$

が成りたつから，$\Gamma$ は《入射》である．$X=\Gamma[\mathrm{On}^2]$ は On に含まれる真のクラスで，$\Gamma$ は $\mathrm{On}^2$ から $X$ への順序同型関数である．命題 A. 4. 33 により，$X$ から On への順序同型関数 $F$ が存在する．$J=F\circ\Gamma$ は $\mathrm{On}^2$ から On への順序同型関数である．□

**著者略歴**

齋藤正彦（さいとう・まさひこ）

| | |
|---|---|
| 1931 年 | 東京生まれ. |
| 1954 年 | 東京大学理学部数学科卒業. |
| 1974-92 年 | 東京大学教養学部教授. |
| 1992-97 年 | 放送大学教授. |
| 1997-2003 年 | 湘南国際女子短期大学学長. |
| 現　在 | 東京大学名誉教授，理学博士. |
| 主要著書 | 『線型代数入門』（東京大学出版会，1966）<br>『超積と超準解析』（東京図書，1976）<br>『線型代数演習』（東京大学出版会，1985）<br>『微分積分教科書』（東京図書，1993）<br>『行列と群』（SEG 出版，2000）<br>『文化のなかの数学　付 回想の倉田令二朗』（河合文化研究所，2002）<br>『はじめての微積分（上，下）』（朝倉書店，2002, 2003） |


数学の基礎　集合・数・位相　　基礎数学 14

2002 年 8 月 9 日　初　版
2009 年 6 月 16 日　第 5 刷

[検印廃止]

著　者　齋藤正彦
発行所　財団法人　東京大学出版会
代表者　長谷川寿一
113-8654 東京都文京区本郷 7-3-1 東大構内
電話 03-3811-8814　　Fax 03-3812-6958
振替 00160-6-59964
URL http://www.utp.or.jp/
印刷所　株式会社三秀舎
製本所　牧製本印刷株式会社


ISBN 978-4-13-062909-6 Printed in Japan